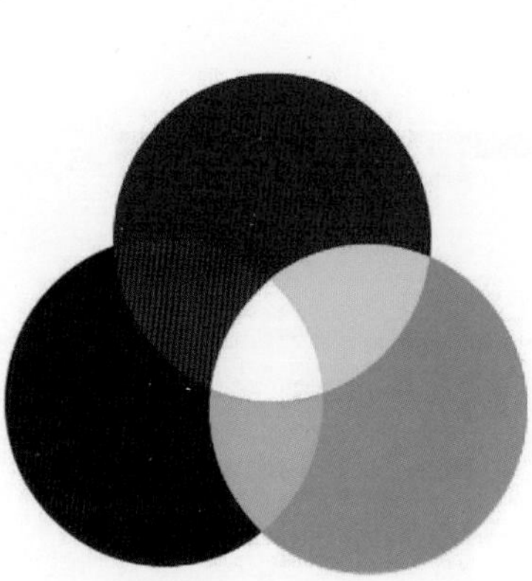

图 5-4

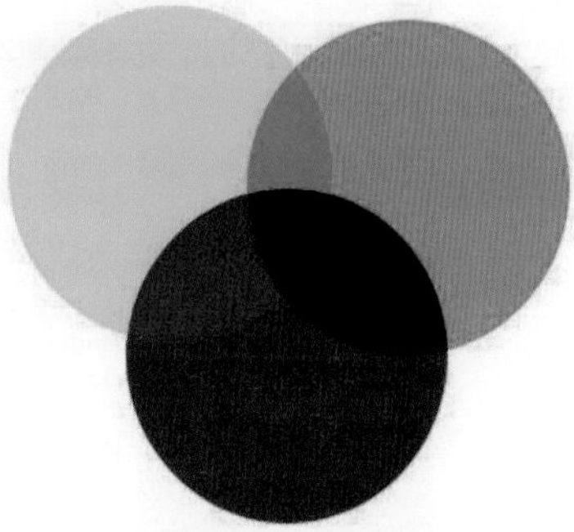

图 5-5

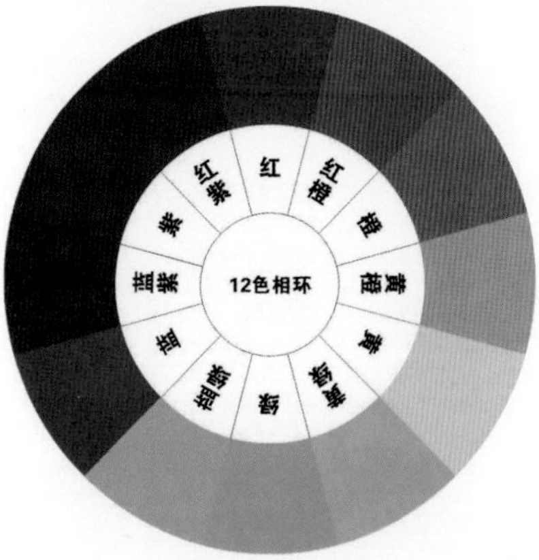

图 5-6

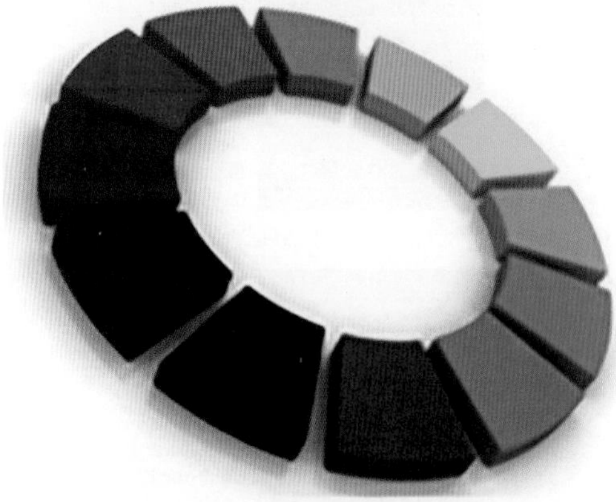

图 5-7

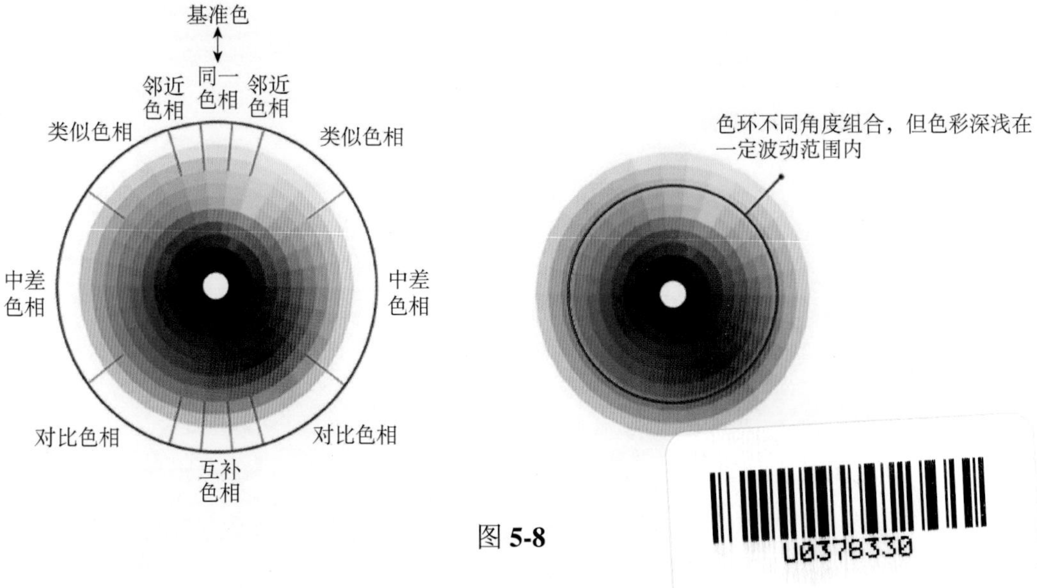

图 5-8

色谱表

Named	Numeric	Color Name	Hex RGB	Decimal
		LightPink 浅粉红	#FFB6C1	255,182,193
		Pink 粉红	#FFC0CB	255,192,203
		Crimson 猩红/深红	#DC143C	220,20,60
		LavenderBlush 淡紫红	#FFF0F5	255,240,245
		PaleVioletRed 弱紫罗兰红	#DB7093	219,112,147
		HotPink 热情的粉红	#FF69B4	255,105,180
		DeepPink 深粉红	#FF1493	255,20,147
		MediumVioletRed 中紫罗兰红	#C71585	199,21,133
		Orchid 兰花紫	#DA70D6	218,112,214
		Thistle 蓟	#D8BFD8	216,191,216
		Plum 李子紫	#DDA0DD	221,160,221
		Violet 紫罗兰	#EE82EE	238,130,238
		Magenta 洋红/玫瑰红	#FF00FF	255,0,255
		Fuchsia 灯笼海棠/紫红	#FF00FF	255,0,255
		DarkMagenta 深洋红	#8B008B	139,0,139
		Purple 紫色	#800080	128,0,128
		MediumOrchid 中兰花紫	#BA55D3	186,85,211
		DarkViolet 暗紫罗兰	#9400D3	148,0,211
		DarkOrchid 暗兰花紫	#9932CC	153,50,204
		Indigo 靛青/紫兰色	#4B0082	75,0,130
		BlueViolet 蓝紫罗兰	#8A2BE2	138,43,226
		MediumPurple 中紫色	#9370DB	147,112,219
		MediumSlateBlue 中板岩蓝	#7B68EE	123,104,238
		SlateBlue 板岩蓝	#6A5ACD	106,90,205
		DarkSlateBlue 暗板岩蓝	#483D8B	72,61,139
		Lavender 熏衣草淡紫	#E6E6FA	230,230,250
		GhostWhite 幽灵白	#F8F8FF	248,248,255
		Blue 纯蓝	#0000FF	0,0,255
		MediumBlue 中蓝色	#0000CD	0,0,205
		MidnightBlue 午夜蓝	#191970	25,25,112
		DarkBlue 暗蓝色	#00008B	0,0,139
		Navy 海军蓝	#000080	0,0,128
		RoyalBlue 皇家蓝/宝蓝	#4169E1	65,105,225
		CornflowerBlue 矢车菊蓝	#6495ED	100,149,237
		LightSteelBlue 亮钢蓝	#B0C4DE	176,196,222
		LightSlateGray 亮石板灰	#778899	119,136,153
		SlateGray 石板灰	#708090	112,128,144
		DodgerBlue 道奇蓝	#1E90FF	30,144,255
		AliceBlue 爱丽丝蓝	#F0F8FF	240,248,255
		SteelBlue 钢蓝/铁青	#4682B4	70,130,180
		LightSkyBlue 亮天蓝色	#87CEFA	135,206,250
		SkyBlue 天蓝色	#87CEEB	135,206,235
		DeepSkyBlue 深天蓝	#00BFFF	0,191,255
		LightBlue 亮蓝	#ADD8E6	173,216,230
		PowderBlue 火药青	#B0E0E6	176,224,230
		CadetBlue 军服蓝	#5F9EA0	95,158,160
		Azure 蔚蓝色	#F0FFFF	240,255,255
		LightCyan 淡青色	#E0FFFF	224,255,255
		PaleTurquoise 弱绿宝石	#AFEEEE	175,238,238
		Cyan 青色	#00FFFF	0,255,255
		Aqua 水色	#00FFFF	0,255,255
		DarkTurquoise 暗绿宝石	#00CED1	0,206,209
		DarkSlateGray 暗石板灰	#2F4F4F	47,79,79
		DarkCyan 暗青色	#008B8B	0,139,139
		Teal 水鸭色	#008080	0,128,128
		MediumTurquoise 中绿宝石	#48D1CC	72,209,204
		LightSeaGreen 浅海洋绿	#20B2AA	32,178,170
		Turquoise 绿宝石	#40E0D0	64,224,208
		Aquamarine 宝石碧绿	#7FFFD4	127,255,212
		MediumAquamarine 中宝石碧绿	#66CDAA	102,205,170
		MediumSpringGreen 中春绿色	#00FA9A	0,250,154
		MintCream 薄荷奶油	#F5FFFA	245,255,250
		SpringGreen 春绿色	#00FF7F	0,255,127
		MediumSeaGreen 中海洋绿	#3CB371	60,179,113
		SeaGreen 海洋绿	#2E8B57	46,139,87
		Honeydew 蜜瓜色	#F0FFF0	240,255,240
		LightGreen 淡绿色	#90EE90	144,238,144
		PaleGreen 弱绿色	#98FB98	152,251,152
		DarkSeaGreen 暗海洋绿	#8FBC8F	143,188,143
		LimeGreen 闪光深绿	#32CD32	50,205,50

续表

Named	Numeric	Color Name		Hex RGB	Decimal
		Lime	闪光绿	#00FF00	0,255,0
		ForestGreen	森林绿	#228B22	34,139,34
		Green	纯绿	#008000	0,128,0
		DarkGreen	暗绿色	#006400	0,100,0
		Chartreuse**	查特酒绿	#7FFF00	127,255,0
		LawnGreen	草坪绿	#7CFC00	124,252,0
		GreenYellow	绿黄色	#ADFF2F	173,255,47
		DarkOliveGreen	暗橄榄绿	#556B2F	85,107,47
		YellowGreen	黄绿色	#9ACD32	154,205,50
		OliveDrab	橄榄褐色	#6B8E23	107,142,35
		Beige	米色/灰棕色	#F5F5DC	245,245,220
		LightGoldenrodYellow	亮菊黄	#FAFAD2	250,250,210
		Ivory	象牙	#FFFFF0	255,255,240
		LightYellow	浅黄色	#FFFFE0	255,255,224
		Yellow	纯黄	#FFFF00	255,255,0
		Olive	橄榄	#808000	128,128,0
		DarkKhaki	深卡叽布	#BDB76B	189,183,107
		LemonChiffon	柠檬绸	#FFFACD	255,250,205
		PaleGoldenrod	灰菊黄	#EEE8AA	238,232,170
		Khaki	卡叽布	#F0E68C	240,230,140
		Gold	金色	#FFD700	255,215,0
		Cornsilk	玉米丝色	#FFF8DC	255,248,220
		Goldenrod	金菊黄	#DAA520	218,165,32
		DarkGoldenrod	暗金菊黄	#B8860B	184,134,11
		FloralWhite	花的白色	#FFFAF0	255,250,240
		OldLace	旧蕾丝	#FDF5E6	253,245,230
		Wheat	小麦色	#F5DEB3	245,222,179
		Moccasin	鹿皮靴	#FFE4B5	255,228,181
		Orange	橙色	#FFA500	255,165,0
		PapayaWhip	番木瓜	#FFEFD5	255,239,213
		BlanchedAlmond	发白的杏仁色	#FFEBCD	255,235,205
		NavajoWhite	土著白	#FFDEAD	255,222,173
		AntiqueWhite	古董白	#FAEBD7	250,235,215
		Tan	茶色	#D2B48C	210,180,140
		BurlyWood	硬木色	#DEB887	222,184,135
		Bisque	陶坯黄	#FFE4C4	255,228,196
		DarkOrange	深橙色	#FF8C00	255,140,0
		Linen	亚麻布	#FAF0E6	250,240,230
		Peru	秘鲁	#CD853F	205,133,63
		PeachPuff	桃肉色	#FFDAB9	255,218,185
		SandyBrown	沙棕色	#F4A460	244,164,96
		Chocolate	巧克力	#D2691E	210,105,30
		SaddleBrown	马鞍棕色	#8B4513	139,69,19
		Seashell	海贝壳	#FFF5EE	255,245,238
		Sienna	黄土赭色	#A0522D	160,82,45
		LightSalmon	浅鲑鱼肉色	#FFA07A	255,160,122
		Coral	珊瑚	#FF7F50	255,127,80
		OrangeRed	橙红色	#FF4500	255,69,0
		DarkSalmon	深鲜肉/鲑鱼色	#E9967A	233,150,122
		Tomato	番茄红	#FF6347	255,99,71
		MistyRose	薄雾玫瑰	#FFE4E1	255,228,225
		Salmon	鲜肉/鲑鱼色	#FA8072	250,128,114
		Snow	雪	#FFFAFA	255,250,250
		LightCoral	淡珊瑚色	#F08080	240,128,128
		RosyBrown	玫瑰棕色	#BC8F8F	188,143,143
		IndianRed	印度红	#CD5C5C	205,92,92
		Red	纯红	#FF0000	255,0,0
		Brown	棕色	#A52A2A	165,42,42
		FireBrick	耐火砖	#B22222	178,34,34
		DarkRed	深红色	#8B0000	139,0,0
		Maroon	栗色	#800000	128,0,0
		White	纯白	#FFFFFF	255,255,255
		WhiteSmoke	白烟	#F5F5F5	245,245,245
		Gainsboro	庚斯博罗灰色	#DCDCDC	220,220,220
		LightGrey	浅灰色	#D3D3D3	211,211,211
		Silver	银灰色	#C0C0C0	192,192,192
		DarkGray	深灰色	#A9A9A9	169,169,169
		Gray	灰色	#808080	128,128,128
		DimGray	暗淡的灰色	#696969	105,105,105
		Black	纯黑	#000000	0,0,0

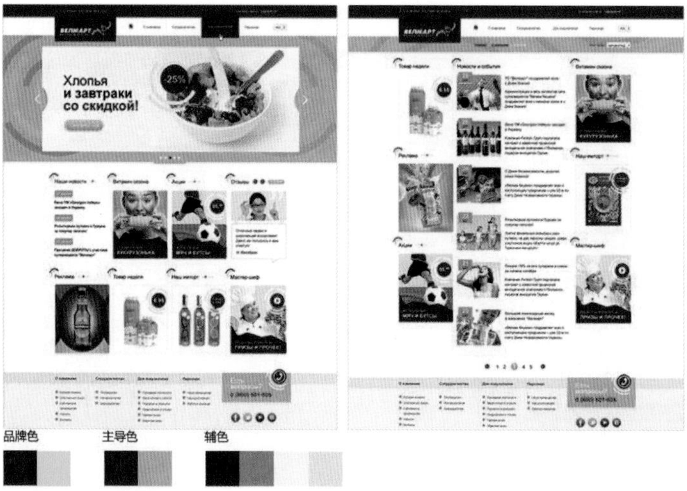

图 5-9

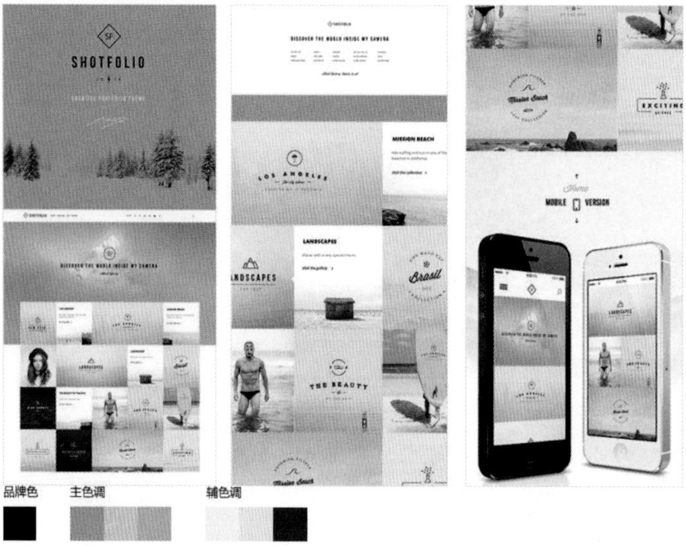

图 5-10

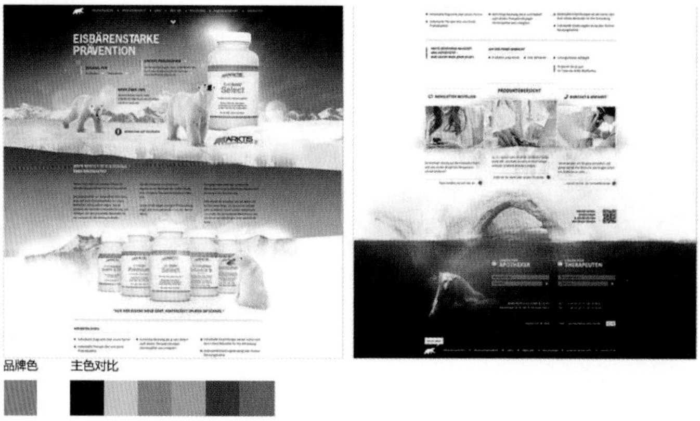

图 5-11

高职高专新课程体系规划教材·
计算机系列

网页设计实战教程

（HTML+CSS+JavaScript）

陈翠娥◎主　编
王　涛　唐一韬　仝瑞钦◎副主编

清华大学出版社
北　京

内 容 简 介

本书以项目案例为主导，融合笔者多年的教学经验，采用任务驱动的模式详细讲述了 HTML、CSS、JavaScript 等最基本的网页设计元素与使用技巧。全书分为 6 个模块，前 3 个模块为必修模块，分别讲解了 HTML、CSS、JavaScript 三个知识点；后 3 个模块为选修模块，分别为网页设计相关软件介绍、美工基础知识、网页设计新技术介绍，可供学生自学或选学。这种安排可实现分层或分阶段教学。每个模块后都安排有模块自测题，可及时巩固该模块的学习效果；每个任务后也有小练习，可随时“学一学、练一练”。

本书配套资源包括 PPT 课件、书中案例源文件、习题/自测题答案及教学微视频。

本书可作为网页制作初学者的入门教程，同时也可作为网站建设专业人士的参考用书。

图书在版编目（CIP）数据

网页设计实战教程：HTML+CSS+JavaScript / 陈翠娥主编. —北京：清华大学出版社，2018（2022.8 重印）

高职高专新课程体系规划教材. 计算机系列

ISBN 978-7-302-51025-3

I. ①网… II. ①陈… III. ①超文本标记语言-主页制作-程序设计-高等职业教育-教材 ②网页制作工具-高等职业教育-教材 ③JAVA语言-程序设计-高等职业教育-教材 IV. ①TP312.8 ②TP393.092

中国版本图书馆 CIP 数据核字（2018）第 192026 号

责任编辑： 邓 艳
封面设计： 刘 超
版式设计： 楠竹文化
责任校对： 马军令
责任印制： 丛怀宇

出版发行： 清华大学出版社
网　　址： http://www.tup.com.cn，http://www.wqbook.com
地　　址： 北京清华大学学研大厦 A 座　　**邮　　编：** 100084
社 总 机： 010-83470000　　**邮　　购：** 010-62786544
投稿与读者服务： 010-62776969，c-service@tup.tsinghua.edu.cn
质量反馈： 010-62772015，zhiliang@tup.tsinghua.edu.cn
印 装 者： 三河市龙大印装有限公司
经　　销： 全国新华书店
开　　本： 185mm×260mm　**印　　张：** 18　**插　　页：** 2　**字　　数：** 437 千字
版　　次： 2018 年 9 月第 1 版　　**印　　次：** 2022年 8 月第 3 次印刷
定　　价： 59.80 元

产品编号：080835-01

前 言

随着互联网行业的快速发展和 Web2.0 技术的广泛应用，用户要开发实用的 Web 应用程序，须熟练掌握与 Web 编程相关的基础知识。在 Web 标准中，HTML/XHTML 负责页面结构，CSS 负责样式表现，JavaScript 负责动态行为。网页制作人员需了解 HTML、CSS、JavaScript 等网页设计语言和技术的使用，才能更好地设计出优秀的网页作品。

本书的前身

2010 年，长沙民政职业技术学院引入世界大学城空间平台作为信息化教学平台，并在该平台上开发建设了多门空间资源课程。2012 年，专业基础课《网页设计客户端技术》因其教案、课件、微视频、习题、自测题、讨论社区等各类资源丰富获得了特等奖；2014 年，该课程又取得湖南省名师空间课堂的立项，重建并丰富课程资源，尤其是建设了有慕课、慕特等特色的资源；2015 年验收结果为优秀，进而取得湖南省教师信息化教学应用示范网络学习空间的立项，并进一步完善了相关课程资源。经过多次修改后决定出版本书。

本书适合读者

- 网页设计和网站建设的新手
- 网页设计爱好者与自学者
- 网站建设与开发人员
- 大中专院校相关专业师生
- 世界大学城空间平台的用户

为什么要学习本书

本书以项目实例为导向，通过项目将知识串联在一起，达到完成项目的同时掌握相关知识的目的。本书具有以下特点。

1. 零基础入门

读者即使没有任何网页设计的相关基础，跟随本书也可以轻松掌握 HTML、CSS 和 JavaScript 的各种基本技能和使用方法。

2. 学习成本低

本书在构建开发环境时，选择的是使用最为广泛的 Windows 操作系统，编写网页采用操作系统自带的记事本和 Dreamweaver 进行讲解，对软件、硬件没有特殊要求。

3. 内容精心设计编排

网页设计的内容涉及范围非常广，本书内容在设计和编排时不求全、求深，而是考虑零基础读者的接受能力，以必须、够用为原则，选择网页设计过程中必备、实用的知识进行讲解，并选用世界大学城空间平台的一些真实案例与知识进行配套，让用户能够即学即用。

4. 理论与实践相结合

本书通过精心设计的案例将知识点融入其中，方便教师教学，也方便读者学习。

5. 资源丰富

本书提供所有实例的完整源代码、素材文件及资源。

本书的主要内容如下。

章节	主 要 内 容
模块 1	认识 HTML、HTML 标签及其属性，认识和掌握 HTML 文档的结构，学会使用表格、层和框架及框架集来完成页面布局，学会表单的设计
模块 2	认识和掌握 CSS 选择器，学会使用字体、文本和背景属性美化网页，使用边框、边距等属性
模块 3	JavaScript 程序输入输出，分支和循环结构，异常验证和 JavaScript 对象
模块 4	网页设计相关软件介绍和使用
模块 5	颜色的认识和色彩的搭配
模块 6	网页设计新技术 HTML5、CSS3 等介绍

致谢

本书初稿在 2014 年名师空间课堂项目建设中已基本完成，通过近几年的修订完善于 2018 年正式出版。本书由陈翠娥担任主编，王涛、唐一韬、仝瑞钦担任副主编，参加编写的还有蒋国清、符春、严志等。陈翠娥负责教材的总体设计、统稿和审稿工作，并完成了模块 1 和模块 2 的编写工作；王涛、唐一韬、仝瑞钦他们共同参与了本书的审稿、校稿工作，另外，王涛还完成了模块 3 的编写工作，蒋国清编写了模块 4，符春编写了模块 5，严志编写了模块 6；在此向他们表示衷心的感谢。

本书以项目案例为引领，将知识点的学习贯穿于项目案例始终。由于是一种全新的尝试，能否得到同行的认可，能否给教学带来全新的体验，都要经过实践的检验。由于编者水平有限，书中疏漏之处在所难免，恳请各位读者给予批评和指正。

编　者

目　录

模块 1　HTML 超文本标记语言

【项目案例】

案例 1　物流管理系统（使用表格布局的一个示例网站）

1. 项目综述

随着互联网经济的兴起，网上商业交易快速增长，网购已成为人们的一种生活方式，由此也推动了快递和物流业的迅速发展。顺丰快递、圆通快递、申通快递、韵达快递、德邦物流等多家快递和物流公司成立并上市。本项目以物流管理为背景，使用经典的表格布局，结合 iframe 框架构建了物流管理系统的一个静态网站，供初学者学习和参考。

2. 项目预览

物流管理系统有承运管理、运输管理、系统管理、调度管理、财务管理等功能模块。如图 1-1 所示为物流管理系统的承运管理中添加公司信息模块的页面。

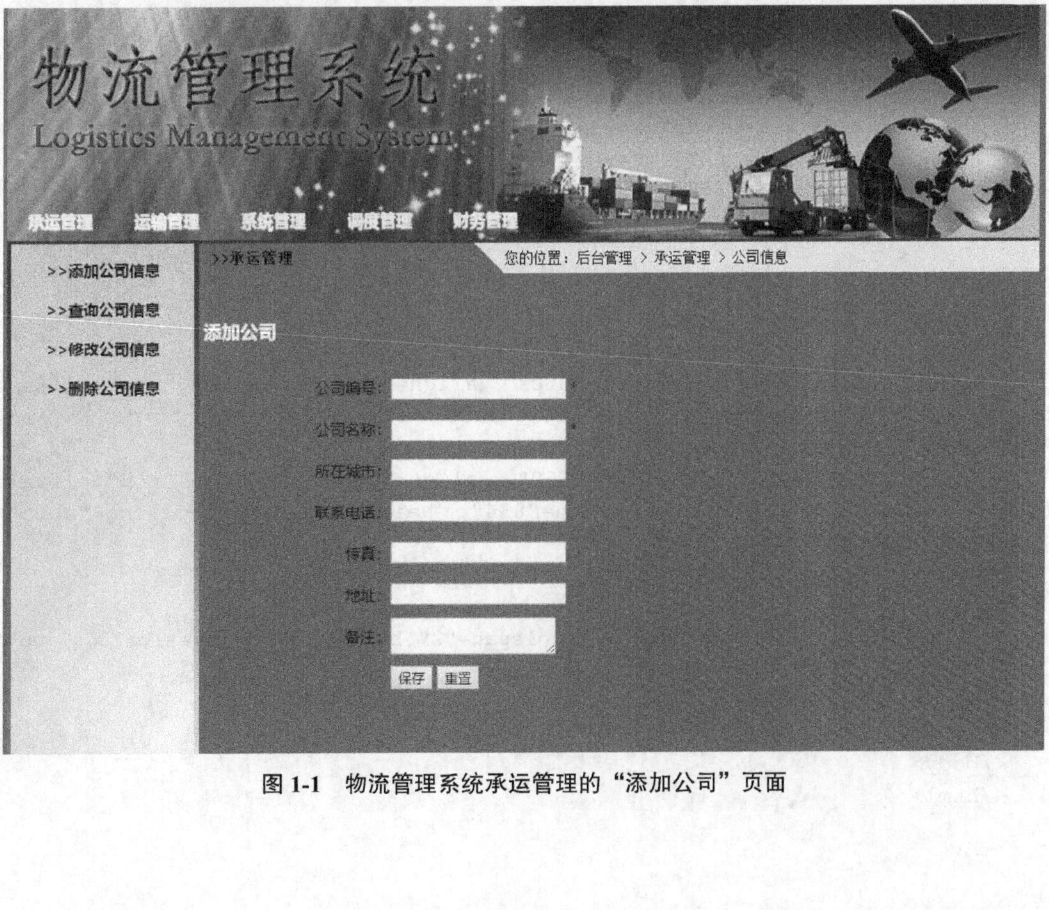

图 1-1　物流管理系统承运管理的“添加公司”页面

3. 项目源码

案例中物流管理系统仅提供了承运管理模块中的添加公司信息功能，其他功能可由学生学习扩展，项目源码结构如图 1-2 所示。

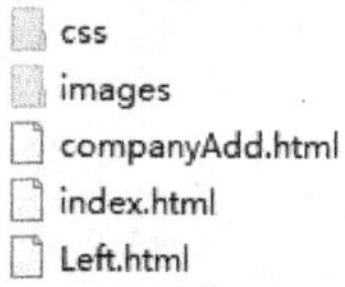

图 1-2　物流管理系统的项目源码结构

首页 index.html 源码如下。

```
<!DOCTYPE html PUBLIC "-//W3C//DTD XHTML 1.0 Transitional//EN" "http://www.w3.org/TR/xhtml1/DTD/xhtml1-transitional.dtd">
<html xmlns="http://www.w3.org/1999/xhtml">
<head>
<meta http-equiv="Content-Type" content="text/html; charset=utf-8"/>
<title> 物流管理系统</title>
<link rel="stylesheet" type="text/css" href="css/top.css"/>
</head>
<body>
<table width="1024" height="768" border="0" align="center" cellpadding="0" cellspacing="0" background="css/images/image_all.jpg">
  <tr>
    <td width="1024" height="140" colspan="2" valign="bottom" class= "menu">
      <ul id="nav">
          <li><a href="Left.html" target="left">承运管理</a></li>
          <li><a href="#" target="main">运输管理</a></li>
          <li><a href="#" target="main">系统管理</a></li>
          <li><a href="#" target="main">调度管理</a></li>
          <li><a href="#" target="main">财务管理</a></li>
       </ul>
        </td>
  </tr>
  <tr>
     <td width="224" height="650" align="left" valign="top"><iframe frameborder="0" name="left" scrolling="auto" width="190" height="650" src="Left.html"></iframe></td>
     <td width="800" height="650" align="left" valign="top"><iframe frameborder="0" name="main" width="834" height="650" scrolling="auto"></iframe></td>
  </tr>
  <tr>
     <td width="1024" height="40" colspan="2" background="images/botton.jpg">Copyright©2017 版权所有</td>
  </tr>
</table>
</body>
</html>
```

页面 left.html 的源码如下：

```
<!DOCTYPE html PUBLIC "-//W3C//DTD XHTML 1.0 Transitional//EN" "http://
www.w3.org/TR/xhtml1/DTD/xhtml1-transitional.dtd">
<html xmlns="http://www.w3.org/1999/xhtml">
<head>
<meta http-equiv="Content-Type" content="text/html; charset=utf-8"/>
<title>运承管理</title>
<LINK
href="css/left.css" type=text/css rel=stylesheet>
</head>
<body>
<table width="175" border="0" cellspacing="8">
  <tr>
     <td><ul id="LeftNav">
        <li><a href="companyAdd.html" target="main">&gt;&gt;添加公司信息
</a></li>
        <li><a href="companyList.jsp" target="main">&gt;&gt;查询公司信息</a>
</li>
        <li><a href="companyUpdate.jsp" target="main">&gt;&gt;修改公司信息
</a></li>
        <li><a href="companyDelete.jsp" target="main">&gt;&gt;删除公司信息
</a></li>
     </ul></td>
  </tr>
</table>
</body>
</html>
```

页面 companyAdd.html 的源码如下：

```
<!DOCTYPE html PUBLIC "-//W3C//DTD XHTML 1.0 Transitional//EN" "http://
www.w3.org/TR/xhtml1/DTD/xhtml1-transitional.dtd">
<html xmlns="http://www.w3.org/1999/xhtml">
<head>
<meta http-equiv="Content-Type" content="text/html; charset=utf-8" />
<title>添加公司</title>
<LINK href="css/content.css" type=text/css rel=stylesheet>
</head>
<body>
    <div style="padding-left: 4px;">
         <table width="830" border="0" cellpadding="0" cellspacing="0">
              <tr>
                   <td width="270" class="title">&gt;&gt;运承管理</td>
                   <td width="30"><img src="images/title002.gif" /></td>
                   <td width="534" bgcolor="#d9f0ff" class="txt">您的位置:
后台管理 &gt;
                        承运管理 &gt; 公司信息</td>
              </tr>
         </table>
```

```
        <br />
        <h3>添加公司</h3>
        <form name="form1" action="CompanyServlet" method="post">
            <table width="550" cellpadding="0" cellspacing="0"
                style="line-height: 40px">
                <tr>
                    <td align="right">公司编号：</td>
                    <td><input name="Company_id" type="text" id="Company
id"
                        value="" /> *</td>
                </tr>
                <tr>
                    <td width="177" align="right">公司名称：</td>
                    <td width="347"><input name="Company_name" type=
                    "text"
                        id="Company_name" value="" /> *</td>
                </tr>
                <tr>
                    <td align="right">所在城市：</td>
                    <td><input name="Company_city" type="text" id=
                       "Company city"
                        value="" /></td>
                </tr>
                <tr>
                    <td align="right">联系电话：</td>
                    <td><input name="Company_phone" type="text" id=
                    "Company phone"
                        value="" /></td>
                </tr>
                <tr>
                    <td align="right">传     
                        真：</td>
                    <td><input name="Company_fax" type="text" id=
                    "Company_fax"
                        value="" /></td>
                </tr>
                <tr>
                    <td align="right">地     
                       址：</td>
                    <td><input name="Company_address" type="text" id=
                    "Company address"
                        value="" /></td>
                </tr>
                <tr>
                    <td align="right">备     
                       注：</td>
                    <td><textarea name="Company_remark" id="Company_
                    remark"> </textarea></td>
                </tr>
                <tr>
```

```
                    <td> </td>
                    <td><input id="btn_Save" value="保存" type=
                    "submit"
                        name="btn_Save" /> <input value="重置" type=
                        "reset" name="clear" />
                         </td>
                </tr>
            </table>
        </form>
    </div>
</body>
</html>
```

案例 2　在世界大学城空间添加一个 HTML 模块

1. 项目综述

世界大学城（URL：http://www.worlduc.com）是目前很多高校都在使用的一个课程、教学平台，其实质是一个内容管理系统，用户可以在后台定制自己的前台页面。定制的前台页面可以是系统本身提供的模块，如图 1-3 中的微博、自创栏目、资源热度、推荐视频等，也可以是一个自定义的 Flash 模块，或 HTML 模块，如图 1-3 中的美图、课程基本资源、友情链接等。自定义的 HTML 模块，可以将任何可以看到效果的 HTML 代码制作成 HTML 模块展示在大学城空间首页中。本例在首页中展示一个图片，如图 1-3 所示的美图。

2. 项目预览

图 1-3 为世界大学城空间首页的部分截图。

图 1-3　在世界大学城空间首页添加美图模块效果

3. 项目源码

```
<img  src="http://www.worlduc.com/FileSystem/18/2483/134951/5b3fc65506a34513adfa09c10b12a5f2.jpg" alt="美图" width="481" height="355">
```

操作方法

（1）准备一张图片，上传至大学城的相册或文章中，复制它的 URL 代替上述代码 src 中的地址。

（2）复制以上代码，登录世界大学城，依次单击：管理空间→空间装扮→自定义模块→新建 HTML，在弹出的对话框中输入标题：美图，在下方空白处粘贴代码，单击“确定”，最后单击下方的“保存”按钮，即可在大学城的展示页面中看到如上所述的效果。

【知识点学习】

任务 1　认识 HTML

1. HTML 定义

HTML 的全称是 Hyper Text Markup Language，即超文本标记语言，它不是一种编程语言，而是一种标记语言，是一套标记标签，用来描述网页。

HTML 第一版在 1993 年 6 月由互联网工程工作小组（IETF）工作草案发布（并非标准），之后便迅速发展。在 HTML 的众多版本中，HTML4.01 版本于 1999 年 12 月 24 日推出，为 W3C（World Wide Web Consortium，万维网联盟，又称 W3C 理事会，非营利的标准化联盟）推荐标准，较为成熟，使用时间较长，至 2008 年才开始推出 HTML5.0 标准。本文主要针对 HTML4.01 版本中的标签进行学习，HTML5.0 版本在 HTML4.01 版本的基础上增加了很多标签，在后续章节中将进行学习。表 1-1 按字母顺序排序列出了 HTML4.01 常用标签名称及功能描述，以备学习中进行对照。

表 1-1　HTML4.01 参考手册（按字母顺序排序）

序号	标签名称	功能描述
1	<!--...-->	定义注释
2	<!DOCTYPE>	定义文档类型
3	<a>	定义锚
4	<abbr>	定义缩写
5	<acronym>	定义只取首字母的缩写
6	<address>	定义文档作者或拥有者的联系信息
7	<applet>	定义嵌入的 applet，不赞成使用
8	<area>	定义图像映射内部的区域
9	<b>	定义粗体字
10	<base>	定义页面中所有链接的默认地址或默认目标
11	<basefont>	定义页面中文本的默认字体、颜色或尺寸，不赞成使用
12	<bdo>	定义文字方向

续表

序号	标签名称	功能描述
13	<big>	定义大号文本
14	<blockquote>	定义长的引用
15	<body>	定义文档的主体
16	 	定义简单的折行
17	<button>	定义按钮（push button）
18	<caption>	定义表格标题
19	<center>	定义居中文本，不赞成使用
20	<cite>	定义引用（citation）
21	<code>	定义计算机代码文本
22	<col>	定义表格中一个或多个列的属性值
23	<colgroup>	定义表格中供格式化的列组
24	<dd>	定义定义列表中项目的描述
25	<Delete>	定义被删除文本
26	<dir>	定义目录列表，不赞成使用
27	<div>	定义文档中的节
28	<dfn>	定义定义项目
29	<dl>	定义定义列表
30	<dt>	定义定义列表中的项目
31	<em>	定义强调文本
32	<fieldset>	定义围绕表单中元素的边框
33	<font>	定义文字的字体、尺寸和颜色，不赞成使用
34	<form>	定义供用户输入的 HTML 表单
35	<frame>	定义框架集的窗口或框架
36	<frameset>	定义框架集
37	<h1>～<h6>	定义 HTML 标题
38	<head>	定义关于文档的信息
39	<hr>	定义水平线
40	<html>	定义 HTML 文档
41	<i>	定义斜体字
42	<iframe>	定义内联框架
43	<img>	定义图像
44	<input>	定义输入控件
45	<ins>	定义被插入文本
46	<isindex>	定义与文档相关的可搜索索引，不赞成使用
47	<kbd>	定义键盘文本
48	<label>	定义 input 元素的标注
49	<legend>	定义 fieldset 元素的标题
50	<li>	定义列表的项目
51	<link>	定义文档与外部资源的关系

续表

序号	标签名称	功能描述
52	<map>	定义图像映射
53	<menu>	定义命令的列表或菜单
54	<menuitem>	定义用户可以从弹出菜单调用的命令/菜单项目
55	<meta>	定义关于 HTML 文档的元信息
56	<noframes>	定义针对不支持框架的用户的替代内容
57	<noscript>	定义针对不支持客户端脚本的用户的替代内容
58	<object>	定义内嵌对象
59	<ol>	定义有序列表
60	<optgroup>	定义选择列表中相关选项的组合
61	<option>	定义选择列表中的选项
62	<p>	定义段落
63	<param>	定义对象的参数
64	<pre>	定义预格式文本
65	<q>	定义短的引用
66	<s>	定义加删除线的文本，不赞成使用
67	<samp>	定义计算机代码样本
68	<script>	定义客户端脚本
69	<select>	定义选择列表（下拉列表）
70	<small>	定义小号文本
71	<span>	定义文档中的节
72	<strike>	定义加删除线文本，不赞成使用
73	<strong>	定义强调文本
74	<style>	定义文档的样式信息
75	<sub>	定义下标文本
76	<sup>	定义上标文本
77	<table>	定义表格
78	<tbody>	定义表格中的主体内容
79	<td>	定义表格中的单元
80	<textarea>	定义多行的文本输入控件
81	<tfoot>	定义表格中的表注内容（脚注）
82	<th>	定义表格中的表头单元格
83	<thead>	定义表格中的表头内容
84	<title>	定义文档的标题
85	<tr>	定义表格中的行
86	<tt>	定义打字机文本
87	<u>	定义下画线文本，不赞成使用
88	<ul>	定义无序列表
89	<var>	定义文本的变量部分
90	<xmp>	定义预格式文本，不赞成使用

2. HTML 文档结构

HTML 文档描述网页，包含 HTML 标签和纯文本，HTML 文档也被称为网页。HTML 文档由<html>标签开始，</html>标签结束，分为文档头和文档体两部分。在文档头里，可对文档进行一些必要的定义，比如定义标题、文字样式、有关页面的元信息等。文档体中的内容就是要显示在页面中的文档信息。HTML 文档结构如下所示。

```
<html>
<head>
这里是文档的头部...
</head>
<body>
这里是文档的主体部分...
</body>
</html>
```

3. HTML 标签语法

HTML 标记标签通常被称为标签，由尖括号包围的关键词，比如<html>，通常是成对出现的，比如<html>和</html>，是 HTML 描述功能的符号。标签对中的第一个标签是开始标签（也被称为开放标签），第二个标签是结束标签（也被称为闭合标签）。开始标签告诉 Web 浏览器从此处开始执行标签所表示的功能，结束标签告诉 Web 浏览器到这里结束该功能。

成对出现的标签，称为双标签，有少部分标签单独使用就能完整地描述其功能，因此，不需要结束标签，称为单标签，如
。

标签可以成对嵌套使用，但是要注意不能交叉嵌套。例如：

```
<html>
<head>
    <title>示例</title>
</head>
<body>
    <div>
        <table>
            <tr>
                <td>第一列</td><td>第二列</td>
            </tr>
        </table>
    </div>
</body>
</html>
```

4. HTML 文件的命名

- HTML 文档的文件扩展名为.html 或.htm。
- 文件名只可由英文字母、数字或下画线组成。
- 文件名中不要包含特殊符号，如空格、$等。
- 文件名是区分大小写的，在 Unix 和 Windows 主机中有大小写的不同。

- 网站首页文件名默认是 index.htm 或 index.html。

5. 编写 HTML 文件的注意事项

- 所有标签都要用尖括号括起来，以便于浏览器识别。
- 对于成对出现的标签，最好同时输入起始标签和结束标签，以免忘记。
- 可以使用标签嵌套的方式为同一个信息应用多个标记，如：

```
<table><tr><td>第一列</td></tr></table>
```

- 在代码中，不区分大写小。
- 任何空格或回车在代码中都无效，插入空格或回车有专用的标记，分别是 、
。因此，不同的标记间用回车换行再编写是一个良好的代码习惯。
- 标签中不要有空格，否则浏览器可能无法识别，比如，不能将<title>写成<title>。

6. 小实例

例 1-1　使用记事本编写 HTML 代码。实现在网页中显示正文标题：My First Heading，以及段落：My first paragraph.

```
<html>
<body>
<h1>My First Heading</h1>
<p>My first paragraph.</p>
</body>
</html>
```

操作提示

（1）在记事本中编写例 1-1 中的 HTML 代码，保存为 example1-1.html，然后在浏览器中浏览该网页，效果如图 1-4 所示。

（2）熟悉几种常用的浏览器：IE、Firefox、Chrome 等。

（3）了解标签：html、body、h1、p。

使用记事本编写HTML代
My First Heading
My first paragraph.

图 1-4　HTML 示例

知识点

（1）<html>与</html>之间的文本描述网页，HTML 文档以<html>开始，以</html>结束。

（2）<body>与</body>之间的文本是可见的页面内容，即 HTML 文档主体部分。

（3）<h1>与</h1>之间的文本被显示为 1 号标题。

（4）<p>与</p>之间的文本被显示为段落。

例 1-2　使用 Dreamwaver 工具编写 HTML 代码。设计网页标题栏中标题为：“HTML 标签应用示例”，网页正文标题：“这里是标题”，一条水平线，正文：“这里是正文”。

```
<!DOCTYPE html PUBLIC "-//W3C//DTD XHTML 1.0 Transitional//EN" "http://www.w3.org/TR/xhtml1/DTD/xhtml1-transitional.dtd">
<html xmlns="http://www.w3.org/1999/xhtml">
<head>
<meta http-equiv="Content-Type" content="text/html; charset=utf-8" />
<title> HTML 标签应用示例</title>
<meta http-equiv="Content-Type" content="text/html; charset=utf-8">
</head>
<body>
<div>
<h1>这里是标题</h1>
<hr>
这里是正文
</div>
</body>
</html>
```

操作提示

（1）在 Dreamwaver 工具中新建 HTML 文档，编辑以上代码，保存为 example1-2.html，在浏览器中浏览，效果如图 1-5 所示。

（2）理解以上代码中所用到的 HTML 标签的作用。Dreamwaver 工具的使用方法在后续章节将有叙述，请查阅。

（3）了解标签：head、title、meta、div、hr。

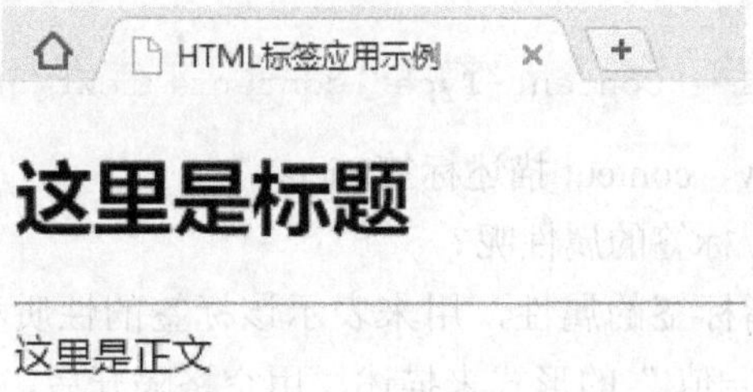
HTML标签应用示例
这里是标题
这里是正文

图 1-5　HTML 标签应用示例

知识点

（1）<title>与</title>之间为网页标题；

（2）<meta>标签在此处的功能是解决中文显示乱码问题，描述了<meta>标签的 http-equiv 和 content 属性，属性的概念在后续内容中叙述；

（3）<div>与</div>之间为层内容；

（4）<hr>标签表示插入一条水平线；

（5）分清示例代码中哪些是标签，哪些是纯文本；

（6）分清网页标题与正文标题。

7. 练一练

（1）HTML 代码开始和结束的标记是（　　）。

A. 以<html>开始，以</html>结束

B. 以<JavaScript>开始，以</JavaScript>结束
C. 以<style>开始，以</style>结束
D. 以<body>开始，以</body>结束
（2）所见即所得的 HTML 编辑工具是（　　）。
A. 记事本　B. Dreamwaver　C. Word　D. WPS
（3）Dreamwaver 的三种视图方式中的设计视图有（　　）功能。
A. 所见即所得　B. 和记事本一样
C. 既显示代码又显示设计内容　D. 只显示代码
（4）Web 标准的制定者是（　　）。
A. 微软　B. 万维网联盟（W3C）
C. 网景公司（Netscape）　D. IBM 公司
（5）Dreamweaver 的文件（File）菜单命令中，Save All 表示（　　）。
A. 保存分帧文档　B. 将分帧文档另存
C. 保存当前窗口的所有文档　D. 将当前文档恢复到上次保存时的状态

任务 2　认识 HTML 标签的属性

1. HTML 标签的属性

例 1-2 中如下语句：

```
<meta http-equiv="Content-Type" content="text/html; charset=utf-8">
```

使用了属性 http-equiv、content 描述标签 meta。

那么，什么是 HTML 标签的属性呢？

这里所说的属性是指标签的属性，用来表示该标签的性质和特性，在开始标签中指定。通常都是以“属性名='值'”的形式来描述，用空格隔开后，还可以指定多个属性。指定多个属性时不用区分顺序。

上述语句中，同时指定了<meta>标签的 2 个属性值，http-equiv 和 content 为属性名，"Content-Type"和"text/html; charset=utf-8"为它们对应的值。

再例如：<body bgcolor="red">设置 body 标签的 bgcolor 属性，其中，bgcolor 为属性，red 为该属性取值，该属性设置网页的背景颜色为红色。

2. 全局属性

全局属性是可以用于任何 HTML 标签的属性，最常用的全局属性有 class、id、style。class 属性规定元素的一个或多个类名（引用样式表中的类）。id 属性规定元素的唯一 id。style 属性规定元素的行内 CSS 样式。这几个属性的应用示例在 CSS 样式及 JavaScript 编程中涉及。

3. <body>标签的可选属性

HTML 标签都有若干属性可供选用，表 1-2 列出了<body>标签的可选属性。在学习过程中，要记住常用标签的常用属性。

表 1-2　<body>标签的可选属性

属性名称	值	功能描述
alink	rgb(x,x,x) #xxxxxx colorname	不赞成使用。请使用样式取代它 规定文档中活动链接（active link）的颜色
background	URL	不赞成使用。请使用样式取代它 规定文档的背景图像
bgcolor	rgb(x,x,x) #xxxxxx colorname	不赞成使用。请使用样式取代它 规定文档的背景颜色
link	rgb(x,x,x) #xxxxxx colorname	不赞成使用。请使用样式取代它 规定文档中未访问链接的默认颜色
text	rgb(x,x,x) #xxxxxx colorname	不赞成使用。请使用样式取代它 规定文档中所有文本的颜色
vlink	rgb(x,x,x) #xxxxxx colorname	不赞成使用。请使用样式取代它 规定文档中已被访问链接的颜色

说明：

- rgb(x,x,x)为颜色表示的函数，x 表示十进制数，范围在 0～255，常用在一些动态颜色效果的网页中，rgb(0,255,0)表示绿色；rgb(0%,100%,0%)也表示绿色，取值范围为 0%～100%。rgb 函数取值如果超出了指定的范围，浏览器会自动读取最接近的数值来使用。例如，如果设置了"101%"，则浏览器会自动读取"100%"。如果设置了"−2"，则会自动读取"0"。
- #xxxxxx 为十六进制的颜色表示，前 2 位为红色分量，中间 2 位为绿色分量，后 2 位为蓝色分量，#00FF00，表示绿色。
- colorname，颜色名称，如红色为 red，绿色为 green，蓝色为 blue 等。常用的 16 个颜色名称的中英文对象及十六进制颜色值，如表 1-3 所示。

表 1-3　常用的 16 个颜色名称

序号	关键字	中文颜色名称	十六进制的颜色值
1	aqua	水绿色	#00FFFF
2	black	黑色	#000000
3	blue	蓝色	#0000FF
4	fuchsia	紫红色	#FF00FF
5	gray	灰色	#808080
6	green	绿色	#008000
7	lime	酸橙色	#00FF00
8	maroom	栗色	#800000
9	navy	海军蓝	#000080
10	olive	橄榄色	#808000

续表

序号	关键字	中文颜色名称	十六进制的颜色值
11	purple	紫色	#800080
12	red	红色	#FF0000
13	silver	银色	#C0C0C0
14	teal	水鸭色	#008080
15	white	白色	#FFFFFF
16	yellow	黄色	#FFFF00

4. 小实例

例 1-3　使用 body 标签的属性设置网页的背景颜色及背景图片。

操作提示

第 1 步：使用 Dreamwaver 新建一个 HTML 网页文件，保存为文件名 example1-3.html。添加如下所示的代码。

```
<!DOCTYPE html PUBLIC "-//W3C//DTD XHTML 1.0 Transitional//EN" "http://
www.w3.org/TR/xhtml1/DTD/xhtml1-transitional.dtd">
<html xmlns="http://www.w3.org/1999/xhtml">
<head>
<meta http-equiv = "Content-Type" content = "text/html; charset=utf-8" />
<title>body 标签的属性应用示例</title>
</head>
<body background = "images/背景.jpg">
<h3>图像背景</h3>
<p>gif 和 jpg 文件均可用作 HTML 背景。</p>
<p>如果图像小于页面，图像将会平铺。</p>
</body>
</html>
```

使用浏览器浏览该网页，观察网页背景是否发生改变，效果如图 1-6 所示。

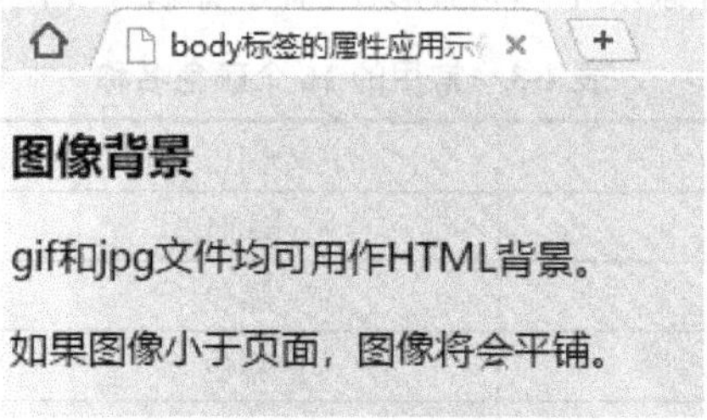
body标签的属性应用示
图像背景
gif和jpg文件均可用作HTML背景。
如果图像小于页面，图像将会平铺。

图 1-6　标签的属性应用示例

第 2 步：修改 bgcolor 的颜色表示，使用 RGB()方法表示颜色。

```
<body bgcolor = RGB(255,182,193)>
<h2>请观察：网页的背景颜色是否改变？</h2>
</body>
```

使用浏览器浏览该网页，观察网页背景是否发生改变。

第 3 步：修改 bgcolor 的颜色表示，使用十六进制值表示颜色。

```
<body bgcolor = #ff0000>
<h2>请观察：网页的背景颜色是否改变？</h2>
</body>
```

使用浏览器浏览该网页，观察网页背景是否发生改变。

第 4 步：修改代码如下，同时设置背景图片和背景颜色。

```
<body background="images/背景.jpg" bgcolor="yellow">
<h2>请观察：网页的背景颜色和背景图片同时起作用了吗？</h2>
</body>
```

使用浏览器浏览该网页，观察网页背景图片和背景颜色是否同时起作用了，顺序怎样。

知识点

（1）属性的作用及使用方法，同时使用多个属性的分隔符；

（2）<body>标签的 background、bgcolor 属性的使用；

（3）颜色的三种表示：RGB(x,x,x)、#xxxxxx、colorname；

（4）颜色的提取、查看可通过 Photoshop、画图等工具，这里推荐一款小工具：网页颜色提取器，文件小，使用非常方便。

5. 练一练

（1）HTML 语言中，设置背景颜色的代码是（　　）。

A. <body bgcolor=?>　　B. <body text=?>

C. <body link=?>　　D. <body vlink=?>

（2）HTML 的颜色属性值中，Purple 的代码是（　　）。

A. "#800080"　　B. "#008080"　　C. "#FF00FF"　　D. "#00FFFF"

（3）下面（　　）项属于<body>标记的属性。

A. topmargin　　B. table　　C. head　　D. bgcolor

任务 3　使用定义文档结构、文字与段落等标签设计网页

1. 定义文档结构标签

一个完整的 HTML 文件包含头部和主体两部分，头部包含在<head>标签对中，主体部分包含在<body>标签对中。表 1-4 中列出的标签用来定义文档的结构。

表 1-4　定义文档结构标签

序号	标签名称	功能描述
1	<!DOCTYPE>	定义文档类型
2	<html>	定义 HTML 文档
3	<head>	定义关于文档的信息
4	<body>	定义文档的主体
5	<title>	定义文档的标题

续表

序号	标签名称	功能描述
6	<base>	定义页面中所有链接的默认地址或默认目标
7	<basefont>	不赞成使用。定义页面中文本的默认字体、颜色或尺寸
8	<meta>	定义关于 HTML 文档的元信息

1）声明文档类型<!DOCTYPE>

<!DOCTYPE>声明必须是 HTML 文档的第一行，位于<html>标签之前。严格地讲，<!DOCTYPE>声明不是 HTML 标签；它是指示 Web 浏览器关于页面使用哪个 HTML 版本进行编写的指令。使用 Dreamwaver 工具新建一个 HTML 文档时，将自动产生该声明语句。

2）定义 HTML 文档<html>

<html>标签告知浏览器其自身是一个 HTML 文档。<html>与</html>标签限定了文档的开始点和结束点，在它们之间是文档的头部和主体。

3）定义文档信息及标题<head><title>

<head>标签用于定义文档的头部，它是所有头部元素的容器。<head>中的元素可以引用脚本、指示浏览器在哪里找到样式表、提供元信息等。文档的头部描述了文档的各种属性和信息，包括文档的标题、在 Web 中的位置以及和其他文档的关系等。绝大多数文档头部包含的数据都不会真正作为内容显示给读者。

下面这些标签可用在 head 部分：<base><link><meta><script><style>和<title>。

<title>定义文档的标题，它是 head 部分中唯一必需的元素。浏览器会以特殊的方式来使用标题，并且通常把它放置在浏览器窗口的标题栏或状态栏上。当把文档加入用户的链接列表或者收藏夹或书签列表时，标题将成为该文档链接的默认名称。

4）定义文档主体<body>

<body>标签用于定义网页正文的内容，包含文档的所有内容（比如文本、超链接、图像、视频、动画、表格和列表等。

5）设置基底网址<base>

<base>用于设定页面上所有链接的默认地址或默认目标，通常情况下，浏览器会从当前文档的 URL 提取相应的元素来填写相对 URL，使用<base>后，则使用该标签中的 URL 来填写。包括<a><img><link><form>标签中的 URL。

<base>是单标签，必须位于<head>中。例如，假设已经定义了如下<base>标签。

```
<head><base href=http://www.163.com target="_self"></head>
```

则在如下<a>标签中，

```
<a href="index">网易</a>
```

浏览网页时，鼠标指向超链接“网易”时，将在状态栏中显示解析地址：http://www.163.com/index，单击该链接，将打开网易首页。

6）定义文档元信息<meta>

<meta>标签定义页面中的一些信息，例如针对搜索引擎和更新频度的描述和关键词、

作者信息、网页过期时间、重定向等，这些信息不会出现在网页中。通过<meta>标签的属性定义了与文档相关联的名称/值对。<meta>标签为单标签，必须位于<head>中。例如：

```
<meta name="keywords" content="计算机、英语、经管、财会、职场">
```

说明：这行代码表示在该 HTML 文件中，定义的关键字（name="keywords"，名称），当利用搜索引擎搜索时，输入任何一个关键字（content="计算机、英语、经管、财会、职场"，值）都可以搜索到该网页。

例 1-4　定义文档结构标签应用示例。实现在网页中使用 h1-h6 标签显示正文标题。

```
<!DOCTYPE html PUBLIC "-//W3C//DTD XHTML 1.0 Transitional//EN" "http://www.w3.org/TR/xhtml1/DTD/xhtml1-transitional.dtd">
<html xmlns="http://www.w3.org/1999/xhtml">
<head>
<meta http-equiv="Content-Type" content="text/html; charset=utf-8" />
<title>定义文档结构标签应用示例</title>
</head>
<body>
<!--主要了解文档结构相关标签，和 h1-h6 段落标签的应用-->
<h6>今天天气真好。</h6>
<h5>今天天气真好。</h5>
<h4>今天天气真好。</h4>
<h3>今天天气真好。</h3>
<h2>今天天气真好。</h2>
<h1>今天天气真好。</h1>
</body>
</html>
```

操作提示

（1）使用 Dreamwaver 新建一个 HTML 网页文件，添加上述代码，保存为文件名 example1-4.html，然后在浏览器中浏览该网页，效果如图 1-7 所示。

（2）记忆文档结构标签及使用，了解 h1-h6 标签。

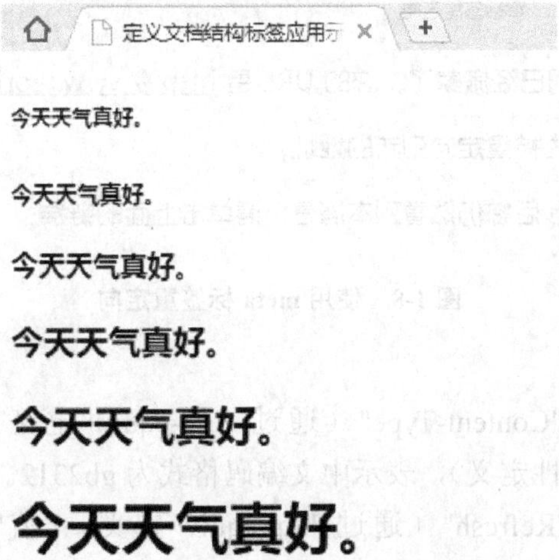

图 1-7　定义文档结构标签应用示例

知识点

（1）<html>与</html>为文档内容的开始和结束。

（2）<head>与</head>之间为 HTML 文档头部分。

（3）<body>与</body>之间为 HTML 文档体部分。

（4）h1-h6 标题文字的大小由大到小。

例 1-5　使用 meta 标签重定向。

```
<!DOCTYPE html PUBLIC "-//W3C//DTD XHTML 1.0 Transitional//EN" "http://www.w3.org/TR/xhtml1/DTD/xhtml1-transitional.dtd">
<html xmlns="http://www.w3.org/1999/xhtml">
<head>
<meta http-equiv="Content-Type" content="text/html; charset=utf-8" />
<title>使用 meta 标签重定向</title>
<meta http-equiv="Content-Type" content="text/html; charset=gb2312" />
<meta http-equiv="Refresh" content="5;url=http://www.worlduc.com" />
</head>
<body>
<p>
对不起。我们已经搬家了。您的 URL 是 <a href="http://www.worlduc.com">http://www.worlduc.com</a>
</p>
<p>您将在 5 秒内被重定向到新的地址。</p>
<p>如果超过 5 秒后您仍然看到本消息，请单击上面的链接。</p>
</body>
</html>
```

操作提示

（1）使用 Dreamwaver 新建一个 HTML 网页文件，添加上述代码，保存为文件名 example1-5.html，然后在浏览器中浏览该网页，观察页面跳转时间。效果如图 1-8 所示。

（2）理解<meta>标签如何通过键-值对实现相关功能。

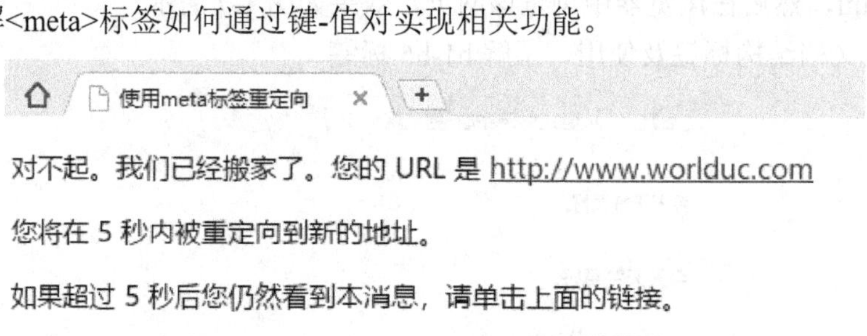
使用meta标签重定向
对不起。我们已经搬家了。您的 URL 是 http://www.worlduc.com
您将在 5 秒内被重定向到新的地址。
如果超过 5 秒后您仍然看到本消息，请单击上面的链接。

图 1-8　使用 meta 标签重定向

知识点

（1）<meta>标签键"Content-Type"（通过 http-equiv 定义）、值"text/html; charset=gb2312"（通过 content 属性定义），表示中文编码格式为 gb2312。

（2）<meta>标签键"Refresh"（通过 http-equiv 定义）、值"5;url=http://www.worlduc.com"（通过 content 属性定义），表示 5 秒后页面将自动跳转到 URL 地址。

2. 定义文字标签

制作网页的目的是为了在网络上传递信息更加方便、快捷，因此，在网页中需要添加内容信息，提供更多的信息资源。网页中提供的内容可以是文字、图像、动画等。本节主要介绍文字定义的标签，如表 1-5 所示。

表 1-5　定义文字标签

序号	标签名称	功能描述
1	<!--...-->	定义注释
2	<comment>	定义注释
3	<strike>	定义加删除线文本，不赞成使用
4	<font>	定义文字的字体、尺寸和颜色，不赞成使用
5	<tt>	定义打字机文本
6	<i>	定义斜体文本
7	<b>	定义粗体文本
8	<big>	定义大号文本
9	<small>	定义小号文本
10	<sup>	定义上标文本
11	<sub>	定义下标文本
12	<address>	定义文档作者或拥有者的联系信息
13	<samp>	定义计算机代码样本
14	<code>	定义计算机代码文本
15	<kbd>	定义键盘文本
16	<em>	定义强调文本
17	<strong>	定义语气更为强烈的强调文本
18	<dfn>	定义定义项目
19	<var>	定义文本的变量部分
20	<cite>	定义引用(citation)
21	<u>	定义下画线文本，不赞成使用
22	<bdo>	定义文字方向
23	<s>	定义加删除线的文本，不赞成使用
24	<Delete>	定义被删除文本
25	<ins>	定义被插入文本

例 1-6　定义文字标签应用示例。

```
<!DOCTYPE html PUBLIC "-//W3C//DTD XHTML 1.0 Transitional//EN" "http://www.w3.org/TR/xhtml1/DTD/xhtml1-transitional.dtd">
<html xmlns="http://www.w3.org/1999/xhtml">
<head>
<meta http-equiv="Content-Type" content="text/html; charset=utf-8" />
<title>定义文字标签应用示例</title>
</head>
<body>
<!--文字标签的应用示例，体会单标记标签-->
```

```
<p>This text is usally.</p>
<b>This text is bold.</b><br/>
<strong>This text is strong.</strong><br/>
<big>This text is big.</big><br/>
<em>This text is emphasized.</em><br/>
<i>This text is italic.</i><br/>
<small>This text is small.</small><br/>
This text contains sub H<sub>2</sub>O.<br/>
This text contains supper x<sup>2</sup>.<br/>
</body>
</html>
```

操作提示

（1）使用 Dreamwaver 新建一个 HTML 网页文件，编辑上述代码，保存为文件名 example1-6.html，然后在浏览器中浏览该网页，效果如图 1-9 所示。

（2）体会各标签效果，记忆常用定义文字标签及使用。

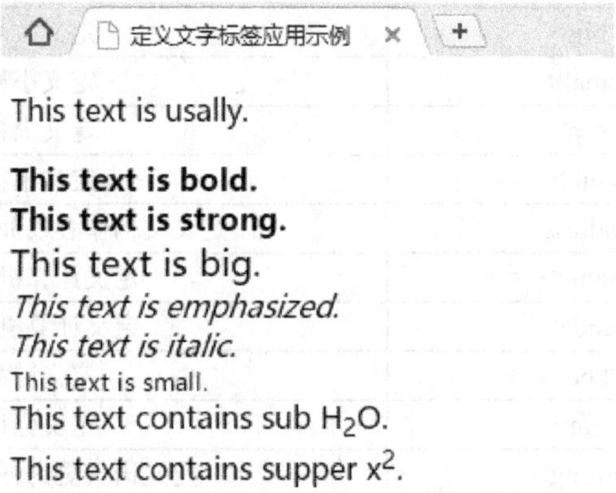
定义文字标签应用示例
This text is usally.
This text is bold.
This text is strong.
This text is big.
This text is emphasized.
This text is italic.
This text is small.
This text contains sub H_2O.
This text contains supper x^2.

图 1-9　定义文字标签应用示例

知识点

（1）注释标签，在示例 1-4 中已有使用，写注释是程序员的一个好习惯；

（2）文字定义的常用标签：加粗<b>、倾斜<i>、加下画线<u>等；

（3）设置文字的上标<sup>、下标<sub>等；

（4）设置等宽文字：<tt><samp><code><kbd>等；

（5）区别两种强调文本：<strong><em>；

（6）注意分类识记文字标签。

3. 定义段落标签

不论是在普通文档，还是网页文档中，合理地使用段落会使文字的显示更加美观，要表达的内容也会更加清晰。定义段落的标签，如表 1-6 所示。

表 1-6　定义段落标签

序号	标签名称	功能描述
1	<p>	定义段落
2	 	定义简单的折行

续表

序号	标签名称	功能描述
3	<pre>	定义预格式文本
4	<center>	不赞成使用，定义居中文本
5	<blockquote>	定义块引用
6	<xmp>	不赞成使用，定义预格式文本
7	<hr>	定义水平线
8	<h1> to <h6>	定义 HTML 标题
9	<acronym>	定义只取首字母的缩写
10	<abbr>	定义缩写
11	<q>	定义短的引用

例 1-7　定义段落标签应用示例。设计如下代码中所示的段落标签的应用。

```
<!DOCTYPE html PUBLIC "-//W3C//DTD XHTML 1.0 Transitional//EN" "http://www.w3.org/TR/xhtml1/DTD/xhtml1-transitional.dtd">
<html xmlns="http://www.w3.org/1999/xhtml">
<head>
<meta http-equiv="Content-Type" content="text/html; charset=utf-8" />
<title>定义段落标签应用示例</title>
</head>
<body>
<!--段落标签的应用示例，体会单标记标签-->
<!--预格式文本中，空格和回车起作用-->
<!--块标记 blockquote 增加段落缩进，q 短引用-->
<h1>春晓</h1>
<hr/>
<center>孟浩然【唐】</center>
<pre>   春眠不觉晓，
处处闻啼鸟，
夜来风雨声，
花落知多少。</pre><br/>
这是长的引用：
<blockquote>
这是长的引用。
春眠不觉晓，
处处闻啼鸟，
夜来风雨声，
花落知多少。
</blockquote>
这是短的引用：
<q>这是短的引用。</q>
<p>使用 blockquote 元素的话，浏览器会插入换行和外边框，而 q 元素不会有任何特殊的呈现。</p>
</body>
</html>
```

操作提示

（1）使用 Dreamwaver 新建一个 HTML 网页文件，添加上述代码，保存为文件名 example1-7.html，然后浏览该网页，效果如图 1-10 所示，体会各标签效果。

（2）注意观察<pre><blockquote>中的空格和回车换行的作用。

（3）记忆常用段落标签及使用。

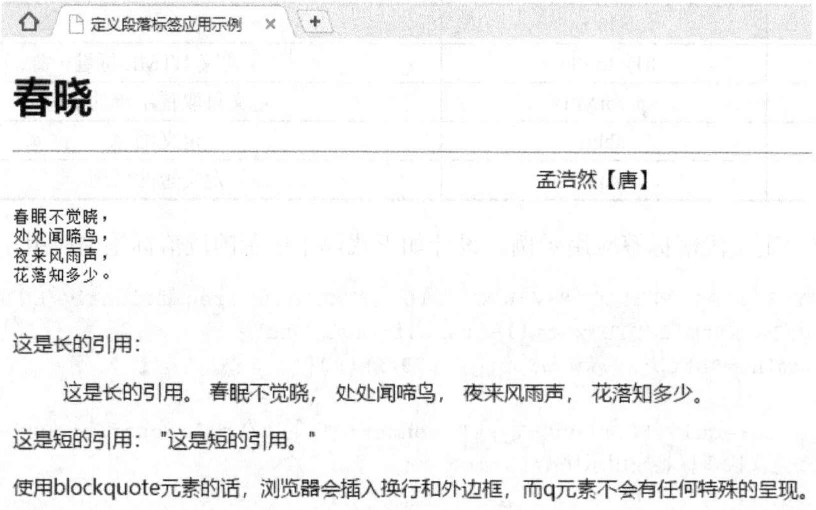

图 1-10　定义段落标签应用示例

知识点

（1）<pre>标签（预格式文本）中，空格和回车起正常作用；

（2）单标签：<hr/>
；

（3）标题标签<h1>-<h6>的应用在示例 1-4 中已述及。

4. 练一练

（1）加入一条水平线的 HTML 代码是（　　）。

A. <hr>　　B. <img src="name" border=?>
C. <img src="name" align=?>　　D. <img src="name">

（2）HTML 文本显示状态代码中，表示（　　）。

A. 文本加注下标线　　B. 文本加注上标线
C. 文本闪烁　　D. 文本或图片居中

（3）自动换行的标记是（　　）。

A.
　　B. <nobr>　　C. <whr>　　D. <p>

（4）创建最小的标题的文本标签是（　　）。

A. <pre></pre>　　B. <h1></h1>　　C. <h6></h6>　　D. <b></b>

（5）创建粗体字的文本标签是（　　）。

A. <pre></pre>　　B. <h1></h1>　　C. <h6></h6>　　D. <b></b>

任务 4　使用层、表格布局等标签设计网页

1. 层布局标签

用于层布局的标签有<div><span><style>，如表 1-7 所示。

表 1-7　层布局标签

序号	标签名称	功能描述
1	<div>	定义文档中的节
2	<span>	定义文档中的节
3	<style>	定义文档的样式信息

层布局是网页设计中用于定位元素或布局的一种技术，可以将 HTML 元素（包括：文字、图像、动画、层等）布局在网页的任意位置。一个网页文件中可以使用多个层，层与层之间可以重叠。结合 CSS 样式的应用，DIV+CSS 是目前主流的网页布局方式。

<div>标签可定义文档中的分区或节，可以把文档分割为独立的、不同的部分。如果用全局属性 id、class 来标记<div>，那么该标签的作用会变得更加有效。<div>是一个块级元素，这意味着它的内容自动地开始一个新行。div 层布局示例如下。

```
<body>
<div id="layer1" style="border:red 1px solid;position:absolute;left:29px;
top:12px;width:165px;height:104px;">
div 层布局示例
</div>
</body>
```

说明：在上述代码中，style 为全局属性，作用是定义 CSS 样式，style 样式的取值为 CSS 样式代码，将在模块 2 中进行学习。在进行层定义时，需要同时定义层的样式，否则在网页中不会显示出来。

<span>标签用来组合文档中的行内元素，以便通过样式来格式化它们。也可为<span>标签应用全局属性 id、class，便于对<span>应用样式。<span>应用示例如下。

```
<p><span>some text.</span>some other text.</p>
```

说明：<span>为<p>增加了额外的结构，可为<span>标签中的内容单独设置样式。

<style>标签用于为 HTML 文档定义样式信息，位于<head>部分中。样式信息可以写在标签的开始标签中，以 style 属性方式呈现，也可以将样式写于<style>标签中。<style>应用示例如下。

```
<style type="text/css">
h1 {color: red}
p {color: blue}
</style>
```

说明：type 属性是必需的，定义 style 元素的内容，取值"text/css"。<style>标签中为 CSS 样式代码。

例 1-8　使用 DIV+CSS 设计以下布局的网页：上（标题栏）、中（内容区，又分左/右，左边菜单栏，右边正文区）、下（版权信息），如图 1-11 所示。

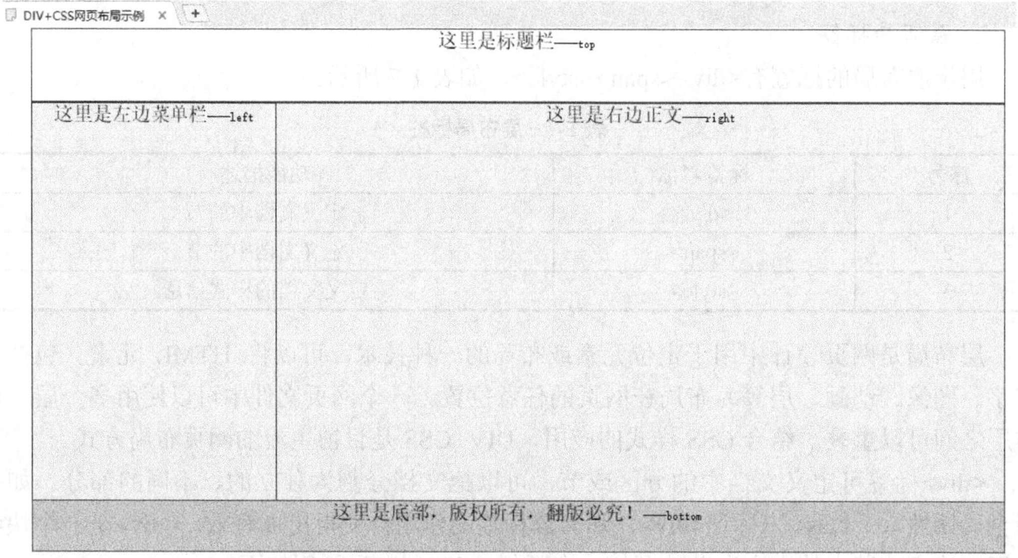

图 1-11　常用网页布局示例

```
<!DOCTYPE html PUBLIC "-//W3C//DTD XHTML 1.0 Transitional//EN" "http://
www.w3.org/TR/xhtml1/DTD/xhtml1-transitional.dtd">
<html xmlns="http://www.w3.org/1999/xhtml">
  <head>
    <title>DIV+CSS 网页布局示例</title>
    <style type="text/css">
      body {margin:0px;padding:0px;font-size:12px;text-align:center;}
      .content {font-size:20px;}
      #top {background-color:#FFC}
      #middle {background-color:#CFF}
      #bottom {background-color:#CCC}
    </style>
  </head>
  <body>
    <!--页面所有内容-->
    <div id="all" style="width:1004px;overflow:hidden;margin:0px auto;">
      <!--主体内容-->
      <div id="main" style="height:474px;">
        <!--top-->
        <div id="top" style="border:red solid 1px;height:72px;">
          <span class="content">这里是标题栏</span>----top
        </div>
        <!--middle-->
        <div id="middle" style="height:400px;overflow:hidden;">
            <!--left-->
            <div style="border:blue solid 1px;width:252px;height:400px;
            float:left;">
              <span class="content">这里是左边菜单栏</span>----left
```

```
            </div>
              <!--right-->
            <div style="border:green solid 1px;height:400px;">
              <span class="content">这里是右边正文</span>----right
            </div>
        </div>
      </div>
      <!--版权信息-->
      <div id="bottom" style="border:red solid 1px;height:50px;">
        <span class="content">这里是底部，版权所有，翻版必究！</span>----bottom
      </div>
    </div>
  </body>
</html>
```

操作提示

（1）使用 Dreamwaver 新建一个 HTML 网页文件，添加上述代码，保存为文件名 example1-8.html，然后在浏览器中浏览该网页，体会页面布局设计。

（2）关注示例中的 div、span、style 标签的应用，至于 CSS 样式在模块 2 学习完后再仔细去理解。

知识点

（1）<div>标签的嵌套使用，不能交叉嵌套；

（2）<span>标签中的 class 全局属性的应用，对所有<span>标签中的内容应用相同的样式；

（3）<style>标签中集中定义 CSS 样式。

2. *表格布局标签*

表格布局也是应用非常广泛的一种简单页面布局工具，能将网页分成多个任意的矩形区域。项目案例 1 物流管理系统就是一个表格布局的典型案例。定义表格常常会用到表 1-8 中所示的标签。

表 1-8　表格布局标签

序号	标签名称	功能描述
1	<table>	定义表格
2	<caption>	定义表格标题
3	<th>	定义表格中的表头单元格
4	<tr>	定义表格中的行
5	<td>	定义表格中的单元
6	<thead>	定义表格中的表头内容
7	<tbody>	定义表格中的主体内容
8	<tfoot>	定义表格中的表注内容（脚注）
9	<col>	定义表格中一个或多个列的属性值
10	<colgroup>	定义表格中供格式化的列组

一个简单的 HTML 表格由<table>标签以及一个或多个<tr><th>或<td>标签组成。<table>定义 HTML 表格，<tr>定义表格行，<th>定义表头，<td>定义表格单元。例如：

```
<table border="1">
   <tr>
      <th>序号</th><th>属性名称</th><th>属性值</th><th>功能描述</th>
   </tr>
   <tr>
      <td>1</td><td>align</td><td>left</td><td>左对齐</td>
   </tr>
</table>
```

表格效果如图 1-12 所示。

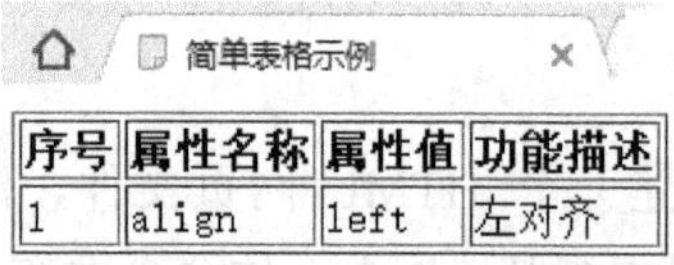

图 1-12　简单表格示例

更复杂的 HTML 表格也可能包括<caption><col><colgroup><thead><tfoot>以及<tbody>。使用表格布局时，表格也经常嵌套使用，但要注意不能交叉嵌套。

可以对表格设置对齐方式、背景颜色、边框、间距、边距等属性，使用<table>标签的可选属性进行设置，表 1-9 列出了常用的一些可选属性。

表 1-9　<table>标签的可选属性

属性名称	值	功能描述
align	left center right	不赞成使用。请使用样式代替 规定表格相对周围元素的对齐方式
bgcolor	rgb(x,x,x) #xxxxxx colorname	不赞成使用。请使用样式代替 规定表格的背景颜色
border	pixels	规定表格边框的宽度
cellpadding	pixels %	规定单元边沿与其内容之间的空白
cellspacing	pixels %	规定单元格之间的空白
frame	void above below hsides lhs rhs vsides box border	规定外侧边框的哪个部分是可见的

续表

属性名称	值	功能描述
rules	none groups rows cols all	规定内侧边框的哪个部分是可见的
summary	text	规定表格的摘要
width	% pixels	规定表格的宽度

例 1-9　制作如图 1-13 所示的课程表。

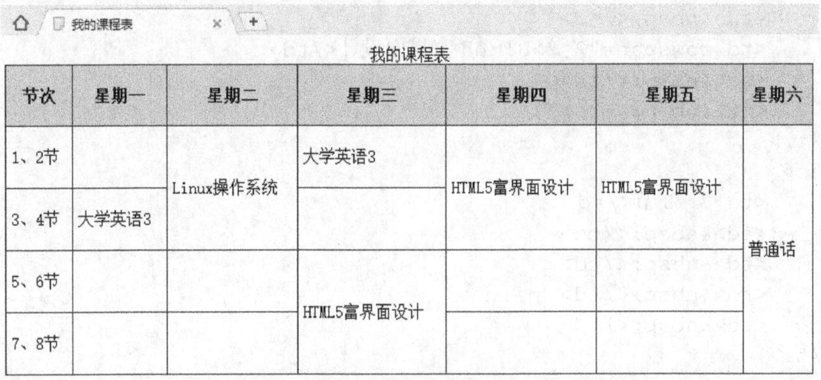

图 1-13　课程表

```
<!DOCTYPE html PUBLIC "-//W3C//DTD XHTML 1.0 Transitional//EN" "http://
www.w3.org/TR/xhtml1/DTD/xhtml1-transitional.dtd">
<html xmlns="http://www.w3.org/1999/xhtml">
<head>
<meta http-equiv="Content-Type" content="text/html; charset=utf-8" />
<title>我的课程表</title>
</head>
<body>
<table width="800" height="300" border="1" bordercolor="blue" rules="all"
cellpadding="5">
<caption>我的课程表</caption>
  <tbody>
    <tr bgcolor="#CCCCCC">
          <th>节次</th>
          <th>星期一</th>
          <th>星期二</th>
          <th>星期三</th>
          <th>星期四</th>
          <th>星期五</th>
          <th>星期六</th>
    </tr>
    <tr>
          <td>1、2 节</td>
          <td> </td>
          <td rowspan="2 ">Linux 操作系统</td>
```

```
        <td>大学英语 3</td>
        <td rowspan="2 ">HTML5 富界面设计</td>
        <td rowspan="2 ">HTML5 富界面设计</td>
        <td rowspan="4 ">普通话</td>
    </tr>
    <tr>
        <td>3、4 节</td>
        <td>大学英语 3</td>
        <td> </td>
    </tr>
    <tr>
        <td>5、6 节</td>
        <td> </td>
        <td> </td>
        <td rowspan="2 ">HTML5 富界面设计</td>
        <td> </td>
        <td> </td>
    </tr>
    <tr>
        <td>7、8 节</td>
        <td> </td>
        <td> </td>
        <td> </td>
        <td> </td>
    </tr>
  </tbody>
</table>
</body>
</html>
```

操作提示

（1）使用 Dreamwaver 新建一个 HTML 网页文件，添加上述代码，保存为文件名 1-9.html，然后在浏览器中浏览该网页，理解表格各标签的应用。

（2）熟记制作表格时常用的标签及它们常用的属性。

知识点

（1）空格表示：

（2）设置表格的宽度和高度属性：width、height；

（3）设置表格的边框、边框颜色和边框样式属性：border、bordercolor、frame、rules；

（4）设置单元格的间距和边距：cellspacing、cellpadding；

（5）设置跨行、跨列：rowspan、colspan；

（6）<tr>、<th>、<td>均有相应属性对行和单元格进行设置。

3. 练一练

（1）关于层和表格的关系，以下说法正确的是（　　）。

A. 表格和层可以互相转换

B. 表格可以转换成层

C. 只要不与其他层交叠的层才可以转换成表格

D. 表格和层不能互相转换

（2）表格标记的基本结构是（　　）。

A. <tr></tr>　　B.
</br>　　C. <table></table>　　D. <bg></bg>

（3）表格标签中，定义表格中的表头单元格是标签是以下（　　）。

A. tr　　B. th　　C. td　　D. table

（4）（　　）标签不能用来对页面进行布局。

A. div　　B. span　　C. table　　D. form

（5）以下选项中，（　　）全部都是表格标记。

A. <table><head><tfoot>　　B. <table><tr><td>

C. <table><tr><tt>　　D. <thead><body><tr>

任务 5　使用项目符号和列表、超链接等标签设计网页

1. 项目符号和列表标签

在 Word 中项目符号和编号功能可以对文字进行无序或有序排列显示，以增强文字的布局。网页中也提供了这样的功能－项目符号和列表，项目符号和列表标签如表 1-10 所示。

表 1-10　项目符号和列表标签

序号	标签名称	功能描述
1	<ul>	定义无序列表
2	<ol>	定义有序列表
3	<li>	定义列表的项目
4	<dl>	定义定义列表
5	<dt>	定义定义列表中的项目
6	<dd>	定义定义列表中项目的描述
7	<dir>	不赞成使用，定义目录列表
8	<menu>	定义命令的列表或菜单
9	<menuitem>	定义用户可以从弹出菜单调用的命令/菜单项目

1）无序列表<ul>

无序列表<ul>使用<li>列出列表项，在列表项前可使用实心圆形、空心圆形和实心小矩形表示，由 type 属性取值决定，type 属性可以取值 disc、circle、square，默认为 disc。示例如下。

```
<ul type="disc">
   <li>咖啡</li>
   <li>茶</li>
   <li>牛奶</li>
</ul>
```

以上无序列表的效果如下。

- 咖啡
- 茶
- 牛奶

2）有序列表<ol>

有序列表<ol>也使用<li>列出列表项，同样，由 type 属性取值决定使用什么样的序号：1、A、a、I、i，默认为 1。示例如下。

```
<ol type="1">
 <li>苹果</li>
 <li>香蕉</li>
 <li>柠檬</li>
 <li>橘子</li>
</ol>
```

以上有序列表的效果如下。

1. 苹果
2. 香蕉
3. 柠檬
4. 橘子

3）定义列表<dl>

<dl>标签定义了定义列表，其中使用了<dt>标签定义列表中的项目，<dd>标签描述列表中的项目。示例如下。

```
<dl>
    <dt>计算机</dt>
    <dd>用来计算的仪器 ... ...</dd>
    <dt>显示器</dt>
    <dd>以视觉方式显示信息的装置 ... ...</dd>
</dl>
```

以上定义列表的效果如下。

计算机

　　用来计算的仪器......

显示器

　　以视觉方式显示信息的装置......

例 1-10　ul 和 li 应用示例。

```
<!DOCTYPE html PUBLIC "-//W3C//DTD XHTML 1.0 Transitional//EN" "http://www.w3.org/TR/xhtml1/DTD/xhtml1-transitional.dtd">
<html xmlns="http://www.w3.org/1999/xhtml">
<head>
<meta http-equiv="Content-Type" content="text/html; charset=utf-8" />
<title>使用 ul 和 li 设计菜单中的菜单项</title>
</head>
<body>
<ul id=nav>
```

```
        <li>Java 面向对象编程
            <ul>
                <li>表格化教案</li>
                <li>方法库</li>
                <li>原理库</li>
                <li>案例库</li>
                <li>视频库</li>
                <li>辅助资源库</li>
                <li>优秀学生作品库</li>
                <li>课程管理</li>
            </ul>
        </li>
        <li>Android 移动开发
            <ul>
                <li>表格化教案</li>
                <li>视频库</li>
                <li>教学案例资源库</li>
                <li>知识资源库</li>
                <li>辅助资源库</li>
                <li>辅课程管理 (限)</li>
            </ul>
        </li>
    </ul>
    </body>
    </html>
```

操作提示

（1）使用 Dreamwaver 新建一个 HTML 网页文件，添加上述代码，保存为文件名 example1-10.html，然后在浏览器中浏览该网页，效果如图 1-14 所示。

（2）理解<ul>标签的应用。<ul>常用来设计菜单，在后文将对本示例进一步设计，最后设计成菜单。

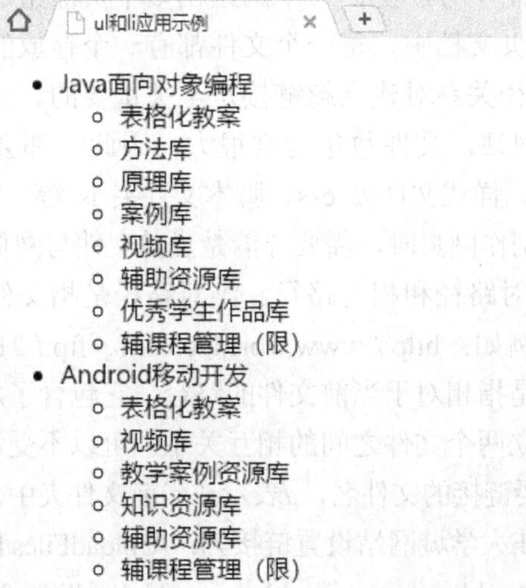

图 1-14　ul 和 li 应用示例

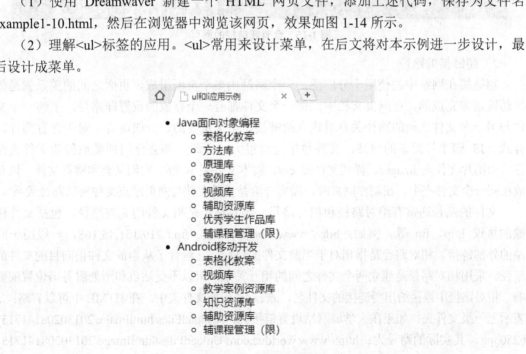

知识点

（1）无序列表<ul>、<li>标签的嵌套使用。

（2）在很多网站中，常用<ul>+CSS 来设计菜单。

2. 超链接标签

1）超链接

超链接是指当用鼠标单击一些文字、图片或其他网页元素时，浏览器能根据它指向的位置跳转到一个新的网页、网页的其他位置或执行相关命令。按照链接路径的不同，网页中超链接一般分为以下 3 种类型：内部链接、锚点链接和外部链接。按照使用对象的不同，网页中的链接又可以分为：文本超链接、图像超链接、E-mail 链接、锚点链接、多媒体文件链接、空连接等。

学习超链接之前，需要了解什么是 URL？URL（Uniform Resource Locator）指统一资源定位器，通常包括三个部分：协议代码、主机地址、具体的文件名。运行浏览器，在地址栏中输入：http://www.worlduc.com，然后回车，就可以打开世界大学城网站首页，如图 1-15 所示。单击网页中的任一超链接，可跳转到超链接指向的页面。

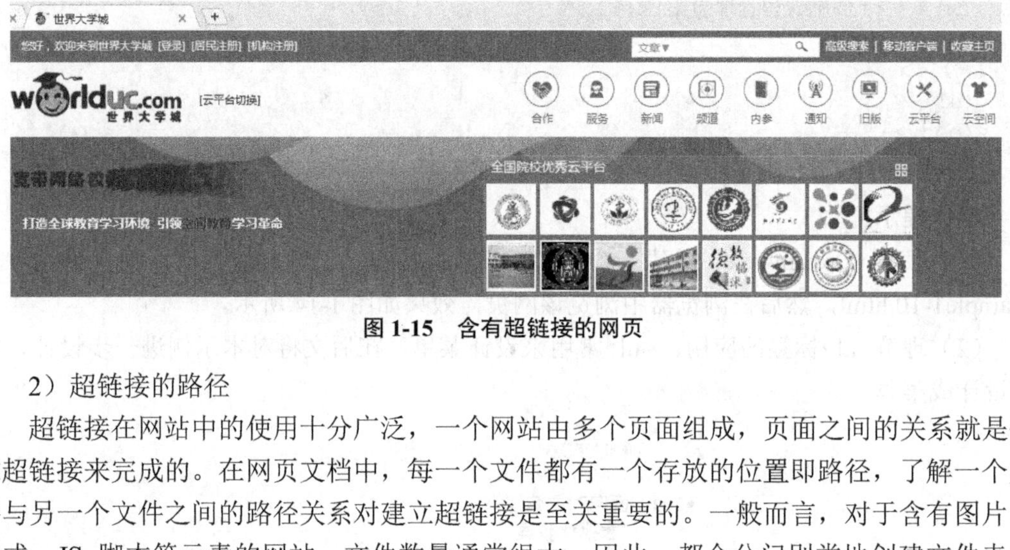

图 1-15　含有超链接的网页

2）超链接的路径

超链接在网站中的使用十分广泛，一个网站由多个页面组成，页面之间的关系就是依靠超链接来完成的。在网页文档中，每一个文件都有一个存放的位置即路径，了解一个文件与另一个文件之间的路径关系对建立超链接是至关重要的。一般而言，对于含有图片、样式、JS 脚本等元素的网站，文件数量通常很大，因此，都会分门别类地创建文件夹保存，如图片文件夹 images、样式文件夹 css、脚本文件夹 js 等，它们又会和网页文件一同存放在同一个文件夹中。在制作网页时，需要弄清楚当前文件与网页站点文件夹的路径关系。

文件的路径通常有绝对路径和相对路径。绝对路径是指文件的完整路径，包括文件传输的协议 http、ftp 等，例如：http://www.worlduc.com、ftp://219.151.45.168，一般用于网站的外部链接。相对路径是指相对于当前文件的路径，它包含了从当前文件指向目的文件的路径。采用相对路径是建立两个文件之间的相互关系，可以不受站点和所处服务器位置的影响。相对路径中直接给出要链接的文件名，./表示在当前文件夹中，在 HTML 中可以省略；../表示上一级文件夹。如果在大学城网站设置链接为：/UploadFiles/htmlImage/20130208141715_6250.jpg，其实际的路径为：http://www.worlduc.com/UploadFiles/htmlImage/20130208141715_6250.jpg。

3）超链接的建立

超链接标签如表 1-10 所示，<a>标签用来建立超链接。其语法如下。

```
<a href="URL">链接内容</a>
```

说明：href 是<a>标签的必选属性，表示链接到的目标地址，目标地址可以使用相对路径或绝对路径。链接内容可以是文字、图片等。<a>标签的可选属性如表 1-11 所示。

表 1-10 中超链接标签还有一个<link>标签，定义文档与外部资源的关系，最常见的用途是链接样式表。例如：

```
<link rel="stylesheet" type="text/css" href="/html/csstest1.css">
```

说明：此语句表示当前 HTML 文档，使用 html 文件夹中的外部样式表 csstest1.css。<link>标签只能存在于<head>部分，可以出现任意次数。

表 1-10　超链接标签

序号	标签名称	功能描述
1	<a>	定义锚
2	<link>	定义文档与外部资源的关系

表 1-11　<a>标签的可选属性

属性名称	值	功能描述
href	URL	规定链接指向的页面的 URL
name	section_name	HTML5 中不支持。规定锚的名称
target	_blank _parent _self _top framename	规定在何处打开链接文档

4）锚点链接的建立

锚点链接是链接到当前页面的不同位置，设置锚点链接需要通过<a>标签的 name 属性在目标位置设置一个链接，然后再通过<a>标签的 href 属性链接到目标位置。例如：

```
<a href="#html">单击到锚点链接</a>
…
<a name="html">锚点链接</a>
```

说明：href="#html"表示链接到 name="html"的位置，如果设置：href="#"，表示链接到当前页面。

5）邮箱链接

单击链接将跳转到给联系人发送 e-mail 的窗口，方便邮箱发送。例如：

```
<a href="mailto:taowangjiangxi@163.com">邮箱地址</a>
```

例 1-11　给示例 1-10 中 li 加上超链接。

```
<!DOCTYPE html PUBLIC "-//W3C//DTD XHTML 1.0 Transitional//EN" "http://www.w3.org/TR/xhtml1/DTD/xhtml1-transitional.dtd">
```

```
<html xmlns="http://www.w3.org/1999/xhtml">
<head>
<meta http-equiv="Content-Type" content="text/html; charset=utf-8" />
<title>超链接应用示例</title>
</head>
<body>
<ul id=nav>
  <li>Java 面向对象编程
    <ul>
      <li><a href="http://www.worlduc.com/SpaceShow/Blog/List.aspx?sid=2158481&amp;uid=134951" target=_blank>表格化教案</a></li>
          <li><a href="http://www.worlduc.com/SpaceShow/Blog/List.aspx?sid=2158483&amp;uid=134951" target=_blank>方法库</a></li>
          <li><a href="http://www.worlduc.com/SpaceShow/Blog/List.aspx?sid=2193575&amp;uid=134951" target=_blank>原理库</a></li>
          <li><a href="http://www.worlduc.com/SpaceShow/Blog/List.aspx?sid=2193576&amp;uid=134951" target=_blank>案例库</a></li>
          <li><a href="http://www.worlduc.com/SpaceShow/Blog/List.aspx?sid=2193577&amp;uid=134951" target=_blank>视频库</a></li>
          <li><a href="http://www.worlduc.com/SpaceShow/Blog/List.aspx?sid=2158484&amp;uid=134951" target=_blank>辅助资源库</a></li>
          <li><a href="http://www.worlduc.com/SpaceShow/Blog/List.aspx?sid=2657548&amp;uid=134951" target=_blank>优秀学生作品库</a></li>
          <li><a href="http://www.worlduc.com/SpaceShow/Blog/List.aspx?sid=2158485&amp;uid=134951" target=_blank>课程管理</a></li>
      </ul>
   </li>
   <li>Android 移动开发
      <ul>
          <li><a href="http://www.worlduc.com/SpaceShow/Blog/List.aspx?sid=7385560&amp;uid=134951" target=_blank>表格化教案</a></li>
          <li><a href="http://www.worlduc.com/SpaceShow/Blog/List.aspx?sid=7385562&amp;uid=134951" target=_blank>视频库</a></li>
          <li><a href="http://www.worlduc.com/SpaceShow/Blog/List.aspx?sid=3260599&amp;uid=134951" target=_blank>教学案例资源库</a></li>
          <li><a href="http://www.worlduc.com/SpaceShow/Blog/List.aspx?sid=3260602&amp;uid=134951" target=_blank>知识资源库</a></li>
          <li><a href="http://www.worlduc.com/SpaceShow/Blog/List.aspx?sid=3260604&amp;uid=134951" target=_blank>辅助资源库</a></li>
          <li><a href="http://www.worlduc.com/SpaceShow/Blog/List.aspx?sid=3260606&amp;uid=134951" target=_blank>课程管理</a></li>
      </ul>
   </li>
</ul>
</body>
</html>
```

操作提示

（1）使用 Dreamwaver 新建一个 HTML 网页文件，添加上述代码，保存为文件名 example1-11.html，然后在浏览器中浏览该网页，效果如图 1-15 所示。

（2）理解<a>标签的应用。本例中路径使用的是绝对路径。

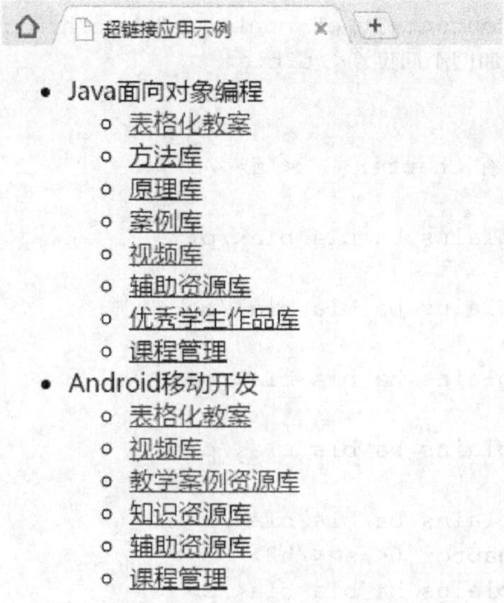

图 1-16　超链接应用示例

知识点

（1）超链接标签最常用的属性：href，规定链接指向的页面的 URL；

（2）超链接标签最常用的属性：target，规定在何处打开链接文档。各取值的含义如下。

- _blank，目标文档在一个新打开、未命名的窗口中打开；
- _parent，目标文档在当前文档的父窗口或当前框架集的父框架中打开，如果当前文档在窗口或顶级框架中，那么和_self 等效；
- _self，目标文档在源文档相同的框架或窗口中打开（默认）；
- _top，目标文档会清除所有被包含的框架并在整个浏览器中打开；
- framename，在指定框架名的框架中打开目标文档。

target 属性取值简要描述如表 1-12 所示。

表 1-12　target 属性取值

序号	取值	功能描述
1	_blank	在新窗口中打开被链接文档
2	_self	默认。在相同的框架中打开被链接文档
3	_parent	在父框架集中打开被链接文档
4	_top	在整个窗口中打开被链接文档
5	framename	在指定的框架中打开被链接文档

例 1-12　链接到同一个页面的不同位置。

```
<!DOCTYPE html PUBLIC "-//W3C//DTD XHTML 1.0 Transitional//EN" "http://
www.w3.org/TR/xhtml1/DTD/xhtml1-transitional.dtd">
<html xmlns="http://www.w3.org/1999/xhtml">
<head>
```

```
<meta http-equiv="Content-Type" content="text/html; charset=utf-8" />
<title>链接到同一个页面的不同位置</title>
</head>
<body>
<p><a href="#C6">查看 Chapter 6。</a></p>
<h2>Chapter 1</h2>
<p>This chapter explains ba bla bla</p>
<h2>Chapter 2</h2>
<p>This chapter explains ba bla bla</p>
<h2>Chapter 3</h2>
<p>This chapter explains ba bla bla</p>
<h2>Chapter 4</h2>
<p>This chapter explains ba bla bla</p>
<h2>Chapter 5</h2>
<p>This chapter explains ba bla bla</p>
<h2><a name="C6">Chapter 6</a></h2>
<p>This chapter explains ba bla bla</p>
</body>
</html>
```

操作提示

（1）使用 Dreamwaver 新建一个 HTML 网页文件，添加上述代码，保存为文件名 example1-12.html，然后在浏览器中浏览该网页，效果如图 1-17 所示，单击链接后，Chapter 6 将显示在页面中。

（2）理解链接到同一个页面的不同位置的操作要点。在一个页面内容较多的时候，可以使用此方法快速定位到页面的某一位置。

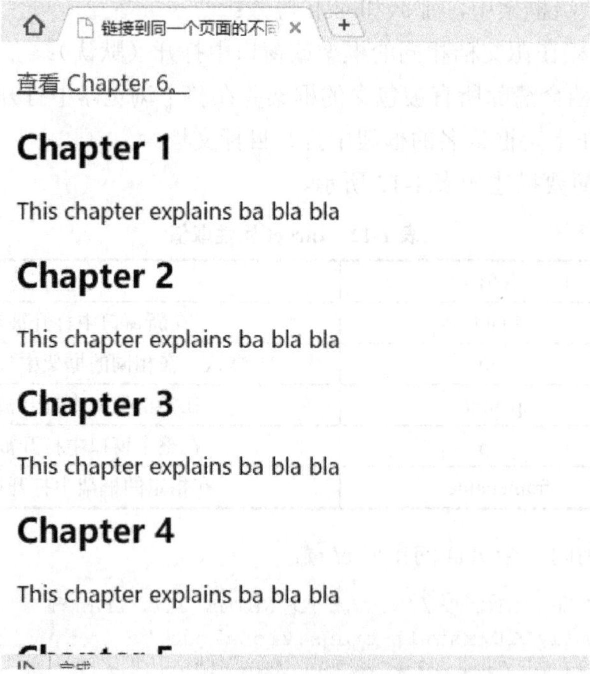

图 1-17　同一页面跳转

知识点

（1）超链接标签的 name 属性和 href 属性联合使用实现页内跳转；

（2）href="#"，链接到当前页面。

3. 练一练

（1）在网页设计时，使用（　　）标记来完成超级链接。

A. <a>…</a>　　B. <p>…</p>

C. <link>…</link>　　D. <li>…</li>

（2）在 HTML 文件中，使用<a>标记创建超链接，它的（　　）属性表示链接到的地址。

A. tooltip　　B. src　　C. href　　D. herf

（3）下列（　　）项是在新窗口中打开网页文档。

A. _self　　B. _blank　　C. _top　　D. _parent

（4）下面（　　）组标记不是定义列表中需要使用的标记。

A. <dl>　　B. <dt>　　C. <do>　　D. <dd>

（5）<dt>和<dd>标记能在（　　）标记中使用。

A. <dl>　　B. <ul>　　C. <ol>　　D. <li>

（6）在 HTML 文件中，可以使用多种列表标记对文字进行排列，其中<ol>标记的作用是（　　）。

A. 有序列表　　B. 无序列表　　C. 定义列表　　D. 目录列表

任务 6　使用表单标签设计网页

表单是网页中提供的一种交互操作手段，以实现动态网页，在网页中使用十分广泛，如搜索、注册、登录等。用户可以通过提交表单信息与服务器进行动态交流。表单主要分为两部分：一是 HTML 源代码描述的表单，可以直接编写代码实现；二是提交后的表单处理，需要调用服务器端编写好的脚本对客户端提交的信息做出响应。前述的项目案例 1--物流管理系统中添加公司操作就是表单应用的实例，如图 1-18 所示。

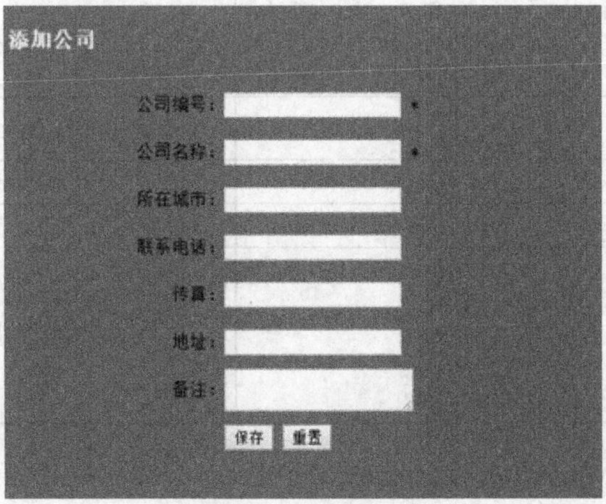

图 1-18　表单应用示例

构建表单的元素主要有文本框、密码框、复选框、单选按钮、标准按钮、提交按钮、重置按钮、图像框、文字域、隐藏域、下拉菜单和列表项等。表 1-13 列出了构建表单过程中可能使用到的标签。

表 1-13　构建表单标签

序号	标签名称	功能描述
1	<form>	定义供用户输入的 HTML 表单
2	<input>	定义输入控件
3	<textarea>	定义多行的文本输入控件
4	<button>	定义按钮
5	<select>	定义选择列表（下拉列表）
6	<optgroup>	定义选择列表中相关选项的组合
7	<option>	定义选择列表中的选项
8	<label>	定义 input 元素的标注
9	<fieldset>	定义围绕表单中元素的边框
10	<legend>	定义 fieldset 元素的标题
11	<isindex>	不赞成使用，定义与文档相关的可搜索索引

1. <form>标签

<form>标签用于为用户交互创建 HMTL 表单，表单用于向服务器传输数据。<form>标签为块级元素，也就意味着其前后将会产生换行。<form>标签的可选属性如表 1-14 所示。

表 1-14　<form>标签的可选属性

属性名称	值	功能描述
accept	MIME_type	HTML 5 中不支持
accept-charset	charset_list	规定服务器可处理的表单数据字符集
action	URL	规定当提交表单时向何处发送表单数据
autocomplete	on off	规定是否启用表单的自动完成功能
enctype	application/x-www-form-urlencoded multipart/form-data text/plain	规定在发送表单数据之前如何对其进行编码
method	get post	规定用于发送 form-data 的 HTTP 方法
name	form_name	规定表单的名称
novalidate	novalidate	如果使用该属性，则提交表单时不进行验证
target	_blank _self _parent _top framename	规定在何处打开 action URL

表中 MIME 是指 Multipurpose Internet Mail Extensions，多用途互联网邮件扩展。就是设定某种扩展名的文件用一种应用程序来打开的方式类型，当该扩展名文件被访问的时

候，浏览器会自动使用指定应用程序来打开。

<form>标签应用示例如下。

```
<body>
<form name="form1" method="post" action="http://www.worlduc.com">
<input type="submit" id="c1" value="表单示例" />
</form>
</body>
```

说明：单击“表单示例”按钮，页面将跳转至 http://www.worrlduc.com，即世界大学城首页。

2. <input>标签

在上述<form>标签应用示例中，包括了<input>标签的简单应用。<input>标签是表单中输入信息常用的标签，用于搜集用户信息，它为单标签，其可选属性如表 1-15 所示。

表 1-15　<input>标签的可选属性

属性名称	值	功能描述
accept	MIME_type	规定通过文件上传来提交的文件的类型
align	left right top middle bottom	不赞成使用。规定图像输入的对齐方式
alt	text	定义图像输入的替代文本
checked	checked	规定此 input 元素首次加载时应当被选中
disabled	disabled	当 input 元素加载时禁用此元素
maxlength	number	规定输入字段中的字符的最大长度
name	field_name	定义 input 元素的名称
readonly	readonly	规定输入字段为只读
size	number_of_char	定义输入字段的宽度
src	URL	定义以提交按钮形式显示的图像的 URL
type	button checkbox file hidden image password radio reset submit text	规定 input 元素的类型
value	value	规定 input 元素的值

如表 1-15 所示的 type 属性可以取值：button、checkbox、file、hidden、image、password、radio、reset、submit、text，这些取值决定了<input>标签的控件将呈现为：标准按钮、复选框、文件域、隐藏域、图像域、密码框、单选按钮、重置按钮、提交按钮、文本框。type 属性取值及简单描述，如表 1-16 所示。

表 1-16　type 属性取值

序号	取值	功能描述
1	button	定义可点击按钮（多数情况下，用于通过 JavaScript 启动脚本）
2	checkbox	定义复选框
3	file	定义输入字段和“浏览”按钮，用于文件上传
4	hidden	定义隐藏的输入字段
5	image	定义图像形式的提交按钮
6	password	定义密码字段，该字段中的字符被掩码
7	radio	定义单选按钮
8	reset	定义重置按钮，重置按钮会清除表单中的所有数据
9	submit	定义提交按钮，提交按钮会把表单数据发送到服务器
10	text	定义单行的输入字段，用户可在其中输入文本。默认宽度为 20 个字符

例 1-13　设计如图 1-19 所示的登录表单。

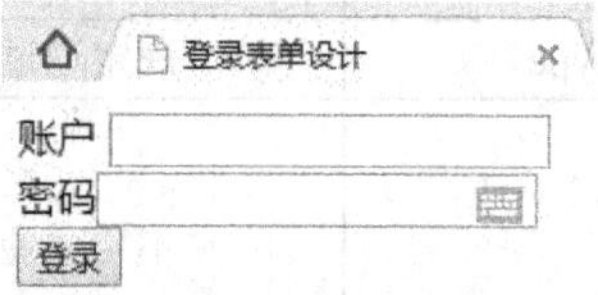

图 1-19　登录表单

```
<!DOCTYPE html PUBLIC "-//W3C//DTD XHTML 1.0 Transitional//EN" "http://www.w3.org/TR/xhtml1/DTD/xhtml1-transitional.dtd">
<html xmlns="http://www.w3.org/1999/xhtml">
<head>
<meta http-equiv="Content-Type" content="text/html; charset=utf-8" />
<title>登录表单设计</title>
</head>
<body>
  <form name="login">
     <label>账户</label><input type="text" name="user" size="20"/><br />
     <label>密码</label><input type="password" name="password" size="20"/><br />
     <input type="submit" value="登录"/>
  </form>
</body>
</html>
```

操作提示

（1）使用 Dreamwaver 新建一个 HTML 网页文件，添加上述代码，保存为文件名 example1-13.html，然后在浏览器中浏览该网页，理解表单的应用。

（2）熟记表单设计相关的标签及相应属性。

知识点

（1）<form>标签成对出现，常用属性包括：name、method、action；

（2）<input>标签为单标签，常用属性包括：type、name、size、value 等。

3. <textarea>标签

<textarea>标签定义多行文本输入控件。文本区中可容纳无限数量的文本，其中的文本的默认字体是等宽字体（通常是 Courier）。可以通过 cols 和 rows 属性来规定它的尺寸，不过更好的办法是使用 CSS 的 height 和 width 属性。例如：

```
<textarea name="text" rows="3" cols="30" wrap="" id=""></textarea>
```

说明：以上代码定义了一个 3 行 30 列的多行文本框，其 wrap、id 属性为可选项。

4. <select>和<option>标签

在 HTML 中，使用<select>和<option>标签可以实现组合框和下拉列表。如图 1-20 所示，上面的控件为下拉列表，下面的控件为组合框。其 HTML 代码如下。

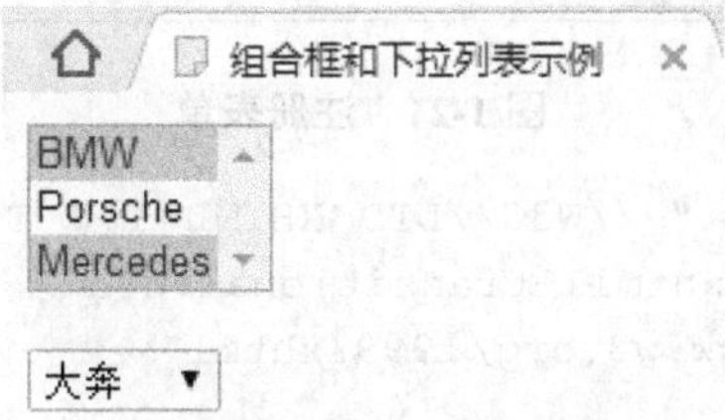

图 1-20　组合框和下拉列表示例

```
<body>
<form>
<div id="select1">
     <select id="oSelect" name="Cars" size="3" multiple>
          <option value ="1" selected>BMW</option>
          <option value ="2">Porsche</option>
          <option value ="3" selected>Mercedes</option>
          <option value ="4">"Ferrari"</option>
     </select>
</div><br />
<div id="select2">
     <select ID="oCars" size="1">
          <option value ="1">宝马
          <option value ="2">保时捷
          <option value ="3" selected>大奔
     </select>
</div>
</form>
</body>
```

说明：id="oSelect"的<select>为下拉列表，其 size="3"，表示显示 3 行内容，多余 3 行内容将通过右侧滚动箭头选择，multiple 属性规定可选择多个选项，如图 1-19 中选择了 2 项。<option value ="1" selected>，其中的 selected 表示该项被选中。<select id="oCars" size="1">，该组件为组合框，大奔为被选中项，如图 1-19 所示。

例 1-14　设计如图 1-21 所示的注册表单。

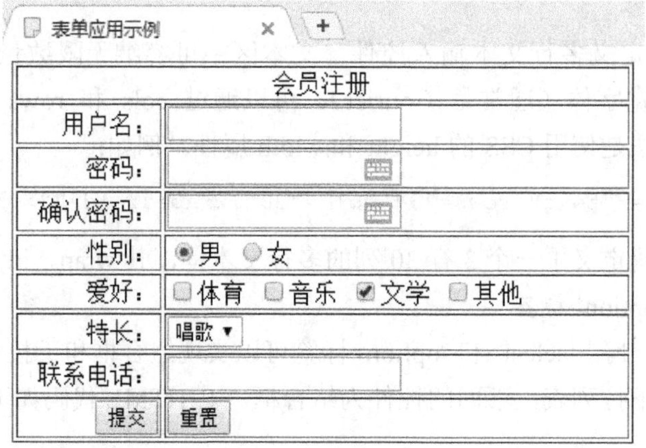

图 1-21　注册表单

```
<!DOCTYPE html PUBLIC "-//W3C//DTD XHTML 1.0 Transitional//EN" "http://www.w3.org/TR/xhtml1/DTD/xhtml1-transitional.dtd">
<html xmlns="http://www.w3.org/1999/xhtml">
<head>
<meta http-equiv="Content-Type" content="text/html; charset=utf-8" />
<title>表单应用示例</title>
</head>
<body>
<form name="form1" method="post" action="">
    <table width="408" border="1" align="center">
        <tr>
            <td colspan="2" align="center">会员注册</td>
        </tr>
        <tr>
            <td width="83"><div align="right">用户名：</div></td>
            <td width="269"><input type="text" name="textfield" /></td>
        </tr>
        <tr>
            <td width="83"><div align="right">密码：</div></td>
            <td width="269"><input type="password" name="textfield2" /></td>
        </tr>
        <tr>
            <td width="83"><div align="right">确认密码：</div></td>
            <td width="269"><input type="password" name="textfield3" /></td>
        </tr>
        <tr>
            <td width="83"><div align="right">性别：</div></td>
              <td width="269"><input type="radio" name="radiobutton" value= "radiobutton" checked/>男
                <input type="radio" name="radiobutton" value=
```

```
"radiobutton"/> 女</td>
                </td>
            </tr>
            <tr>
                <td width="83"><div align="right">爱好：</div></td>
                  <td  width="269"><input  type="checkbox"  name="checkbox"
value="checkbox"/>体育
                <input  type="checkbox"  name="checkbox"  value="checkbox"/>
音乐
                <input  type="checkbox"  name="checkbox"  value="checkbox"
checked/>文学
                <input  type="checkbox"  name="checkbox"  value="checkbox"/>
其他</td>
                </td>
            </tr>
            <tr>
                <td width="83"><div align="right">特长：</div></td>
                  <td width="269"><select name="select"><option>唱歌</option>
                    <option>跳舞</option></select></td>
                </td>
            </tr>
            <tr>
                <td width="83"><div align="right">联系电话：</div></td>
                <td width="269"><input type="text" name="textfield4" /></td>
            </tr>
            <tr>
                <td  width="83"  align="right"><input  type="submit"  value="
提交" /></td>
                <td width="269"><input type="reset" value="重置" /></td>
            </tr>
        </table>
   </form>
   </body>
   </html>
```

操作提示

（1）使用 Dreamwaver 新建一个 HTML 网页文件，添加上述代码，保存为文件名 example1-14.html，然后在浏览器中浏览该网页，理解注册表单的设计。

（2）体会<table><div>标签在此例中的作用。

知识点

（1）<form>标签为表单的开始标签，</form>结束标签；

（2）表单中可以使用<input><textarea><select>等标签插入各种组件；

（3）使用表格布局，使得界面美观。

5. 练一练

（1）在 HTML 中，<form method="post">，method 表示（　　）。

A. 提交的方式　　B. 表单所用的脚本语言
C. 提交的 URL 地址　　D. 表单的形式

（2）以下（　　）选项不是表单标签 input 标签的 type 属性取值。

A. text　　B. password　　C. images　　D.file

（3）插入多行文本框的标记是（　　）。

A. hidden　　B. textarea　　C. text　　D. select

（4）HTML 代码<input type="text" name="foo" size=20>表示（　　）。

A. 创建一个单选框　　B. 创建一个单行文本输入区域
C. 创建一个提交按钮　　D. 创建一个使用图像的提交按钮

（5）在 HTML 文件中，<select><option>可以实现（　　）。

A. 文本框和内容　　B. 下拉菜单和列表项
C. 多行文本框和内容　　D. 组合框和下拉列表

任务 7　使用框架集、框架等标签设计网页

框架是一种页面布局技术，在一个页面中显示多个网页，通过超链接为框架之间建立内容之间的联系，从而实现页面导航的功能。定义框架的标签如表 1-17 所示。

表 1-17　定义框架、框架集标签

序号	标签名称	功能描述
1	<frame>	定义框架集的窗口或框架
2	<frameset>	定义框架集
3	<noframes>	定义针对不支持框架的用户的替代内容
4	<iframe>	定义内联框架

框架的基本结构分框架集和框架两个部分。框架集是指在一个网页文件中定义一组框架结构，包括定义一个窗口中显示的框架数、框架的尺寸以及框架中载入的内容。框架指在网页文件中定义的一个显示区域。例如，以下代码定义了一个水平框架。

```
<frameset rows="25%,50%,25%">
  <frame src="frame_a.html">
  <frame src="frame_b.html">
  <frame src="frame_c.html">
</frameset>
```

1. <frameset>框架集标签

<frameset>标签用来定义一个框架集，它可以组织多个框架（窗口），每个框架保存为独立的文档。<frameset>标签使用 cols 和 rows 属性规定在框架集中存在多少行或多少列。行数或列数为框架的数目。cols 和 rows 属性的取值及描述如表 1-18 所示。

表 1-18　<frameset>标签的可选属性

属性名称	值	功能描述
cols	pixels % *	定义框架集中列的数目和尺寸
rows	pixels % *	定义框架集中行的数目和尺寸

以下示例为混合框架，整体页面是一个水平框架，下方框架又嵌入了一个垂直框架。这个框架是常用的一种布局形式，上方水平框架通常保存标题，下方水平框架的左侧通常保存导航，右侧则显示内容。

```
<frameset rows="50%, 50%">
   <frame src="frame_a.html">
   <frameset cols="25%, 75%">
      <frame src="frame_b.html">
      <frame src="frame_c.html">
   </frameset>
</frameset>
```

2. <frame>框架标签

<frame>标签定义包含在框架集中的框架，<frame>标签是单标签。要注意不能与<frameset></frameset>标签一起使用<body></body>标签，如果需要为不支持框架的浏览器添加一个<noframes>标签，需将<body></body>标签放置在其中。<frame>标签的常用属性如表 1-19 所示。

表 1-19　<frame>标签的可选属性

属性名称	值	功能描述
frameborder	0 1	规定是否显示框架周围的边框
longdesc	URL	规定一个包含有关框架内容的长描述的页面
marginheight	pixels	定义框架的上方和下方的边距
marginwidth	pixels	定义框架的左侧和右侧的边距
name	name	规定框架的名称
noresize	noresize	规定无法调整框架的大小
scrolling	yes no auto	规定是否在框架中显示滚动条
src	URL	规定在框架中显示的文档的 URL

以下示例为导航框架，html_contents.html 文件中保存有页面导航的链接，在该文件中可以使用<a>标签的 target="showframe"来指定在右侧打开超链接的内容。

```
<frameset cols="120,*">
   <frame src="html_contents.html">
```

```
    <frame src="frame_a.html" name="showframe">
</frameset>
```

3. <iframe>内联框架标签

<iframe>标签在页面布局中也非常有用，它可以在<body>或<frame>中嵌入子窗口。<iframe>标签的可选属性如表 1-20 所示。

表 1-20　<iframe>标签的可选属性

属性名称	值	功能描述
align	left right top middle bottom	不赞成使用，请使用样式代替 规定如何根据周围的元素来对齐此框架
frameborder	1 0	规定是否显示框架周围的边框
height	pixels %	规定 iframe 的高度
longdesc	URL	规定一个页面，该页面包含了有关 iframe 的较长描述
marginheight	pixels	定义 iframe 的顶部和底部的边距
marginwidth	pixels	定义 iframe 的左侧和右侧的边距
name	frame_name	规定 iframe 的名称
scrolling	yes no auto	规定是否在 iframe 中显示滚动条
src	URL	规定在 iframe 中显示的文档的 URL
width	pixels %	定义 iframe 的宽度

例 1-15　设计如图 1-22 所示的框架页面。

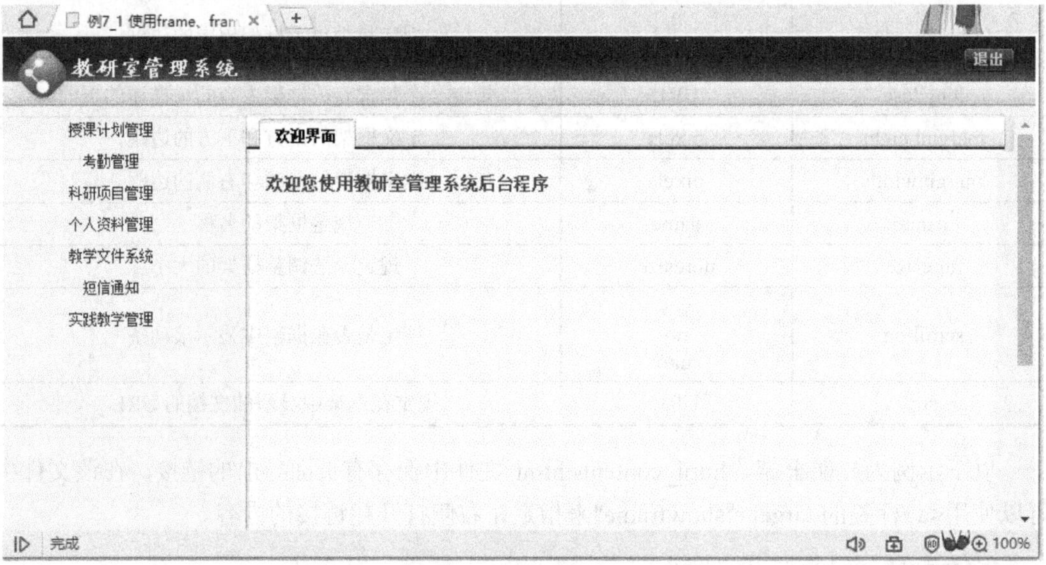

图 1-22　框架结构网页示例

```
<!DOCTYPE html PUBLIC "-//W3C//DTD XHTML 1.0 Transitional//EN" "http://
www.w3.org/TR/xhtml1/DTD/xhtml1-transitional.dtd">
<html xmlns="http://www.w3.org/1999/xhtml">
<title>教研室管理系统</title>
<meta http-equiv=Content-Type content=text/html; charset=utf-8>
</head>
<frameset rows="64,*" frameborder="NO" border="0" framespacing="0">
   <frame src="admin_top.html" noresize="noresize" frameborder="NO" name=
"topFrame" scrolling="no" marginwidth="0" marginheight="0" target="main" />
   <frameset cols="200,*" rows="560,*" id="frame">
      <frame src="left.html" name="leftFrame" noresize="noresize" marginwidth=
"0" marginheight="0" frameborder="0" scrolling="no" target= "main" />
      <frame src="right.html" name="main" marginwidth="0" marginheight=
"0" frameborder="0" scrolling="auto" target="_self" />
   <frame src="UntitledFrame-3"><frame src="UntitledFrame-4"></frameset>
   <noframes>
   <body></body>
   </noframes>
</html>
```

操作提示

（1）使用 Dreamwaver 新建一个 HTML 网页文件，添加上述代码，保存为文件名 example1-15.html，然后在浏览器中浏览该网页，理解框架结构网页设计。

（2）本例中只给出了首页的代码，其他页面的代码需要使用后面模块的学习内容，此处就不列出来了，同学可以根据图 1-21 自行设计。

（3）体会<frameset><frame><noframes>标签的应用。

知识点

（1）<frameset>标签标签定义框架集，使用 rows、cols 属性指定框架集中的框架；

（2）<frame>标签，定义框架集中的框架，为单标签；

（3）<noframes>指定不支持框架的浏览器正常使用<body></body>标签。

例 1-16　内联框架应用示例。

```
<!DOCTYPE html PUBLIC "-//W3C//DTD XHTML 1.0 Transitional//EN" "http://
www.w3.org/TR/xhtml1/DTD/xhtml1-transitional.dtd">
<html xmlns="http://www.w3.org/1999/xhtml">
<head>
<meta http-equiv="Content-Type" content="text/html; charset=utf-8" />
<title>内联框架示例</title>
</head>
<body>
<iframe src="http://www.worlduc.com" width="1004" height="380" name="iframe1">
</iframe>
<p><a href="http://www.worlduc.com" target="iframe1">世界大学城</a></p>
</body>
</html>
```

操作提示

（1）使用 Dreamwaver 新建一个 HTML 网页文件，添加上述代码，保存为文件名 example1-16.html，然后在浏览器中浏览该网页，效果如图 1-23 所示，理解内联框架。

（2）体会<iframe>标签的应用。

图 1-23　内联框架应用示例

知识点

（1）<iframe>标签定义内联框架；

（2）<a>标签中的 target="iframe1"，其中 iframe1 为<iframe>的 name 属性值，指定在内联框架中打开超链接。

4. 练一练

（1）<frameset cols=#>是用来指定（　　）的。

A. 混合分框　　B. 纵向分框　　C. 横向分框　　D. 任意分框

（2）框架的标记包括以下（　　）。

A. <frane>　　B. <afrance>　　C. <ifrane>　　D. <frameset>

（3）浮动框架标记是（　　）。

A. iframe　　B. frameset　　C. frame　　D. floatframe

（4）框架中“不可改变大小”的语法是下列（　　）项。

A. <IMG SRC="URL" BORDER=?>　　B. <SAMP></SAMP>

C. <ADDRESS></ADDRESS>　　D. <FRAME NORESIZE>

（5）以下选项中（　　）不是框架<frame>标记中的 scrolling 属性的取值。

A. yes　　B. no　　C. auto　　D. name

任务 8　使用图像、图像映射及其他标签设计网页

在网页设计中运用图像可以使网页更为直观、明了，给人们带来绚丽和美观的感受。

因此，图像成为网页设计中必需的元素，效果是文字无法代替的。在网页设计过程中，图像的选用很重要，除了需要考虑图像的颜色搭配、大小等因素外，还有图像的格式也很重要。

图像的大小选用，一般最好不要超 8KB。如果图片过大，会增加整个 HTML 文件的体积，这样既不利于网页的上传，也不利于浏览者进行浏览。当必须使用大图片时，也可以对其进行一些处理，比如使用 PhotoShop 软件可将其切割成几个小图。

图像的颜色选用，主要是依赖于本网页的整体风格。图像的颜色和网页的整体颜色风格尽量保持一致，不要过于花哨。

网页设计中图像格式的选用很关键，因为不同的图像格式表现出来的颜色分辨率和颜色标准也不同，也会影响图像的体积大小。图像的格式有很多种，在网页设计中常使用的有三种格式：JPG、GIF 和 PNG。

（1）JPG 格式。JPG 格式也称 JPEG 格式，是按 Joint Photographic Experts Group（联合图片专家组）制定的压缩标准产生的压缩格式，可以用不同的压缩比例对文件进行压缩。JPG 格式的压缩过程会造成图片数据的损失，但是几乎不易察觉。通常 JPG 格式用来保存超过 256 色和图像格式文件。JPG 格式一般用于展示风景、人物、艺术照的数码照片，因为它的色彩比较丰富。JPG 格式的文件扩展名为.jpg。

（2）GIF 格式。GIF 格式，是 Graphics Interchange Format（图形交换格式），采用 LZW 压缩，是以压缩相同颜色的色块来减少图片的大小。LZW 压缩为无损压缩，且压缩效率高，但 GIF 格式只支持 256 色。GIF 支持动画、背景透明。GIF 格式一般用于很小或较简单的图像，比如网站 Logo、按钮和表情等。GIF 格式的文件扩展名为.gif。

（3）PNG 格式。PNG 格式，即 Portable Network Graphics，是一种网络图形格式，结合了 GIF 和 JPG 的优点。PNG 格式采用无损压缩方案存储，能够显示透明度效果，支持 48bit 的色彩。PNG 格式一般用于需要背景透明显示或对图像质量要求较高的网页上，很多 PNG 图像用作网页背景。PNG 格式的文件扩展名为.png。

定义图像的标签为<img>，是单标签，如表 1-21 所示，表中<map><area>标签用来设置图像的热区链接。

表 1-21　定义图像、图像映射、图像地图内部区域等标签

序号	标签名称	功能描述
1	<img>	定义图像
2	<map>	定义图像映射
3	<area>	定义图像地图内部的区域

1. <img>图像标签

图像选好以后，就可以使用<img>标签将图像插入网页中了。要注意，<img>标签并不会在网页中插入图像，而是从网页上链接图像，<img>标签创建的是被引用图像的占位空间。<img>标签有两个必需的属性：src 属性和 alt 属性，src 属性规定显示图像的 URL，alt 属性规定图像的替代文本。本模块项目案例 2 中，展出了将一幅图像加入世界大学城首页中，代码如下。

```
<img  src="  /FileSystem/18/2483/134951/5b3fc65506a34513adfa09c10b12a5f2.
jpg" alt="美图" width="481" height="355">
```

说明：src 属性给出了上传到网络上的图像的网址，如果在本地电脑上显示图像，则图像的 URL 可以是一个本地地址。alt 属性用来添加图像的提示文字，有两个作用，首先当浏览网页时，如果图像下载完成，鼠标放在图像上，鼠标旁边会出现提示文字，用于说明或者描述图像。其次，图像没有被下载的时候，在图像的位置上会显示提示文字。width 属性设置了图像的宽度，height 属性设置了图像的高度。

2. 热区定义标签

在 HTML 中，还可以把图像划分为多个热点区域，然后让每一个热点区域分别链接到不同的地方，热点区域可以是矩形、圆形或多边形。通常将含有热区的图像称为映射图像。创建热区链接需要<img><map>和<area>三个标签共同完成。基本语法如下。

```
<img src="图像地址" usemap="#映射图像名称">
<map name="映射图像名称">
    <area shape="热区形状" coorda="热区坐标" href="URL">
</map>
```

说明：<img>标签用来插入图像和引用映射图像名称，即 usemap="#映射图像名称"。<map>标签只有一个 name 属性，用来定义映射图像的名称。<area>标签有三个属性，shape 属性用于定义热区的形状，可以取值 rect、circle 和 poly，分别表示矩形、圆形或多边形。coords 属性用来定义热区的坐标，不同的形状设置方式不同，rect 需设置 left、right、top 和 bottom，circle 需设置 center-x、center-y 和半径，poly 则取决于多边形的形状了，设置各顶点坐标。href 属性用来定义超链接的目标地址。

在 Dreamwaver 软件中，可以通过工具栏中的工具，通过可视化方式设置。

例 1-17　使用 img、map、area 标签定义图像映射。

```
<!DOCTYPE html PUBLIC "-//W3C//DTD XHTML 1.0 Transitional//EN" "http://
www.w3.org/TR/xhtml1/DTD/xhtml1-transitional.dtd">
<html xmlns="http://www.w3.org/1999/xhtml">
<head>
<meta http-equiv="Content-Type" content="text/html; charset=utf-8" />
<title>使用 img、map、area 标签定义图像映射</title>
</head>
<body>
<p>请单击图像上的星球，把它们放大。</p>
<img  src="images/eg_planets.jpg"  border="0"  usemap="#planetmap"  alt=
"Planets" />
<map name="planetmap" id="planetmap">
<area  shape="circle"  coords="180,139,14"  href  ="venus.html"  target  =
"_blank" alt="Venus" />
<area  shape="circle"  coords="129,161,10"  href ="mercur.html"  target  =
"_blank" alt="Mercury" />
<area  shape="rect"  coords="0,0,110,260"  href  ="sun.html"  target  =
```

```
"_blank" alt="Sun" />
    </map>
    <p><b>注释：</b>img 元素中的 "usemap" 属性引用 map 元素中的 "id" 或 "name" 属性（根据浏览器），所以我们同时向 map 元素添加了 "id" 和 "name" 属性。</p>
    </body>
    </html>
```

操作提示

（1）使用 Dreamwaver 新建一个 HTML 网页文件，添加上述代码，保存为文件名 example1-17.html，然后在浏览器中浏览该网页，效果如图 1-24 所示，理解热区链接。

（2）体会如何通过 img、map、area 三个标签实现热区链接。

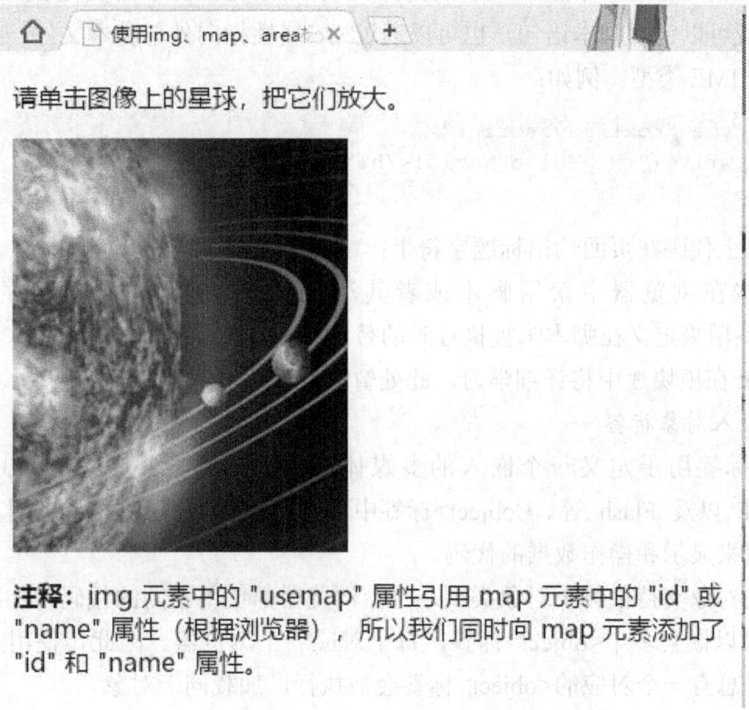

图 1-24 使用 img、map、area 标签定义图像映射

知识点

（1）<img>标签 usemap 属性引用 map 元素中的"id"或"name"属性；

（2）<map>标签的 id 或 name 属性；

（3）<area>标签的 shape 属性取值：rect、circle 和 poly；

（4）rect 值对应的 coords 设置：left、right、top 和 bottom，即矩形的左上角坐标和右下角坐标；

（5）circle 值对应的 coords 设置：center-x、center-y 和半径，即圆心坐标和半径。

除了前面的内容中学习到的 HTML 标签以外，还有一些用于定义客户端脚本、嵌入的对象和对象的参数等的标签，如表 1-22 所示，在此处，也做一个简要的介绍。

表 1-22　定义客户端脚本、嵌入的对象、对象的参数等标签

序号	标签名称	功能描述
1	<script>	定义客户端脚本
2	<noscript>	定义针对不支持客户端脚本的用户的替代内容
3	<applet>	不赞成使用，定义嵌入的 applet
4	<object>	定义嵌入的对象
5	<param>	定义对象的参数

3. 定义客户端脚本标签

如果想要在 HTML 中嵌入客户端脚本，如 JavaScript，需要用到<script>标签。<script>标签既可以包含脚本语句，也可以通过 src 属性指向外部脚本文件。必选属性 type 规定脚本的 MIME 类型。例如：

```
<script type="text/javascript">
document.write("<h1>Hello World!</h1>")
</script>
```

说明：以上代码在页面输出标题字符串："Hello World!"。

对于那些在浏览器中禁用脚本或者其浏览器不支持客户端脚本的用户来说，<noscript>标签用来定义在脚本未被执行时的替代内容（文本）。

JavaScript 在模块 3 中将详细学习，此处暂不给出示例代码。

4. 定义嵌入对象标签

<object>标签用于定义一个嵌入的多媒体对象，比如音频、视频、Java applets、ActiveX、PDF 以及 Flash 等。<object>标签中可以插入 HTML 文档中的对象的数据和参数，以及可用来显示和操作数据的代码。

浏览器的对象支持依赖于对象类型，主流浏览器都使用不同的代码来加载相同的对象类型，我们可以嵌套多个<object>标签，每个对应一个浏览器。因此，使用某一种浏览器浏览网页时，总有一个对应的<object>标签会被执行，加载同一对象。

例 1-18　在网页中嵌入 Flash 动画。

```
<!DOCTYPE html PUBLIC "-//W3C//DTD XHTML 1.0 Transitional//EN" "http://
www.w3.org/TR/xhtml1/DTD/xhtml1-transitional.dtd">
<html xmlns="http://www.w3.org/1999/xhtml">
<head>
<meta http-equiv="Content-Type" content="text/html; charset=utf-8" />
<title>在网页中嵌入 Flash 动画</title>
</head>
<body>
<object classid="clsid:D27CDB6E-AE6D-11cf-96B8-444553540000" codebase=
"http://download.macromedia.com/pub/shockwave/cabs/flash/swflash.cab#version
=7,0,19,0" width="481" height="320">
<param name="movie" value="top.swf" />
<param name="quality" value="high" />
<embed src="top.swf" quality="high"
```

```
pluginspage="http://www.macromedia.com/go/getflashplayer"
type="application/x-shockwave-flash" width="481" height="320">
</embed>
</object>
</body>
</html>
```

操作提示

（1）使用 Dreamwaver 新建一个 HTML 网页文件，添加上述代码，保存为文件名 example1-18.html，然后在浏览器中浏览该网页，效果如图 1-25 所示，理解如何在网页中插入 Flash 动画特效。

（2）<object>标签一行代码，说明了所使用的脚本解释器是 Flash 的，宽 481 像素，高 320 像素。

（3）<param>标签两行代码，说明了 Flash 文件的位置，高质量播放。

（4）<embed>标签一行代码，指明了播放器为 Flah 播放器，宽 481 像素，高 320 像素，路径信息以及播放质量。

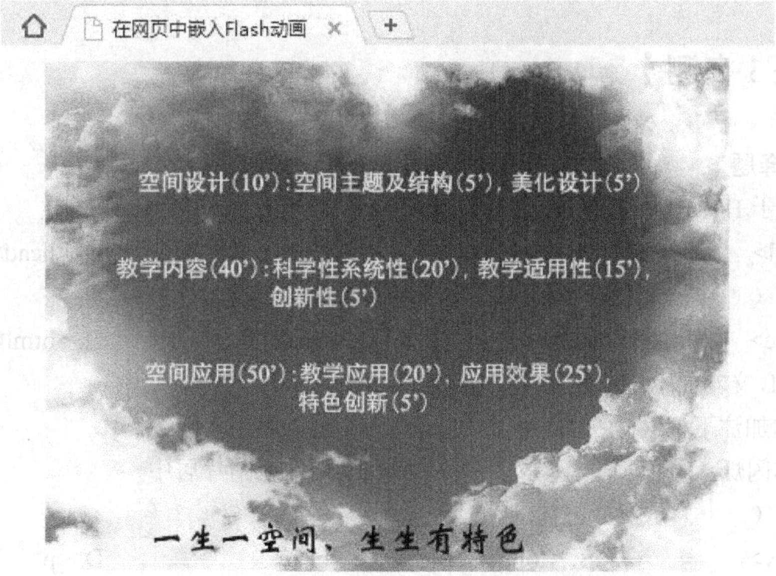

图 1-25　在网页中嵌入 Flash 动画

知识点

（1）使用<object>标签嵌入 Flash 动画，classid 属性用于指定浏览器中包含的对象的位置，通常是一个 Java 类，codebase 属性是一个可选的属性，提供了一个基本的 URL；

（2）<param>标签以名（name）-值（value）对的方式提供对象的参数，<param>标签是单标签；

（3）<embed>标签是 HTML 5 中的新标签，用 src 属性指定嵌入的 Flash 文件名，pluginspage 指明播放器，type 指明了使用 Flash 插件来播放；

（4）为了兼容不同浏览器，<object><embed>同时嵌入了同一对象，IE 只支持对 Object 的解析，火狐、谷歌、Safari 只支持对 Embed 的解析。

5. 练一练

（1）HTML 代码<img src="name">表示（　　）。

A. 添加一个图像　　B. 排列对齐一个图像

C. 设置围绕一个图像的边框的大小　　D. 加入一条水平线

（2）通过（　　）属性可以为图片添加边框线。

A. html　　B. asp　　C. border　　D. img

（3）设置图片的热区链接需要使用到 3 个 HTML 标记，以下（　　）不是。

A. img　　B. map　　C. area　　D. shape

（4）下面（　　）属性值不是用于设置图像映射的区域形状。

A. rect　　B. circle　　C. poly　　D. cords

（5）可以在下列（　　）HTML 元素中放置 javascript 代码。

A. <script>　　B. <javascript>　　C. <js>　　D. <scripting>

【模块 1 自测】

一、选择题

1. 不属于 HTML 标记的是（　　）。

A. <html>　　B. size　　C. <body>　　D. <head>

2. 下面（　　）标记属于 HTML 文件中的头部标记。

A. <table>　　B. <body>　　C. <title>　　D. <html>

3. HTML 文本显示状态代码中，表示（　　）。

A. 文本加注下标线　　B. 文本加注上标线

C. 文本闪烁　　D. 文本或图片居中

4. 下面（　　）是换行符标记。

A. <body>　　B. <font>　　C.
　　D. <p>

5. 在 HTML 代码中，空格的专用标记是（　　）。

A. 　　B. <hr>　　C. < >　　D. <@copy>

6. 在 HTML 文件中，设置表格单元格间距的属性是（　　）。

A. spacing　　B. padding　　C. cellpadding　　D. cellspacing

7. 创建一个位于文档内部位置的链接的代码是（　　）。

A. <a href="#NAME"></a>　　B. <a name="NAME"></a>

C. <a href="mailto:EMAIL"></a>　　D. <a href="URL"></a>

8. 表单是网页中提供的一种交互操作手段，插入一个提交按钮的语句是（　　）。

A. <input name="submit" type="submit" value="提交">

B. <input name="reset" type="reset" value="提交">

C. <input name="button" type="button" value="提交">

D. <input name="text" type="text" value="提交">

9. 以下选项中（　　）不是框架集 frameset 标记的属性。

A. frameborder　　B. framespacing　　C. frame　　D. bordercolor

10. 以下的 HTML 中，（　　）是正确引用外部样式表的方法？

A. <style src="mystyle.css">

B. <link rel="stylesheet" type="text/css" href="mystyle.css">

C. <stylesheet>mystyle.css</stylesheet>

D. <style>mystyle.css</style>

二、填空题

1. DreamWeaver 中三种“视图”分别是代码、________和________。

2. HTML 的英文全称是________，译为“超文本标记语言”，用它就可以设计出一个标准和网页。

3. 从 IE 浏览器菜单中选择__________命令，可以在打开的记事本中查看到网页的源代码。

4. 定义元信息的标记是________。

5. 请用 HTML 语言描述下列语法：

设置网页背景颜色为蓝色的语句是____________。

6. 在 HTML 文件中，插入表格需要使用标记_________。在表格中添加一行使用标记_________，在表格中添加一个单元格使用标记_________。

7. 若当前网页位置为：c:\my documents\my_web\index.htm，链接页面的相对位置为：favorite.htm，则该链接页面的绝对链接为：________________。

8. 在表单中插入一个文本框的 HTML 代码是_____________。

9. 窗口框架的基本结构，主要利用_________标记与_________标记来定义。

10. 插入图片的 HTML 标记是_______。它的_______属性规定替代文本，_______属性规定显示图像的 URL。

三、判断题

1. HTML 标记符通常不区分大小写。

2. 所有的 HTML 标记符都包括开始标记符和结束标记符。

3. 网站就是一个链接的页面集合。

4. 设置网页非超链接文字的颜色可使用 body 标记的 color 属性。

5. HTML 表格在默认情况下有边框。

6. 将<ul>标记用在<ol>标记之间可以实现列表的嵌套。

7. 在 HTML 中，与表格一样，表单也能嵌套。

8. 使用框架网页的 HTML 文档不能使用 body 标记。

9. HTML 文件中，制作图像映射只需要使用<area>标记。

10. 网页中的图片超链接是通过<img>实现的。

四、问答题

1. 请问哪些标签可以实现页面布局？
2. 请说一说图像映射的设计方法。
3. 简述绝对路径和相对路径的含义。

五、上机操作题

1. 请使用 div 标签设计如图 1-26 所示的页面布局。要求使用层嵌套设计标题栏+菜单栏或菜单栏+内容区。

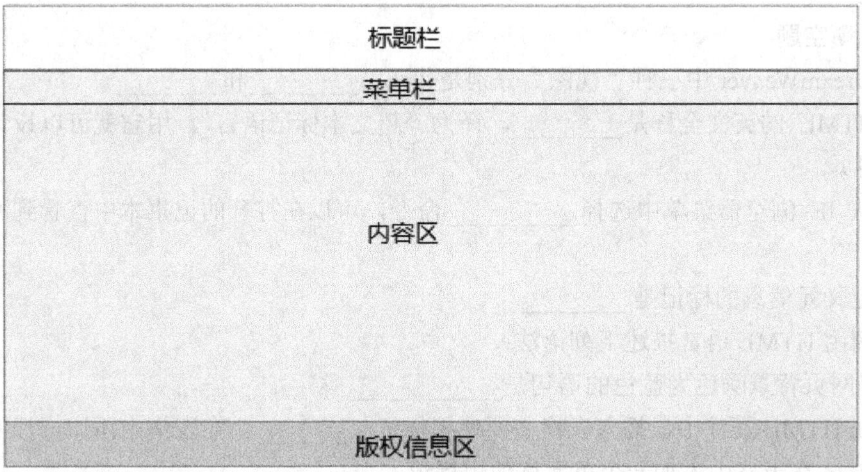

图 1-26　页面布局

2. 请使用框架集设计如图 1-26 所示的页面布局。
3. 请设计一个登录，一个注册页面。

模块 2　CSS 级联样式表

【项目案例】

案例 1　咪咪音乐网站（使用 DIV+CSS 布局的一个示例网站）

1. 项目综述

随着互联网的普及，网上冲浪、网上购物、网络视频、网络音乐、网络游戏等各种网络活动正在改变着人们的生活方式。很多人在电脑上边工作、学习，边听音乐，给工作和生活增添了不少乐趣。因此，很多音乐网站应运而生，并且成为多元化互联网世界的一支重要力量。本项目以音乐网站为背景，介绍咪咪音乐网站后台管理的静态页面设计，特别是 CSS 样式设计，供初学者学习和参考。

2. 项目预览

咪咪音乐网站后台管理主要有：修改密码、歌手管理、专辑管理、编歌曲等功能模块。如图 2-1 所示为咪咪音乐网站后台管理的歌手管理模块的页面。

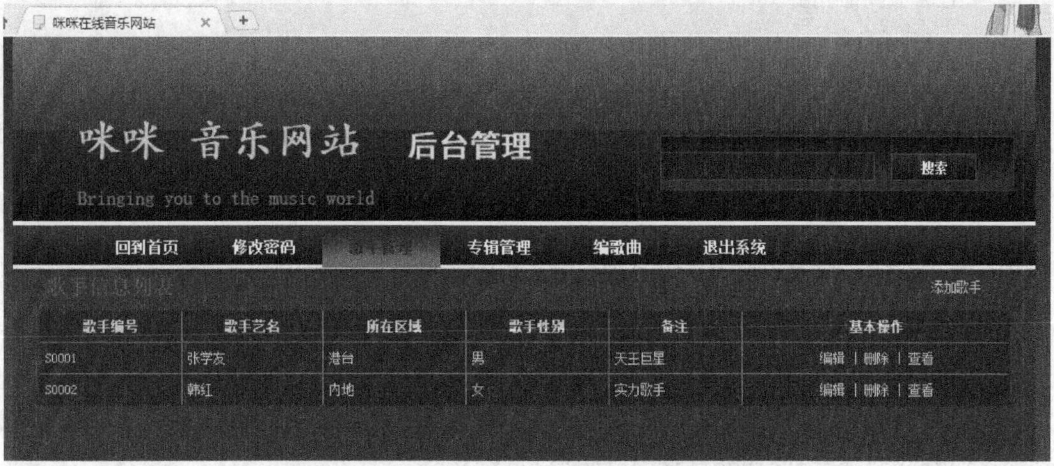

图 2-1　咪咪音乐网站后台管理的歌手管理模块

3. 项目源码

首页 index.html 源码如下。

```
<!DOCTYPE html PUBLIC "-//W3C//DTD XHTML 1.0 Transitional//EN" "http://www.w3.org/TR/xhtml1/DTD/xhtml1-transitional.dtd">
<html xmlns="http://www.w3.org/1999/xhtml">
<head>
```

```
<meta http-equiv="Content-Type" content="text/html; charset=utf-8" />
<title>咪咪在线音乐网站</title>
<link rel="stylesheet" type="text/css" href="css/style.css"/>
<style type="text/css">
.logo {font:bold 40px 楷体;}
</style>
</head>
<body>
<div id="container">
  <div id="top">
    <div id="header">
      <div id="logo_section">
        <p><span class="logo">咪咪 音乐网站  </span><span
style="font:bold 28px 黑体;color:yellow;">后台管理</span></p>
        <h2>Bringing you to the music world</h2>
      </div>
      <div id="search_box">
        <form action="#" method="post">
          <input name="search" type="text" id="textfield" class=
"inputclass" value=""/>
          <input type="submit" name="Search" value="搜索" alt="Search"
class="button" title="Search" />
        </form>
      </div>
    </div>
  <div id="menu">
     <ul>
      <li><a href="welcome.html" target="main">回到首页</li>
      <li><a href="passwordAdmin.html" target="main">修改密码</li>
      <li><a href="singerList.html"  target="main" class="current">歌手
管理</li>
      <li><a href="cdList.html" target="main">专辑管理</li>
      <li><a href="songList.html" target="main">编歌曲</li>
      <li><a href="login.html" target="main">退出系统</li>
     </ul>
   </div>
  </div>
<div id="middle">
  <iframe name ="main" frameborder="0" width="100%" height="500px"
scrolling="no" src="singerList.html"></iframe>
</div>
<div id="bottom"> Copyright ©长沙民政职业技术学院《Web 应用开发》课程团队 2012-
2017 </div>
</div>
</body>
</html>
```

外部样式 style.css 代码如下：

```
/* CSS Document */
body {margin: 0;padding:0;font-family: 宋体, Arial, Helvetica, sans-serif;
    font-size: 12px;line-height: 1.5em;color: #CCCCCC;
    background: url(../Images/user_all_bg.gif) #226cc5 repeat-x;}
a {color: #CCFF00;text-decoration:none;}
a:hover {color: #FFFFFF;text-decoration:none;}
#container {width:960px;margin:0 auto;}
#top {width:960px;height:219px;
    background: url(../images/top_bg.jpg) repeat-x;clear:both;}
#header {width: 960px;height:168px;background:url(../im
ages/header_bg.jpg) repeat-x;}
/* Logo Area */
#logo_section {width:auto;height:auto;margin-top:60px;
    margin-left: 60px;float:left;display: inline;}
#logo_section h1 {padding-top: 10px;font-size: 42px;color:#fff;
    margin:0px;font-weight: normal;}
#logo_section h1 span {color:#900;font-size: 36px;}
#logo_section h2 {font-size:18px;color:#00c6d8;
    padding-top:5px;font-weight: normal;}
/* End Of Logo Area*/
#search_box  {width:335px;height:50px;float:right;margin-top:90px;margin-
right:20px;
    padding-top:15px;background:url(../images/search_box_bg.jpg) no-repeat;}
#nav{height:30px;vertical-align:bottom; }
#nav  .title {width:150px;padding-left:30px;font-size:20px;color:#459300;
float:left;}
#nav .oper{width:100px;float:right;}
#bottom   {width:960px;margin:0   auto;padding-top:15px;height:80px;text-
align:center;
   color: #CCCCCC;font-size: 14px;}
#menu {width: 930px;height: 49px;margin:0 auto;padding: 0 0 0 30px;color:
#03a0a6;}
#menu ul {float: left;width: 930px;margin: 0;padding-top: 4px;list-style:
none;}
#menu ul li {display: inline;}
#menu ul li a {float: left;width: 110px;padding-top: 8px;font-size: 14px;
   font-weight:  bold;text-align:  center;text-decoration:  none;color:
#ffffff;}
#menu li a:hover, #menu li .current {color: #003399;
   height:36px;background:url(../images/menu_current.jpg) repeat-x;}
#middle {width:960px;height:500px;background-color:#00458a;}
.textarea {width: 350px;height: 30px;background: #04175c;color: #FFF;
    border: solid 1px #0066cc;padding-top: 5px;padding-left: 5px;}
.inputclass {width: 200px;height: 18px;background: #04175c;color: #FFF;
    border: solid 1px #0066cc;padding-top: 5px;}
```

```
.inputclass1 {width: 210px;height: 28px;background: #04175c;color: #FFF;
     border: solid 1px #0066cc;padding-top: 5px;padding-left: 5px;}
.button {
     background: url(../images/button.jpg);border: none;cursor: pointer;
font-size: 12px;
     font-weight: bold;height: 25px;margin-left: 10px;padding: 0 5px;
text-align: center;
     vertical-align: bottom;white-space: pre;width: 80px;color: #fff;}
table{  border-collapse:collapse;background-color:#002779;}
```

案例 2 美化世界大学城展示空间

1. 项目综述

在 HTML 模块中介绍了世界大学城可以由用户定制自己个人展示页面的模块，可增删 Flash 模块、HTML 模块。除此之外，用户还可以通过布局选择、风格配色设置展示页面的布局和主题（包括统一配色、背景、标题等等）。世界大学城还给爱美的用户提供了使用 DIV+CSS 美化个人展示空间页面的功能。

查看世界大学城个人展示空间的源代码，从大量 DIV 标签的使用可以看出，整个页面是使用 DIV+CSS 进行布局的。因此，可以通过 DIV 层的 id 或 class 属性名称，设计 CSS 样式。本项目案例，通过设计自创栏目的标题及背景颜色，推广到可以设计任一模块的标题及背景颜色、背景图片等。

2. 项目预览

如图 2-2 所示，左图是设置前的状态，右图是设置了标题的背景颜色和整个板块的背景颜色后的效果。

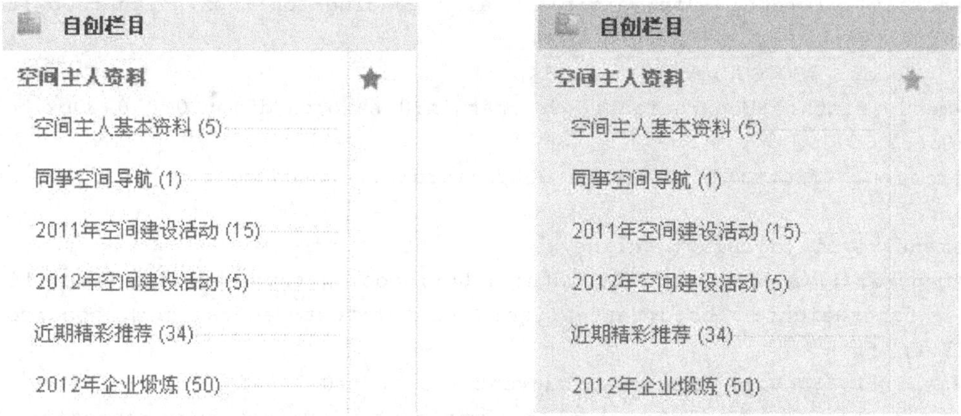

图 2-2 设置世界大学城展示空间自创栏目的标题及板块的背景颜色

3. 项目源码

```
<style type=text/css>
#CustomMenu .caption {background-color:#93DEFD;}
```

```
#CustomMenu {background-color:#DEEFF6;}
</style>
```

操作方法

（1）查看世界大学城个人展示空间的源代码，了解各板块的 div 中的 id、class 属性，本例中自创栏目的 div 层的 id 为 CustomMenu，代码为 id="CustomMenu"。如果要设置的是其他板块，则要查到其对应的 id 或 class 属性值。

（2）进入“管理空间”，单击“空间装扮”→“高级设置”→“空间代码”，将上述代码复制粘贴进去，然后单击下方的保存即可。再切换到展示空间页面，查看设置是否生效。空间代码中如果已有<style type=text/css>…</style>标签对，则只需将中间的代码复制到这对标签之间即可。

（3）第一行代码表示对自创栏目的标题栏应用背景颜色，第二行代码表示对自创栏目整个板块应用背景颜色。颜色的设置可根据页面的主体颜色搭配设置，可使用前文中提到的颜色提取器小软件获取颜色值。

【知识点学习】

任务 1　认识 CSS

1. CSS 概述

1996 年 12 月 17 日，W3C 发布了 CSS1 标准。由于 CSS 使用简单、灵活，很快得到了很多公司的青睐和支持，于 1999 年 1 月 11 日，W3C 又推出了 CSS2 标准。CSS2 添加了对媒介（打印机和听觉设备）和可下载字体的支持。CSS 和 HTML 一样，也是一种标识语言，代码也很简单，也需要通过浏览器解释执行，也可用任何文本编辑器编写。

CSS 的出现弥补了 HTML 对标记属性控制的不足，如背景图片不能实现平铺，CSS 则可以将背景图片横向/纵向平铺。CSS 对网页内容的控制比 HTML 要精确，可以控制页面里每一个元素的字体样式、背景、排列方式、区域尺寸、四周加入边框等。CSS 标准中增加了一些新概念，如类、层等，可以对文字重叠、定位等，提供了更为丰富多彩的样式，同时 CSS 可进行集中样式管理。

CSS 更大的贡献是实现了将网页内容与样式分离。网页内容即 HTML 展示的内容，包括文字、图像、动画、音/视频等，样式则是对这些内容进行格式化，如设置文字大小、颜色，图像大小、边框，间距等等。项目案例 1 咪咪音乐网站，很好地阐释了内容和样式的分离。项目案例中图 2-1 是应用了样式以后的页面，如图 2-3 所示则是取消了 CSS 样式后的网页。

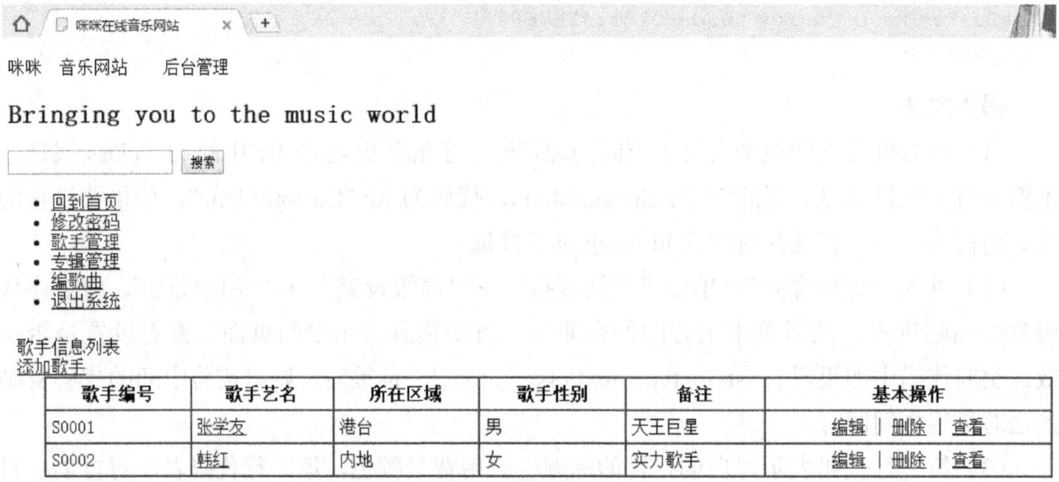

图 2-3　取消 CSS 样式后的网页

CSS 允许将样式定义单独存储于样式文件中，其文件扩展名为.css，这样可以更好地把显示的内容和显示样式定义分离，也便于多个 HTML 文件共享样式定义。另外，一个 HTML 文件也可以引用多个 CSS 样式文件中的样式定义，同时，多个网页可以应用同一个 CSS 样式。

总的来说，CSS 有以下作用。

- 内容和样式分离，使网页设计更为简洁、明了。
- 弥补了 HTML 对标记属性控制的不足，例如，可以任意设置标题大小，HTML 只可以使用 h1-h6 来实现。
- 精确控制网页布局，如行间距、字间距、段落缩进和图像定位等。
- 提高网页效率，多个网页可以同时应用同一个 CSS 样式，既减少了代码的下载，也提高了浏览器的浏览速度和网页的更新速度。

2. CSS 定义

CSS 是指层叠样式表（Cascading Style Sheets），简称样式表，它是一种制作网页的新技术，定义如何显示 HTML 元素。如前所述，样式是对网页元素（网页内容）的显示形式的描述。层叠是指当 HTML 文件引用多个 CSS 文件时，如果 CSS 文件之间所定义的样式发生冲突，将依据层次的先后来处理其样式对内容的控制。

3. CSS 的特性

1）继承性

HTML 文档结构对 CSS 样式的使用是非常重要的，了解 HTML 文档结构，能帮助更好地理解层叠的含义。HTML 文档结构为树形结构，如图 2-4 所示。

如图 2-4 所示，HTML 元素之间形成了一种“父”—“子”级关系，子级元素将继承父级元素的样式。但是要注意，不是所有的属性都能继承，如边框、边距、填充和背景及表格等属性。例如，以下代码定义了 body 标签的字体和字号，p 标签的字号，p 标签将继承 body 的字体属性，即“这是一个段落。”将按字体为楷体、字号为 25px 显示。

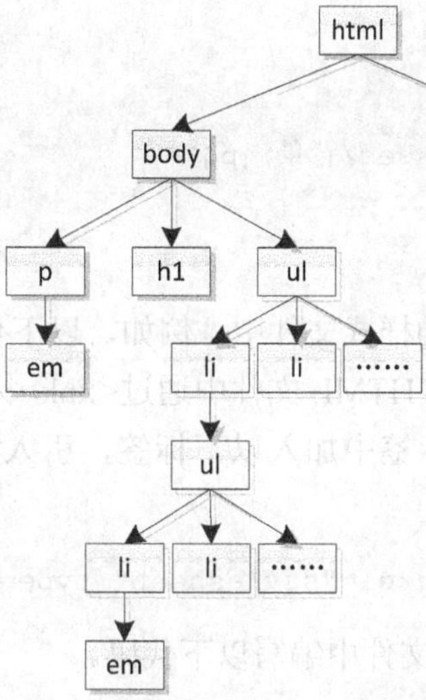

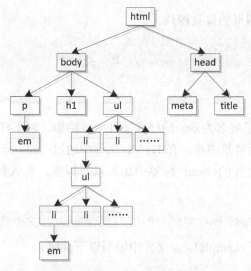

图 2-4　HTML 文档树形结构

```
<body style="font-family:楷体;font-size:105px">
<p style="font-size:25px">
```

这是一个段落。

```
</p>
</body>
```

要注意，子级元素在继承父级元素属性时，继承的仅是本身没有定义的属性。

2）层叠性

如果 CSS 文件之间所定义的样式发生冲突时，浏览器会先考虑优先级（即 CSS 层叠次序，后文将介绍），然后再考虑最近优先原则。例如，以下代码两次定义了 p 标签的字体，最终 p 标签将以黑体字体显示。

```
<style type="text/css">
p {font-family:楷体;}
p {font-family:黑体;}
</style>
```

4. CSS 写入位置

样式可以写在单个的 HTML 元素中（即内联样式），或在 HTML 页的头元素中（即内部样式），或在一个外部的 CSS 文件中（即外部样式）。

1）内联样式

CSS 属性写在 HTML 元素的 style 属性中。例如，以下代码通过<body>标签的 style 属性定义了网页的背景图片。

```
<body style="background-image:url(images/背景.jpg)">
```

2）内部样式表

CSS 属性写在<head>标签内部的<style>标签中。例如，以下代码通过在<head>标签中添加<style>标签来定义网页的背景图片。

```
<style type="text/css">
body {background-image:url(images/背景.jpg)}
</style>
```

3）外部样式表

CSS 属性写在文件扩展名为.css 的样式文件中。例如，以下代码通过编写外部样式文件 example1.css 设置网页背景图片，在 HTML 文件中通过<link>标签引入外部样式文件。

首先，在 HTML 文件的<head>标签中加入以下标签，引入外部样式文件 example1.css。

```
<link href="css/example1.css" rel="stylesheet" type="text/css"/>
```

然后，在路径 css 下 example1.css 文件中编写以下代码。

```
@charset "utf-8";
/* CSS Document */
body {background-image:url("../images/背景.jpg")}
```

5. CSS 层叠次序

可以通过多条<link>标签在同一个 HTML 文档内部引用多个外部样式表。当同一个 HTML 元素被不止一个样式定义时，会使用哪个样式呢？即样式发生冲突时，多重样式将层叠为一个。一般而言，所有的样式会根据下面的规则层叠于一个新的虚拟样式表中，规则中优先权由低到高分别如下。

- 浏览器默认设置
- 外部样式表
- 内部样式表
- 内联样式

因此，内联样式拥有最高的优先权，这意味着它将优先于以下的样式声明：<head>标签中的样式声明，外部样式表中的样式声明，或者浏览器中的样式声明（默认值）。

6. CSS 语法

由前文中的示例可见，内联样式写在标签的 style 属性中，只需定义属性及属性值。对于内部样式和外部样式，CSS 语法是相同的，描述如图 2-5 所示。

图 2-5　CSS 语法示意图

语法说明如下。

- 语法中选择器可以是多种形式的：HMTL 标签、类名、ID 名等。

- 属性和值之间使用冒号分隔，多个声明之间使用分号分隔。例如：

```
p {text-align:center;color:red;font-family:calibri}
```

- 如果属性的值由多个单词组成，并且单词间有空格，那么必须给值加上引号。例如：

```
p {font-family:"Courier New"}
```

- 为了提高代码的可读性，CSS 代码也可以分行写。例如：

```
P
{
text-align:center;
color:red;
font-family:Calibri
}
```

7. 小实例

例 2-1　使用内联样式、内部样式、外部样式三种方法为网页设置背景图片。

1）使用内联样式的代码。

```
<!DOCTYPE html PUBLIC "-//W3C//DTD XHTML 1.0 Transitional//EN" "http://www.w3.org/TR/xhtml1/DTD/xhtml1-transitional.dtd">
<html xmlns="http://www.w3.org/1999/xhtml">
<head>
<meta http-equiv="Content-Type" content="text/html; charset=utf-8" />
<title>使用 CSS 三种方法为网页设置背景图片</title>
</head>
<body style="background-image:url(images/背景.jpg)">
</body>
</html>
```

2）使用内部样式的代码。

```
<!DOCTYPE html PUBLIC "-//W3C//DTD XHTML 1.0 Transitional//EN" "http://www.w3.org/TR/xhtml1/DTD/xhtml1-transitional.dtd">
<html xmlns="http://www.w3.org/1999/xhtml">
<head>
<meta http-equiv="Content-Type" content="text/html; charset=utf-8" />
<title>使用 CSS 三种方法为网页设置背景图片</title>
<style type="text/css">
body {background-image:url(images/背景.jpg)}
</style>
</head>
<body>
</body>
</html>
```

3）使用外部样式的代码。

```
<!DOCTYPE html PUBLIC "-//W3C//DTD XHTML 1.0 Transitional//EN" "http://www.w3.org/TR/xhtml1/DTD/xhtml1-transitional.dtd">
```

```
<html xmlns="http://www.w3.org/1999/xhtml">
<head>
<meta http-equiv="Content-Type" content="text/html; charset=utf-8" />
<title>使用 CSS 三种方法为网页设置背景图片</title>
<link href="css/example1.css" rel="stylesheet" type="text/css"/>
</head>
<body>
</body>
</html>
```

外部样式文件 example1.css 代码。

```
@charset "utf-8";
/* CSS Document */
body {background-image:url("../images/背景.jpg")}
```

操作提示

（1）在 Dreamwaver 工具中新建 HTML 文档，编辑以上代码，保存为 example2-1.html，然后在浏览器中浏览该网页，观看背景效果。

（2）外部样式还需要创建样式文件 example1.css，保存在同级目录的 CSS 目录中。

知识点

（1）样式有三种形式：内联样式、内部样式、外部样式，注意三种形式中样式定义的要点；

（2）注意书写样式代码时几种分隔符的用途：冒号、分号、引号；

（3）background-image 样式用于设置背景图片。

8. 练一练

（1）CSS 表示（　　）。

A. 层　　B. 行为　　C. 样式表　　D. 时间线

（2）CSS 文件的扩展名为（　　）。

A. .htm　　B. .css　　C. .html　　D. .txt

（3）下列（　　）选项的 CSS 语法是正确的。

A. body:color=black　　B. {body:color=black(body}

C. body {color: black}　　D. {body;color:black}

（4）为所有的<h1>元素添加背景颜色，应选择（　　）。

A. h1.all {background-color:#FFFFFF}

B. h1 {background-color:#FFFFFF}

C. all.h1 {background-color:#FFFFFF}

D. h1 {color:#FFFFFF}

（5）CSS 样式属性可以在标记中定义，此时使用该标记的（　　）属性。

A. id　　B. class　　C. style　　D. lang

任务 2　认识 CSS 的选择器

CSS 语法的简洁格式，是 selector {property: value}，即：选择器{属性：值}。要对谁设置 CSS 的属性值，由选择器决定。选择器可以是 HTML 标签、id 属性值、class 属性值等。熟练掌握 CSS 选择器对网页设计是至关重要的，因此，本任务将系统地介绍各种选择器及其使用。

1. 元素选择器

在 CSS 语法中，选择器为 HTML 标签，称为元素选择器。所有的 HTML 标签都可以作为元素选择器。例如，以下代码定义网页上所有文字颜色为黑色，标题 h1 的文字颜色为蓝色，标题 h2 的文字颜色为银色。

```
html {color:black;}
h1 {color:blue;}
h2 {color:silver;}
```

2. id 选择器

在 HTML 文档中，需要唯一标识一个元素时，就会定义该元素的 id 属性，以便在对整个文档进行处理时能够很快地找到该元素。id 选择器就是用来对这个唯一的元素定义单独的样式，id 选择器以“#”号开始加上 id 名称。例如，以下代码定义了 id="red"和 id="green"两个 p 标签的 id 属性。

```
<p id="red">这个段落是红色。</p>
<p id="green">这个段落是绿色。</p>
```

以下代码则是使用 id 选择器设置上面两个段落的文字颜色，效果如图 2-6 所示。

```
#red {color:red;}
#green {color:green;}
```

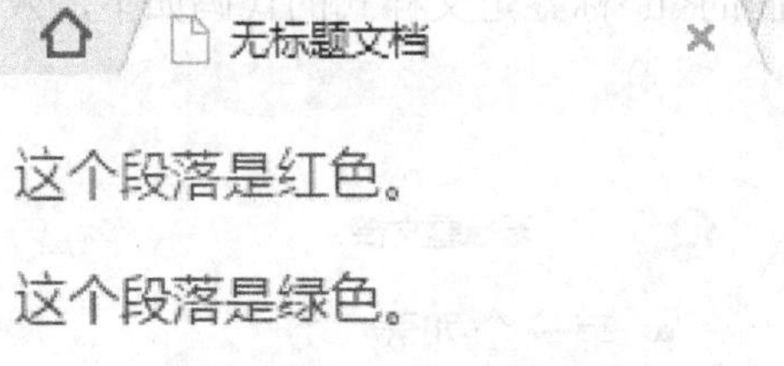

图 2-6　id 选择器应用效果

3. 类选择器

HTML 文档中，可以将多个元素定义相同的类属性（即 class 属性），因此，可以使用同一个样式表一次将样式应用到所有定义了相同类属性的元素中，该样式表中使用的是类选择器。类选择器以“.”号开始加上类名称。例如，以下代码中定义了两个元素具有相同的类属性 class="color"。

```
<h1 class="color">这里是标题 1</h1>
<p class="color">这里是段落</p>
```

以下代码则是使用类选择器设置上面两个元素的文字颜色都为红色，效果如图 2-7 所示。

```
.color {color:red;}
```

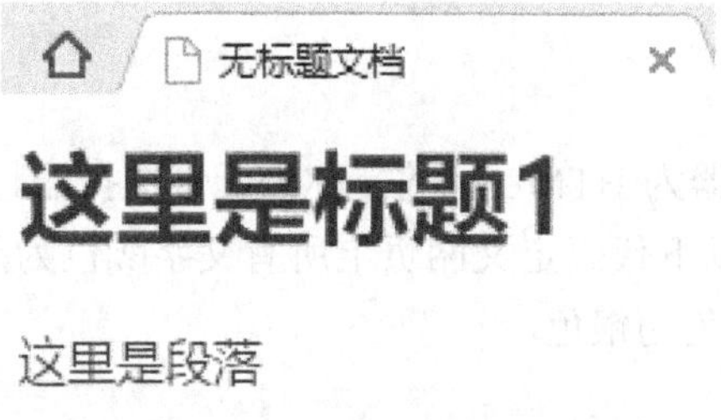

图 2-7　类选择器应用效果

设计网页时，使用类选择器时通常需要预先做一些构想和设计。

4. 派生选择器

正如 CSS 特性中所述，HTML 文档的树形结构中存在继承关系，子元素将继承父元素的属性，也可以描述为父元素派生子元素。因此，在 HTML 文档的树形结构中，由于继承或派生关系，存在一个上下文关系。派生选择器允许根据文档的上下文关系来确定某个标签的样式，派生选择器又称后代选择器或包含选择器。例如，以下代码中<ul>和<li>的关系可以描述为<ul>派生<li>。

```
<ul>
    <li>第一个列表</li>
    <li>第二个列表</li>
</ul>
```

使用派生选择器对上面的<li>标签定义样式的代码如下，效果如图 2-8 所示。

```
ul li {color:red;}
```

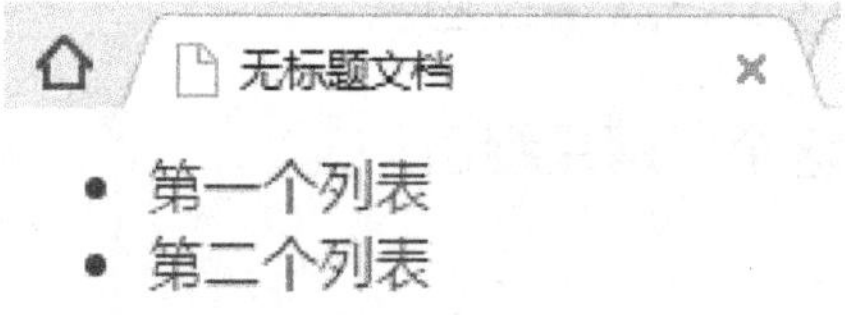

图 2-8　派生选择器应用效果

通过合理地使用派生选择器，可以使 HTML 代码变得更加整洁。

5. 选择器分组

对多个元素应用相同的样式，除了前文所述的类选择器以外，还可以使用选择器分组。例如：

```
h1, h2, h3, h4, h5, p {color:blue;}
```

表示对元素 h1, h2, h3, h4, h5, p 应用相同的样式：文字颜色为蓝色。通过分组，可以得到更简洁的样式表。

除以上描述的常用的 CSS 选择器以外，还有属性选择器，可以对带有指定属性的 HTML 元素设置样式，例如：

```
[title]{color:red;}
```

表示为带有 title 属性的所有元素设置文字颜色为红色。

属性和值选择器，例如：

```
[title=worlduc]{border:5px solid blue;}
```

表示为 title="worlduc"的所有元素设置边框为 5 像素实线蓝色。

子元素选择器，只选择某个元素的子元素，例如：

```
h1 > strong {color:red;}
```

表示选择只在 h1 元素中的 strong 元素。

相邻兄弟选择器，选择紧接在另一个元素后的元素，而且二者有相同的父元素，例如：

```
h1 + p {margin-top:50px;}
```

表示选择紧接在 h1 元素后出现的段落，h1 和 p 元素拥有共同的父元素。

6. 通配选择器、important 和伪类

在 CSS 中，一个星号(*)就是一个通配选择器，它可以匹配任意类型的 HTML 元素。在配合其他简单选择器的时候，省略掉通配选择器会有同样的效果。比如，*.warning 和.warning 的效果完全相同。不推荐使用通配选择器，因为它是性能最低的一个 CSS 选择器。

在应用选择器的过程中，可能会遇到同一个元素由不同选择器定义的情况，这时就要考虑选择器的优先级。id 选择器是最后被加到元素上去的，因此，优先级别最高，其次是类选择器。!important 语法主要用来提升样式的应用优先级，只要使用了!important 语法声明，浏览器就会优先选择它声明的样式来显示。例如，对于以下<p>标签的定义：

```
<p id="id1" class="blue">这是一个段落</p>
```

应用以下样式：

```
p {color:red !important}
.blue {color:blue}
#id1 {color:green}
```

同时对页面的一个段落加上三种样式，最后段落依照被!important 申明的红色字体颜色显示。如果去掉!important，则依照优先级最高的 id 选择器中的申明，字体颜色为绿色。

伪类不属于选择器，用于向选择器添加特殊的效果。之所以称之为伪，是因为它指定的对象在文档中并不存在，它们指定的是元素的某种状态。

应用最为广泛的伪类是链接的 4 个状态：未被访问状态（a:link）、已被访问状态（a:visited）、鼠标指针悬停在链接上的状态（a:hover）以及正在被单击的状态（a:active）。要注意在 CSS 定义中，a:hover 必须位于 a:link 和 a:visited 之后，a:active 必须位于 a:hover 之后，定义才能生效。例如，以下代码设置了超链接的 4 个状态。

```
a:link {color: #FF0000}
a:visited {color: #00FF00}
a:hover {color: #FF00FF}
a:active {color: #0000FF}
```

7. 小实例

例 2-2　将以下代码中的样式进行分组。

```
<!DOCTYPE html PUBLIC "-//W3C//DTD XHTML 1.0 Transitional//EN" "http://
www.w3.org/TR/xhtml1/DTD/xhtml1-transitional.dtd">
<html xmlns="http://www.w3.org/1999/xhtml">
<head>
<meta http-equiv="Content-Type" content="text/html; charset=utf-8" />
<title>CSS 选择器应用示例</title>
<style type="text/css">
h1 {color:silver; background:white;}
h2 {color:silver; background:gray;}
h3 {color:white; background:gray;}
h4 {color:silver; background:white;}
b {color:gray; background:white;}
</style>
</head>
<body>
<h1>这是 heading 1</h1>
<h2>这是 heading 2</h2>
<h3>这是 heading 3</h3>
<h4>这是 heading 4</h4>
<p>这是一段<b>普通</b>的段落文本。</p>
</body>
</html>
```

分组以后的样式如下。

```
<style type="text/css">
h1, h2, h4 {color:silver;}
h2, h3 {background:gray;}
h1, h4, b {background:white;}
h3 {color:white;}
b {color:gray;}
</style>
```

操作提示

（1）在 Dreamwaver 工具中新建 HTML 文档，编辑以上代码，保存为 example2-2.html，然后在浏览器中浏览该网页，观看效果。

（2）修改 example2_1.html，使用分组以后的样式，再观看效果有没有变化。

知识点

（1）HTML 元素选择器应用；

（2）选择器分组的应用。

8. 练一练

（1）CSS 选择符中优先级最高的是（　　）。

A. 类选择符　　B. id 选择符　　C. 包含选择符　　D. HTML 标记选择符

（2）语句：h1 {color:red; font-size:14px;}，其中（　　）是选择器。

A. h1　　B. color　　C. red　　D. font-size

（3）CSS 语法 selector {property: value}中 selector 代表选择符，以下（　　）选项不是选择符。

A. id 选择符　　B. 类选择符　　C. 包含选择符　　D. 伪类

任务 3　使用字体、文本、背景属性美化网页

CSS 样式表的核心内容就是属性，因为 CSS 对网页效果产生直接作用的就是一个一个的属性值，也就是说在应用 CSS 设计网页后，浏览器中最后呈现的所有网页效果，实质上都是对各个元素属性值的解释。因此，系统全面地掌握 CSS 的各个属性及其相关属性值对网页设计是非常重要的。从此任务开始将向各位读者系统全面地介绍 CSS 的属性。

1. 字体属性（font）

CSS 字体属性定义文本的字体系列、字体大小、字体加粗、字体样式（如斜体）和字体变形（如小型大写字母）等文本的外观样式，如表 2-1 所示。

表 2-1　字体属性

序号	属性名称	功能描述
1	font	在一个声明中设置所有字体属性
2	font-family	规定文本的字体系列
3	font-size	规定文本的字体尺寸
4	font-size-adjust	为元素规定 aspect 值
5	font-stretch	收缩或拉伸当前的字体系列
6	font-style	规定文本的字体样式
7	font-variant	规定文本的字体样式
8	font-weight	规定字体的粗细

1）设置字体系列 font-family

在 CSS 中，英文有两种不同类型的字体系列名称。

通用字体系列：拥有相似外观的字体系统组合（比如"Serif"或"Monospace"）。

特定字体系列：具体的字体系列（比如"Times"或"Courier"）。

除了各种特定的字体系列外，CSS 定义了 5 种通用字体系列：Serif 字体、Sans-serif 字体、Monospace 字体、Cursive 字体、Fantasy 字体。

中文直接使用具体的字体名称定义字体，如隶书、楷体、黑体、宋体等。

CSS 使用 font-family 属性定义文本的字体系列。

基本语法：

```
font-family: 字体1,字体2,字体3,…;
```

语法说明：

- 应用 font-family 属性一次可以定义多个字体，浏览器读取字体时，会按照定义的先后顺序在计算机中来寻找该种字体，如果都没找到则使用系统的默认字体。
- 在定义英文字体时，若英文字体名由多个单词组成，且单词之间有空格，则需要加引号（单引号或双引号），如"Courier New"。

示例：

```
h2{font-family:"Times New Roman"}
p{font-family:隶书,楷体,宋体}
```

说明：第 1 行定义 2 号标题的字体系列为 Times New Roman。第 2 行定义段落的字体系列为“隶书，楷体，宋体”，若浏览器在计算机上找不到隶书，则改找楷体，若也找不到，则显示为宋体。

2）设置字号 font-size

CSS 使用 font-size 属性来设置字号。

基本语法：

```
font-size: 绝对尺寸 | 关键字 | 相对尺寸 | 百分比
```

语法说明：

- 绝对尺寸是指定字体的具体值，单位可以是 px（像素）、cm（厘米）、mm（毫米）、pt（点）、pc（皮卡），默认为像素。绝对尺寸不会随显示器分辨率而变化。
- 相对尺寸是指尺寸大小继承于该元素的前一个属性单位值。如果使用 cm 为属性单位，则直接继承于父元素的 font-size 属性，若没有父元素，则使用浏览器默认字号值。
- 绝对尺寸和相对尺寸也可以使用关键字来定义字号。绝对尺寸有 7 个关键字：xx-small（极小）、x-small（较小）、small（小）、medium（标准大小）、large（大）、x-large（较大）、xx-large（极大）。相对尺寸有 2 个关键字：larger（较大）和 smaller（较小）。
- 百分比是基于父元素中字体的大小为参考值的。

示例：

```
h1 {font-size:60px;}
h2 {font-size:40px;}
p {font-size:14px;}
```

说明：以上 3 行语句分别设置了标题 h1、h2 和段落 p 的字号的绝对尺寸值。

W3C 推荐使用 em 尺寸单位。如果要避免在 Internet Explorer 中无法调整文本的问题，许多开发者使用 em 单位代替 pixels。1em 等于当前的字体尺寸。如果一个元素的 font-size 为 16 像素，那么相对于该元素，1em 就等于 16 像素。在设置字体大小时，em 的值会相对于父元素的字体大小改变。浏览器中默认的文本大小是 16 像素。因此 1em 的默认尺寸是 16 像素。可以使用下面这个公式将像素转换为 em：pixels/16=em。

3）设置字体样式 font-style

字体样式 font-style 设置字体是否为斜体。

基本语法：

```
font-style: normal | italic | oblique
```

语法说明：

字体样式语法中 font-style 属性的取值说明见表 2-2 所示。

表 2-2　font-style 属性取值说明

序号	属性的取值	说明
1	normal	正常显示（浏览器默认的样式）
2	italic	斜体显示
3	obligue	歪斜体显示（比斜体的倾斜角度更大）

示例：

```
p.normal {font-style:normal;}
p.italic {font-style:italic;}
p.oblique {font-style:oblique;}
```

说明：

以上 3 行语句分别设置了类名为 normal 的段落设置正常显示，类名为 italic 的段落设置斜体显示，类名为 oblique 的段落设置更大倾斜的斜体显示。

4）设置字体加粗 font-weight

字体加粗样式 font-weight 设置字体是否加粗。

基本语法：

```
font-weight: normal | bold | bolder | lighter | number
```

语法说明：

字体加粗样式语法中 font-weight 属性的取值说明见表 2-3 所示。

表 2-3　font-weight 属性取值说明

序号	属性的取值	说明
1	normal	正常粗细（浏览器默认的样式）
2	bold	粗体
3	bolder	加粗体

续表

序号	属性的取值	说明
4	lighter	细体
5	number	数字一般为整百，有九个级别（100-900），数字越大字体越粗

示例：

```
p.normal {font-weight:normal;}
p.thick {font-weight:bold;}
p.thicker {font-weight:900;}
```

说明：

以上 3 行语句分别设置了类名为 normal 的段落设置正常显示，类名为 thick 的段落设置为粗体显示，类名为 thicker 的段落设置最粗显示。

5）设置字体加粗 font-variant

字体变体 font-variant，设置字体是不是显示为小型的大写字母，主要用于设置英文字体。

基本语法：

```
font-variant: normal | small-caps
```

语法说明：

normal 表示正常的字体，默认值就是这个字体。

small-caps 表示英文字体显示为小型的大写字母。

示例：

```
p.small {font-variant:small-caps;}
```

说明：

以上代码设置类名为 small 的段落中的英文设置为小型的大写字母。

6）组合设置字体属性 font

使用 font 属性，可以同时对文字设置多个属性。包括字体系列、字体大小、字体风格、字体加粗以及字体变体。

基本语法：

```
font: font-family | font-size | font-style | font-weight | font-variant
```

语法说明：

- font 属性主要用作不同字体属性的略写，特别是可以定义行高。
- 属性与属性之间一定要用空格间隔开。

示例：

```
p {font:italic bold small-caps 15pt/18pt 宋体;}
```

说明：

以上代码表示该段落文字为斜体、加粗、宋体，大小设置为15点，行高为18点，英文采用小型大写字母显示。

例2-3　使用CSS字体属性综合设置网页的字体。

```
<!DOCTYPE html PUBLIC "-//W3C//DTD XHTML 1.0 Transitional//EN" "http://
www.w3.org/TR/xhtml1/DTD/xhtml1-transitional.dtd">
<html xmlns="http://www.w3.org/1999/xhtml">
<head>
<meta http-equiv="Content-Type" content="text/html; charset=utf-8" />
<title>使用CSS字体属性综合设置网页的字体</title>
<style type="text/css">
h1 {font-family:黑体;font-size:28px;font-weight:bolder;}
p.ex1{font:italic "Courier New";}
p.ex2{font:italic bold 12px/30px arial,sans-serif;}
p.ex3{font:italic bold small-caps 12px/30px arial,sans-serif;}
</style>
</head>
<body>
<h1>CSS字体属性示例</h1>
<p class="ex1">This is the first paragraph.</p>
<p class="ex2">This is the second paragraph.</p>
<p class="ex3">This is the third paragraph.</p>
</body>
</html>
```

操作提示

（1）在 Dreamwaver 工具中新建 HTML 文档，编辑以上代码，保存为 example2-3.html，然后在浏览器中浏览该网页，观看效果。

（2）体会各种CSS字体属性设置方法。

知识点

（1）分别设置字体各属性：font-family（字体系列）、font-size（字体大小）、font-style（字体倾斜）、font-weight（字体粗细）、font-variant（字体变体）。

（2）使用font同时设置以上各属性，且设置行高。

2. 文本属性（text）

CSS中有关文字的控制，除了字体属性以外，还有文本属性可以实现对文本更加精细的控制，如字符、单词、行间距等。文本属性如表2-4所示，常用的属性有以下几种。

- color属性设置了一个元素的前景色；
- letter-spacing属性设置字母间隔；
- word-spacing属性设置字（单词）之间的标准间隔；
- text-indent属性设置段落的第一行缩进，可以使用负值和百分比；
- text-transform属性设置文本的大小写。

表 2-4　文本属性

序号	属性名称	功能描述
1	color	设置文本的颜色
2	direction	规定文本的方向/书写方向
3	letter-spacing	设置字符间距
4	line-height	设置行高
5	text-align	规定文本的水平对齐方式
6	text-decoration	规定添加到文本的装饰效果
7	text-indent	规定文本块首行的缩进
8	text-shadow	规定添加到文本的阴影效果
9	text-transform	控制文本的大小写
10	unicode-bidi	设置文本方向
11	white-space	规定如何处理元素中的空白
12	word-spacing	设置单词间距

1）设置前景色—color

color 属性为不同元素设置文本颜色（即前景色）。颜色值可以是颜色名称、rgb 值或者十六进制数。

基本语法：

```
color: <color> | inherit
```

语法说明：

- <color>为颜色表示的三种形式，颜色名称、十六进制值或 rgb()函数。
- inherit：继承

示例：

```
p {color:black;}
span {color:rgb(50,255,0);}
```

说明：

以上代码设置段落的文字颜色为黑色，span 的文字颜色为 rgb(50,255,0)。

2）设置字母（字符）间隔—letter-spacing

字母间隔设置的是字母或字符之间的间隔距离。间距的取值必须符合长度标准。

基本语法：

```
letter-spacing: normal | 长度 | inherit
```

语法说明：

- normal 表示间距正常显示，是默认设置。
- 长度包括长度和长度单位，长度单位可以使用设置字体中的所有单位。
- 长度值可以是负数，表示字母间距将拉近。

示例：

```
h1 {letter-spacing: -0.5em}
h4 {letter-spacing: 20px}
```

说明：

以上代码设置了 h1 标题的字母间距收紧 0.5em，h4 标题的字母间距加宽 20 像素。

3）设置单词间隔—word-spacing

单词间距 word-spacing 是用来设置单词之间的间隔距离。

基本语法：

```
word-spacing: normal | 长度 | inherit
```

语法说明：

- normal 表示间距正常显示，是默认设置。
- 长度包括长度和长度单位，长度单位可以使用设置字体中的所有单位。
- 长度值可以是负数，表示单词间距将拉近。

示例：

```
p.spread {word-spacing: 30px;}
p.tight {word-spacing: -0.5em;}
```

说明：

以上代码设置了类名为 spread 的段落单词间距加宽 30 像素，类名为 tight 的段落单词间距收紧 0.5em。

4）设置段落缩进—text-indent

段落缩进 text-indent 属性是用来设置每个文字段落的首行缩进距离的，默认为不缩进。

基本语法：

```
text-indent: 长度 | 百分比 | inherit
```

语法说明：

- 长度包括长度和长度单位，长度单位可以使用设置字体中的所有单位。
- 百分比则是相对上一级元素的宽度而定的。
- 长度值可以是负数，可以实现如悬挂缩进等效果。

示例：

```
p {text-indent: -5em; padding-left: 5em;}
div {width: 500px;}
p {text-indent: 20%;}
```

说明：

以上代码第 1 行，设置了悬挂缩进，如果对一个段落设置了负值，那么首行的某些文本可能会超出浏览器窗口的左边界。为了避免出现这种显示问题，针对负缩进再设置一个外边距或一些内边距，此示例中设置了一个左内边距。悬挂缩进效果如图 2-9 所示。第 3 行代码使用了百分比，是相对于父元素的宽度，第 2 行的 div 为其父元素，因此，缩进值为父元素的 20%，即 100 像素。

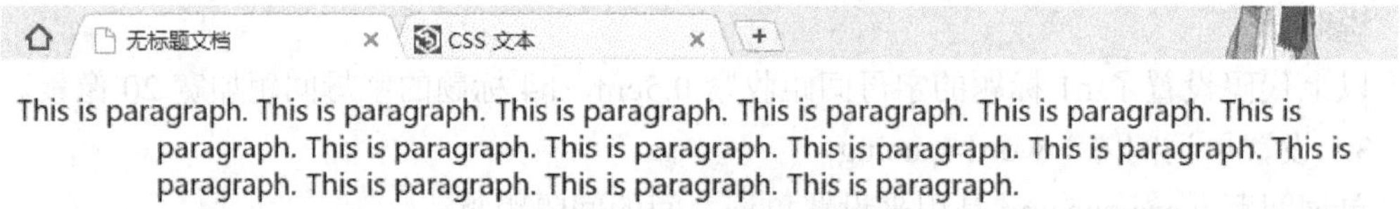
无标题文档
CSS 文本
This is paragraph. This is paragraph. This is paragraph. This is paragraph. This is paragraph. This is paragraph. This is paragraph. This is paragraph. This is paragraph. This is paragraph. This is paragraph. This is paragraph. This is paragraph. This is paragraph. This is paragraph.

图 2-9　悬挂缩进效果

5）设置英文大小写－text-transform

text-transform 属性主要用来控制英文单词的大小写转换，可以灵活地实现对单词的部分或全部大小写的控制。

基本语法：

```
text-transform: uppercase | lowercase | capitalize | none | inherit
```

语法说明：

text-transform 属性的取值说明见表 2-5 所示。

表 2-5　text-transform 属性取值说明

序号	属性的取值	说明
1	uppercase	使所有单词的字母都大写
2	lowercase	使所有单词的字母都小写
3	capitalize	使所有单词的首字母大写
4	none	默认值显示
5	inherit	继承

示例：

```
h1 {text-transform: uppercase}
```

说明：

以上代码设置 h1 标题的所有字母都大写。

如果决定要把所有 h1 元素变为大写，这个属性就很有用，不必单独地修改所有 h1 元素的内容，只需使用 text-transform 为你完成这个修改。

使用 text-transform 有两方面的好处：首先，只需写一个简单的规则来完成这个修改，而无须修改 h1 元素本身；其次，如果以后决定将所有大小写再切换为原来的大小写，可以更容易地完成修改。

例 2-4　使用 CSS 文本属性美化网页的文本。

```
<!DOCTYPE html PUBLIC "-//W3C//DTD XHTML 1.0 Transitional//EN" "http://
www.w3.org/TR/xhtml1/DTD/xhtml1-transitional.dtd">
```

```
<html xmlns="http://www.w3.org/1999/xhtml">
<head>
<meta http-equiv="Content-Type" content="text/html; charset=utf-8" />
<title>CSS 文本属性示例</title>
<style type="text/css">
p.p1 {text-align:center;color:#ff0000;}
p.p2 {letter-spacing:1em;text-decoration:underline;text-indent:4em;
line-height:20pt;}
p.p3 {letter-spacing:1em;word-spacing:1em;text-transform:capitalize;}
</style>
</head>
<body>
<p class="p1">CSS 文本属性示例</p>
<p class="p2">我们看到经过文本属性处理的文本字与字之间多了间距，行与行之间多了行高，
文字下面加到了下画线，对齐方式变成了居中对齐，并且段首又多缩进了两格。
从上面的例子，我们可以看出利用 CSS 的文本属性可以方便地对页面中的文本进行排版。</p>
<p class="p3">This is a paragraph.</p>
</body>
</html>
```

操作提示

（1）在 Dreamwaver 工具中新建 HTML 文档，编辑以上代码，保存为 example2-4.html，然后在浏览器中浏览该网页，观看效果。设置前后的效果如图 2-10 和图 2-11 所示。

（2）体会各种 CSS 文本属性设置方法。

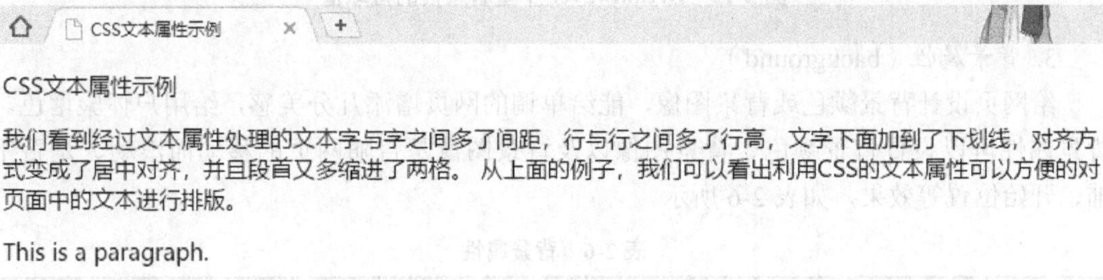
CSS文本属性示例
CSS文本属性示例
我们看到经过文本属性处理的文本字与字之间多了间距，行与行之间多了行高，文字下面加到了下划线，对齐方式变成了居中对齐，并且段首又多缩进了两格。 从上面的例子，我们可以看出利用CSS的文本属性可以方便的对页面中的文本进行排版。
This is a paragraph.

图 2-10　设置文本效果前

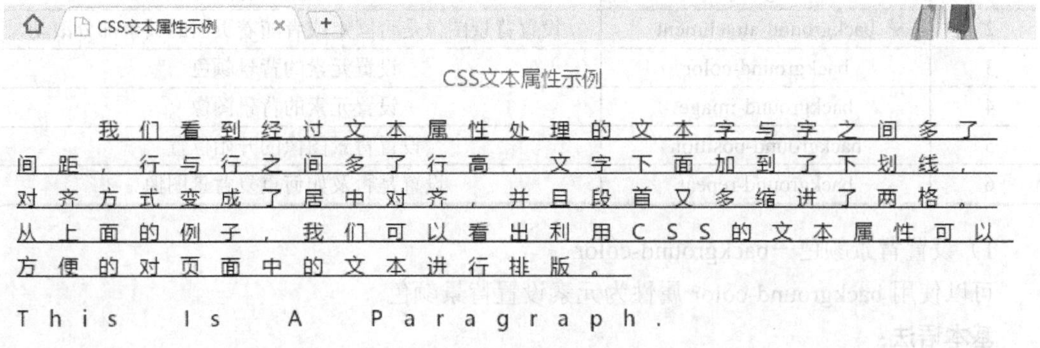
CSS文本属性示例
CSS文本属性示例
我们看到经过文本属性处理的文本字与字之间多了间距，行与行之间多了行高，文字下面加到了下划线，对齐方式变成了居中对齐，并且段首又多缩进了两格。从上面的例子，我们可以看出利用CSS的文本属性可以方便的对页面中的文本进行排版。
This Is A Paragraph.

图 2-11　设置文本效果后

知识点

（1）本处仅介绍了几种常用的文本属性，表 2-4 中其他属性可自行设置并体会；

（2）也可以在 Dreamwaver 中在设置的时候了解各属性可取值情况。输入属性名称和冒号后，将会弹出可以取值的小窗口，如图 2-12 所示。

图 2-12　Dreamwaver 中查看属性的可取值

3. 背景属性（background）

给网页设计背景颜色或背景图像，能给单调的网页增添几分美感，给用户体验增色。背景属性可以设置背景颜色、背景图像以及背景图像是否随网页的移动而滚动、是否平铺、开始位置等效果，如表 2-6 所示。

表 2-6　背景属性

序号	属性名称	功能描述
1	background	在一个声明中设置所有的背景属性
2	background-attachment	设置背景图像是否固定或者随着页面的其余部分滚动
3	background-color	设置元素的背景颜色
4	background-image	设置元素的背景图像
5	background-position	设置背景图像的开始位置
6	background-repeat	设置是否及如何重复背景图像

1）设置背景颜色－background-color

可以使用 background-color 属性为元素设置背景颜色。

基本语法：

```
background-color: <color> | transparent
```

语法说明：

- <color>为颜色表示的三种形式，颜色名称、十六进制值或 rgb()函数。
- transparent 有“透明”之意。也就是说，如果一个元素没有指定背景色，那么背景就是透明的，这样其祖先元素的背景才能可见。

例如，以下代码给段落设置了灰色的背景颜色，为了将背景颜色从文本向外有所延伸，设置了一个内边距。

```
p {background-color: gray; padding: 20px;}
```

可以为所有 HTML 标签设置背景色，其默认值是 transparent。另外，所有背景属性都不能继承。

2）设置背景图像—background-image

可以使用 background-image 属性设置网页或表格的背景图像。

基本语法：

```
background-image: url | none
```

语法说明：

- url 指定背景图像的路径或名称，路径可以是相对路径或绝对路径，图像可以是 gif、jpg 和 png 等。
- none 是默认值，表示没有背景图像。

例如，以下第 1 行代码为网页设置了一个背景图像，第 2 行代码为类名为 flower 的段落设置了一个背景图像，第 3 行代码为类名为 radio 的超链接设计了一个背景图像。

```
body {background-image: url(images/eg_bg_04.gif);}
p.flower {background-image: url(images /eg_bg_03.gif);}
a.radio {background-image: url(images /eg_bg_07.gif);}
```

3）设置重复背景图像—background-repeat

background-repeat 属性设置网页的背景图像是否在水平或垂直方向平铺。

基本语法：

```
background-repeat: repeat | repeat-x | repeat-y | no-repeat
```

语法说明：

background-repeat 属性的取值说明如表 2-7 所示。

表 2-7　background-repeat 属性取值说明

序号	属性的取值	说明
1	repeat	背景图像在水平和垂直方向平铺（默认）
2	repeat-x	背景图像在水平方向平铺
3	repeat-y	背景图像在垂直方向平铺
4	no-repeat	背景图像不平铺

例如，以下代码为网页设置了一个背景图像，垂直平铺。

```
    body {background-image: url(/i/eg_bg_03.gif);background-repeat: repeat-
y;}
```

4）插入背景附件－background-attachment

背景附件属性 background-attachment 是用来设置背景图像是否随着滚动条的移动而一起移动。

基本语法：

```
    background-attachmen: scroll | fixed
```

语法说明：

- scroll 表示背景图像是随着滚动条的移动而移动，是默认值。
- fixed 表示背景图像固定在页面上不动，不随着滚动条的移动而移动。

例如，以下代码表示背景图像不平铺，不随滚动条的移动而移动。

```
    body {background-image:url(/i/eg_bg_02.gif);background-repeat:no-repeat;
background-attachment:fixed;}
```

5）设置背景图像位置－background-position

设置网页的背景图像时，如果设置不重复，图像将从网页左上角开始显示。通过 background-position 属性可以设置背景图像在网页中的位置。

基本语法：

```
    background-position: 百分比 | 长度 | 关键字
```

语法说明：

- 使用百分比和长度设置图像的位置时，要指定 2 个空格隔开的值，表示水平和垂直位置。水平位置的参考点是网页的左边，垂直位置的参考点在网页的上边。
- 关键字在水平方向主要有：left、center、right，表示居左、中、右。在垂直方向的主要有：top、center、bottom，表示居顶、中、底端。水平方向和垂直方向的关键字可以搭配使用。

例如，以下代码表示背景图像不重复，使用关键字、百分比、长度值设置其位置。

```
    p { background-image:url('images/eg_bg_02.gif');
        background-repeat:no-repeat;
        background-position:top;padding:20px;}
    body {background-image:url('images/eg_bg_03.gif');
        background-repeat:no-repeat;
        background-position:50px 200px;}
    p.position {background-image:url('images/eg_bg_03.gif');
        background-repeat:no-repeat;
        background-position:50% 50%;}
```

6）设置所有的背景属性－background

background 简写属性可以在一个声明中设置所有的背景属性。可以设置如下属性。

- background-color
- background-position
- background-size，规定背景图像的尺寸
- background-repeat
- background-origin，规定背景图像的定位区域
- background-clip，规定背景图像的绘制区域
- background-attachment
- background-image

可以只设置其中一部分值，比如 background:#ff0000 url('smiley.gif'); 也是允许的。通常建议使用这个属性，而不是分别使用单个属性，因为这个属性在较老的浏览器中能够得到更好的支持，而且需要键入的字母也更少。

例如，以下代码同时定义了网页的背景颜色，背景图片、不允许重复、不随文字移动、居中等属性。

```
body{background:#ff0000 url('images/eg_bg_03.gif') no-repeat fixed center;}
```

例 2-5　使用 CSS 的背景属性设置网页及段落的背景。

```
<!DOCTYPE html PUBLIC "-//W3C//DTD XHTML 1.0 Transitional//EN" "http://www.w3.org/TR/xhtml1/DTD/xhtml1-transitional.dtd">
<html xmlns="http://www.w3.org/1999/xhtml">
<head>
<meta http-equiv="Content-Type" content="text/html; charset=utf-8" />
<title>使用 CSS 设置网页及段落的背景</title>
<style type="text/css">
p.p1 {color:white;background-image:url('images/eg_bg_02.gif');
     background-repeat:no-repeat;
     background-position:left top;padding:20px;}
body {background-image:url('images/eg_bg_03.gif');
     background-repeat:no-repeat;
     background-position:50px 250px;}
p.position {width:200px;background-image:url('images/eg_bg_03.gif');
     background-repeat:no-repeat;
     background-position:50% 50%;padding:20px;}
</style>
</head>
<body>
<h1>使用 CSS 设置网页及段落的背景</h1>
<p class="p1">设置背景图像的位置示例 1</p>
<p class="position">设置背景图像的位置示例 2</p>
</body>
</html>
```

操作提示

（1）在 Dreamwaver 工具中新建 HTML 文档，编辑以上代码，保存为 example2-5.html，然后在浏览器中浏览该网页，效果如图 2-13 所示。分析背景属性的作用。

（2）体会各种 CSS 背景属性设置方法。

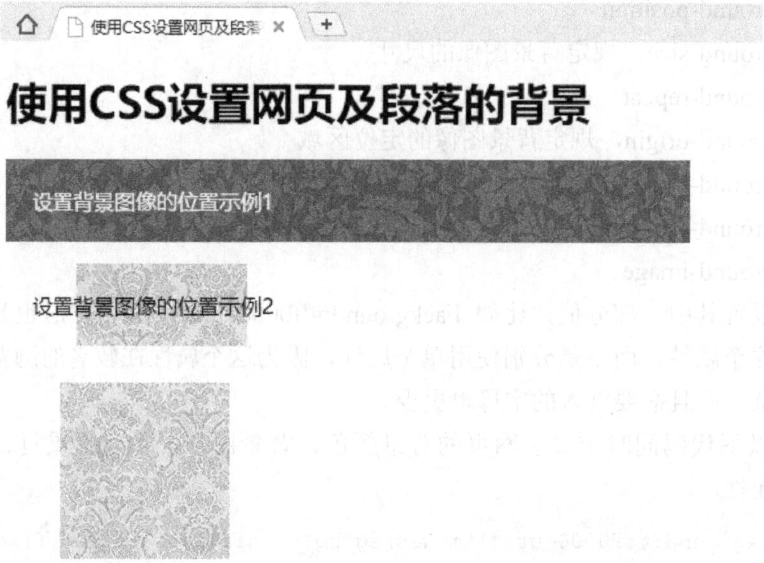

图 2-13　使用 CSS 设置网页及段落的背景效果

知识点

（1）类名为 p1 的段落设置背景图像不重复且位于页面的左上角，为了效果更好看，设了 20 像素的边距。左上角是默认位置，将位置属性值删除再观察效果；

（2）设置了整个页面的背景不重复且从左 50px 上 250px 开始显示背景，背景图像较小，因为设置了不重复，仅显示该图像，如图 2-13 中下方的图像；

（3）类名为 position 的段落设置背景图像不重复且使用了百分比 50% 50%设置图像的位置，相当于将背景图像在段落中（段落宽 200px）居中显示。

4. 练一练

（1）在 CSS 样式中下列（　　）项是“字体大小”的允许值。

A. list-style-position: <值>　　B. xx-small

C. list-style: <值>　　D. <族科名称>

（2）设置字符间距为 15px 的语句为（　　）。

A. letter-spacing:15px　　B. line-height:15px

C. letter-height:15px　　D. line-spacing:15px

（3）在 CSS 语言中下列（　　）项是“背景颜色”的允许值。

A. justify　　B. transparent（透明）　　C. capitalize　　D. aseline

（4）CSS 属性中设置字号 size 的属性值不可以取以下（　　）项。

A. 绝对尺寸　　B. 相对尺寸　　C. 百分比　　D. 数字

（5）在 CSS 文件中，字体加粗属性是（　　）。

A. font-family　　B. font-style　　C. font-weight　　D. font-size

（6）在 CSS 文件中，（　）属性设置字号。

A. font-size　　　　B. size　　　　　　C. font-style　　　　D. font

（7）下面（　　）语句是把段落的字体设置为黑体、18 像素、红色。

A. p{font-family:黑体; font-size:18px; font-color:red}

B. p{font-family:"黑体"; font-size:18px; color:#ff0000}

C. p{font:黑体 18px #00ff00}

D. p{font-family:黑体; font-size:18pt; font-color:red}

（8）要实现背景图片在水平方向的平铺，应该设置（　　）。

A. background-repeat:repeat　　　　　　　B. background-repeat:repeat-x

C. background-repeat:repeat-y　　　　　　D. background-repeat:no-repeat

任务 4　使用边框、边距属性美化网页

设计网页的时候，要在一个页面中布局的元素很多，如何将这些元素有机地组合起来，达到满意的视觉效果，是一门学问。这里要说的是通常会将网页元素分成很多模块布局，比如 Logo、菜单、标题、正文、视频等，在各模块之间需要设置一定的距离分隔，此任务学习的边框、边距属性就可以实现这个目的。如图 2-14 所示是从网易首页截取的一部分，这里就使用了边框和边距进行布局。

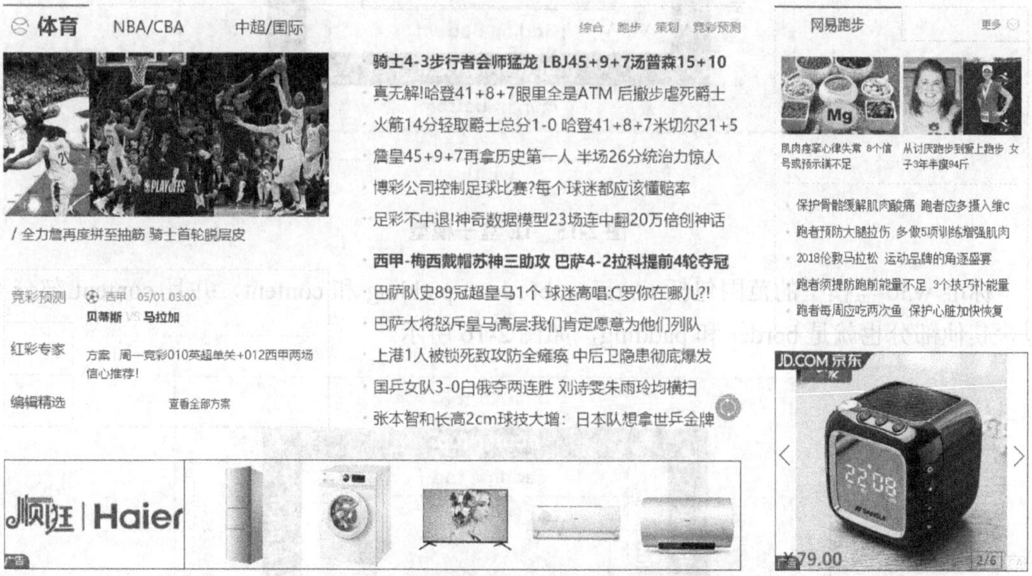

图 2-14　使用边框、边距属性布局

1. 盒子模型

盒子模型是 CSS 页面布局设计的核心，因此，理解好盒子模型将有助于学会 CSS 布局页面。什么是盒子模型呢？对于初学者来说，联想一下现实生活中的盒子，里面存放的东西，给它起名叫 content（内容）；盒子的纸壁，给它起名叫 border（边框）；盒子里的东

西与纸壁的距离，称之为 padding（内边距）；如果一个大盒子里面放了多个小盒子，则盒子与盒子之间的距离，称之为 margin（外边距）；这个大盒子就相当于网页，而把 HTML 网页中的每一个标签则都可以看作是一个小盒子。

HTML 盒子模型分了三类：一类是块级元素，可以把这类元素叫大盒子；一类是行内元素，可以把这类元素叫小盒子；还有一类是行内块级元素。大家都知道大盒子里可以嵌套小盒子，小盒子不能嵌套大盒子的，因此在写标签时，如果需要嵌套，就需要考虑一下它们之间应该如何嵌套了。但是行内块元素要不就是单标签，要不就是表单元素，所以几乎不存在着嵌套关系。

由此看来，盒子模型由 content（内容）、border（边框）、padding（内边距）和 margin（外边距）共四个部分组成。盒子模型分为两种：一种是 IE 盒模型（也称怪异盒模型），一种是标准盒模型。下面一起来看一下 IE 盒模型和标准盒模型的区别。

IE 盒子模型的范围包括 margin、border、padding 和 content，IE 盒子模型的 content 部分包含了 border 和 padding，如图 2-15 所示。

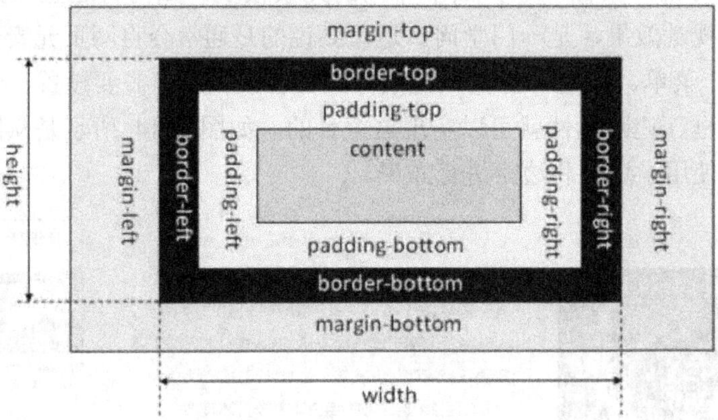

图 2-15　IE 盒子模型

标准 w3c 盒模型的范围包括 margin、border、padding 和 content，并且 content 部分不包含其他部分也就是 border 和 padding，如图 2-16 所示。

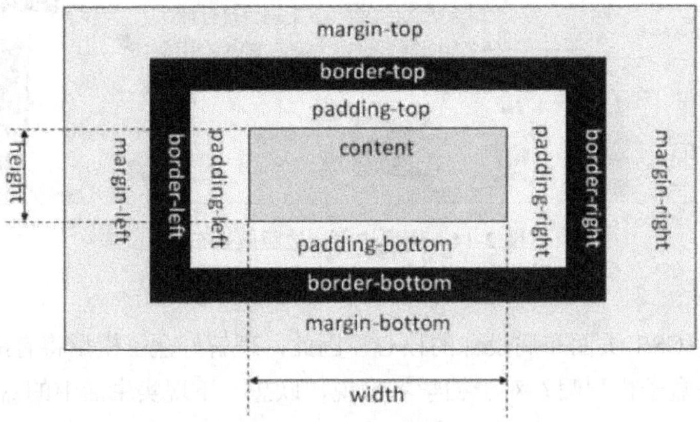

图 2-16　标准 w3c 盒模型

平时写代码的时候，使用标准 w3c 盒模型。在网页上使用 doctype 声明，则所有浏览器都使用标准 w3c 盒模型。

2. 边框属性

从图 4-2 中可以看出，border 边框包括 border-left、border-top、border-right 和 border-bottom，可以分别对它们设置边框的宽度、颜色、样式等。

1）设计边框样式

在 CSS 中，为了设置边框的外观，提供了边框样式属性。可以对整个边框或 4 个边框分别设计边框的样式。

基本语法：

```
border-style：样式值
border-left-style：样式值
border-top-style：样式值
border-right-style：样式值
border-bottom-style：样式值
```

语法说明：

● 样式值可以取如表 2-8 中所示的各值。

表 2-8　边框样式属性取值说明

序号	样式的取值	说明
1	none	不显示边框，为默认值
2	dotted	点线
3	dashed	虚线，也可成为短线
4	solid	实线
5	double	双直线
6	groove	凹型线
7	ridge	凸型线
8	inset	嵌入式
9	outset	嵌出式

● border-style 样式属性是一个复合属性，可以同时设 1-4 个值。设 1 个值，同时设置 4 条边框。设 2 个值，上下边框使用第 1 个值，左右边框使用第 2 个值。设 3 个值，上边框使用第 1 个值，左右边框使用第 2 个值，下边框使用第 3 个值。设 4 个值，分别为上左右下左边框的取值。设置多个值时，值与值之间使用空格分隔。

● 其他样式属性只能设一个值。

例如，以下代码为段落设置了宽度为 200 像素，以及上、右、下、左边框的样式，如图 2-17 所示。

```
p {width:200px;border-style:dotted solid double dashed;padding:20px;}
```

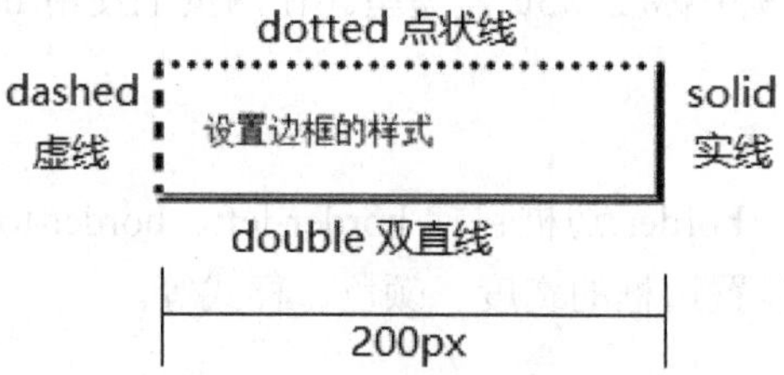

图 2-17　边框的样式示例

2）调整边框宽度

在 CSS 中，设置边框的宽度同样有 5 个属性。

基本语法：

```
border-width：关键字 | 长度
border-left- width：关键字 | 长度
border-top- width：关键字 | 长度
border-right- width：关键字 | 长度
border-bottom- width：关键字 | 长度
```

语法说明：

- 边框宽度属性中关键字说明如表 2-9 所示。

表 2-9　边框宽度属性中关键字说明

序号	样式的取值	说明
1	thin	细边框
2	medium	中等边框，默认值
3	thick	粗边框

- 长度包括长度值和单位，不可以取负数。长度单位可以使用绝对单位也可以使用相对单位。如 px、pt、cm 等。
- border-width 是一个复合属性，可同时设置 4 条边框的宽度。具体设置可以参照 border-style 样式属性的设置。

例如，以下代码设置了段落的边框宽度为 15 像素，实线。

```
p {border-style:solid;border-width:15px;padding:20px;}
```

3）设置边框颜色

在 CSS 中，设置边框的宽度同样有 5 个属性。

基本语法：

```
border-color： <color>
border-left-color： <color>
border-top-color： <color>
border-right-color： <color>
border-bottom-color： <color>
```

语法说明：

- <color>为颜色表示的三种形式，颜色名称、十六进制值或 rgb()函数。
- border-color 是一个复合属性，可同时设置 4 条边框的颜色。具体设置可以参照 border-style 样式属性的设置。

例如，以下代码设置类名为 three 的段落的边框为实线，上边框颜色为#ff0000 中（红色），左右边框颜色为#00ff00（绿色），下边框颜色为#0000ff（蓝色）。

```
p.three {border-style: solid;border-color: #ff0000 #00ff00 #0000ff}
```

4）设置边框属性

在 CSS 中，border 边框属性用来同时设置边框的宽度、样式和颜色。边框属性也包括 5 个可用的属性。

基本语法：

```
border: 边框宽度 | 边框样式 | 边框颜色
border-left: 边框宽度 | 边框样式 | 边框颜色
border-top: 边框宽度 | 边框样式 | 边框颜色
border-right: 边框宽度 | 边框样式 | 边框颜色
border-bottom: 边框宽度 | 边框样式 | 边框颜色
```

语法说明：

- 基本语法中每一个属性都是一个复合属性，都可以同时设置边框的宽度、样式和颜色。每个属性值之间必须用空格隔开。例如，border-top:5px ridge #FFFF00;
- border 可以同时设置 4 条边框的属性。

例如，以下代码设置了段落的边框为中等粗细、双直线，颜色为紫红色。

```
p {border: medium double rgb(250,0,255);}
```

例 2-6　使用 CSS 的边框属性美化网页。

```
<!DOCTYPE html PUBLIC "-//W3C//DTD XHTML 1.0 Transitional//EN" "http://
www.w3.org/TR/xhtml1/DTD/xhtml1-transitional.dtd">
<html xmlns="http://www.w3.org/1999/xhtml">
<head>
<title>使用 CSS 的边框属性美化网页</title>
<style type="text/css">
p.one{border-style:solid;border-color:#0000ff;border-width:thick}
p.two{border-style:ridge;border-color:#ff0000 #0000ff}
p.three{border-style:groove;border-color:#ff0000 #00ff00 #0000ff}
p.four{border:solid 1px rgb(250,0,255)}
</style>
</head>
<body>
<p class="one">One-colored border!</p>
<p class="two">Two-colored border!</p>
<p class="three">Three-colored border!</p>
```

```
<p class="four">Four-colored border!</p>
<p><b>注释：</b>"border-width" 属性如果单独使用的话是不会起作用的。请首先使用
"border-style" 属性来设置边框。</p>
</body>
</html>
```

操作提示

（1）在 Dreamwaver 工具中新建 HTML 文档，编辑以上代码，保存为 example2-6.html，然后在浏览器中浏览该网页，效果如图 2-18 所示。分析边框属性的作用。

（2）体会各种 CSS 边框属性设置方法。

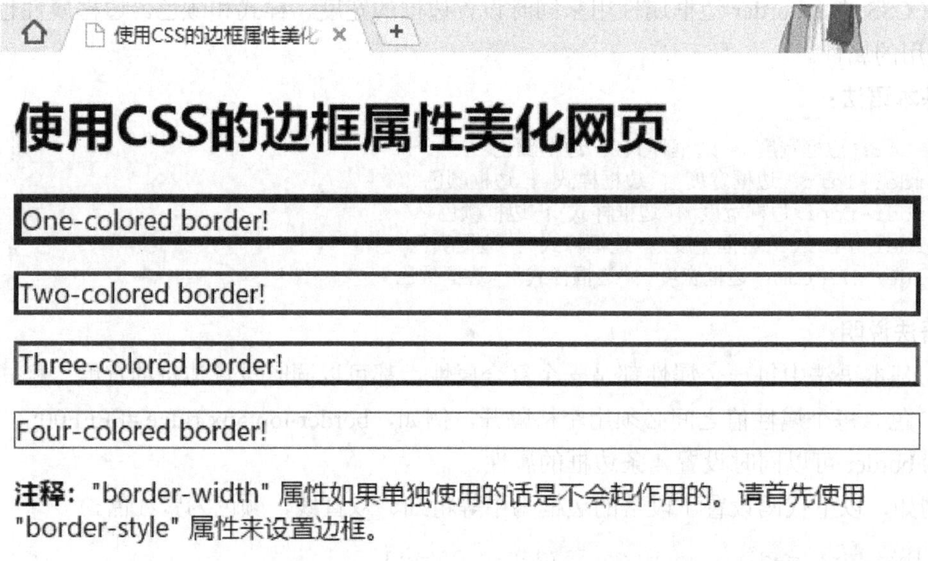

图 2-18　使用 CSS 的边框属性美化网页

知识点

（1）类名为 one 的段落设置边框样式为实线，边框颜色为蓝色，边框宽度为粗边框。

（2）类名为 two 的段落设置边框样式为凸型线，上下边框颜色为红色，左右边框颜色为蓝色。

（3）类名为 three 的段落设置边框样式为凹型线，上边框颜色为红色，左右边框颜色为绿色，下边框为蓝色。

（4）类名为 four 的段落使用 border 属性同时设置边框的各属性，属性值之间使用空格分隔，设置边框样式为实线，宽度为 1 像素，边框颜色为紫红色。

（5）"border-width"属性如果单独使用的话是不会起作用的，须先使用"border-style"设置边框样式。

3. 内边距属性

从图 2-16 中可以看出，padding 内边距设置也包括 padding-left、padding-top、padding-right 和 padding-bottom，可以分别对它们进行设置。

基本语法：

```
padding：长度 | 百分比
padding-left：长度 | 百分比
padding-top：长度 | 百分比
padding-right：长度 | 百分比
padding-bottom：长度 | 百分比
```

语法说明：

- 长度包括长度值和长度单位。
- 百分比是相对上级元素宽度的百分比，不允许使用负数。
- padding 复合属性的取值方法，可参照设置边框样式 border-style 属性的取值方法。

例如，以下代码第 1 行设置表格单元格的下内边距为 2 厘米，第 2 行设置表格单元格的下内边距为列高的 10%，第 3 行设置类名为 test2 的表格单元格的上下边距 0.5 厘米，左右边距 2.5 厘米。

```
td {padding-bottom: 2cm}
td {padding-bottom: 10%}
td.test2 {padding: 0.5cm 2.5cm}
```

4. 外边距属性

从图 2-16 中可以看出，margin 外边距设置也包括 margin-left、margin-top、margin-right 和 margin-bottom，可以分别对它们进行设置。

基本语法：

```
margin：长度 | 百分比 | auto
margin-left：长度 | 百分比 | auto
margin-top：长度 | 百分比 | auto
margin-right：长度 | 百分比 | auto
margin-bottom：长度 | 百分比 | auto
```

语法说明：

- 长度包括长度值和长度单位。
- 百分比是相对上级元素宽度的百分比，允许使用负数。
- auto 为自动提取边距值，默认值。
- margin 复合属性的取值方法，可参照设置边框样式 border-style 属性的取值方法。

例如，以下代码第 1 行设置了段落的左外边距为 20 像素，第 2 行设置了类名为 margin 的段落的上外边距为 2 厘米，右外边距为 4 厘米，下外边距为 3 厘米，左外边距为 4 厘米。

```
p {margin-left: 20px;}
p.margin {margin: 2cm 4cm 3cm 4cm}
```

例 2-7　使用 CSS 的边距属性美化网页。

```
<!DOCTYPE html PUBLIC "-//W3C//DTD XHTML 1.0 Transitional//EN" "http://www.w3.org/TR/xhtml1/DTD/xhtml1-transitional.dtd">
<html xmlns="http://www.w3.org/1999/xhtml">
<head>

    <title>使用 CSS 的边距属性美化网页</title>
    <style type="text/css">
      #all {width:1004px;overflow:hidden;margin:0px auto;}
      body {background-image:url(images/beijing.jpg); background-attachment:fixed;font-size:12px;}
      #banner {border:1px solid #00FF00;height:40px;padding:20px;}
      #content {border:1px solid #FF0000;height:200px; padding:20px;margin-top:10px;}
      #bottom {border:1px solid #96b9ff;height:56px;width:1002px; padding-top:10px;margin-top:10px;}
    </style>
  </head>
  <body>
    <!--页面所有内容-->
    <div id="all">
      <div id="banner">
        banner--可以设计标题图像或动画
      </div>
      <div id="content">
        content--使用 CSS 的边距属性美化网页
      </div>
      <!--下方版权所有块-->
      <div id="bottom">
        <div style="padding-top:4px; width:260px; margin:0px auto;">
          <div style="width:240px;height:30px;">
            版权所有-世界大学城
          </div>
        </div>
      </div> <!--end bottom-->
    </div> <!--end all-->
  </body>
</html>
```

操作提示

（1）在 Dreamwaver 工具中新建 HTML 文档，编辑以上代码，保存为 example2-7.html，然后在浏览器中浏览该网页，效果如图 2-19 所示。分析边距属性的作用。

（2）体会各种 CSS 边距属性设置方法。

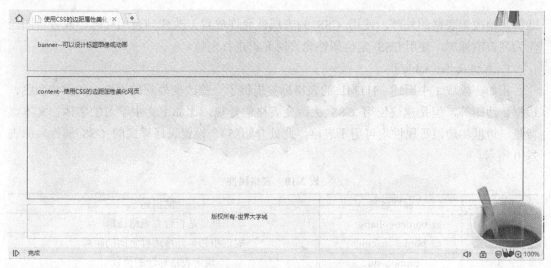

图 2-19　使用 CSS 的边距属性美化网页

知识点

（1）本示例通过 DIV+CSS 设计网页布局，其中 margin、padding 属性的使用能让网页的各元素之间有一定间距，使得页面更加美观。

（2）margin:0px auto;属性能让网页的内容在页面中居中。

5. 练一练

（1）在 CSS 语言中下列（　　）项是“边框颜色”的语法。

A. border-color: <值>　　B. text-align: <值>

C. letter-spacing: <值>　　D. vertical-align: <值>

（2）要显示这样一个边框：顶边框 10 像素、底边框 5 像素、左边框 20 像素、右边框 1 像素，应选择（　　）。

A. border-width:10px 1px 5px 20px　　B. border-width:10px 20px 5px 1px

C. border-width:5px 20px 10px 1px　　D. border-width:10px 5px 20px 1px

（3）设置边框样式属性 border-style 的取值中，double 表示（　　）。

A. 点线　　B. 实线　　C. 双直线　　D. 点虚线

（4）CSS 语法中 border-left-color:#80080 定义的是（　　）。

A. 左边框颜色为紫色　　B. 下边框颜色为紫色

C. 上边框颜色为绿色　　D. 右边框颜色为军色

（5）以下（　　）不是盒子模型中的 CSS 属性。

A. border　　B. padding　　C. margin　　D. content

任务 5　使用表格、列表及定位属性美化网页

前文中介绍了 CSS 中常用的字体、文本、背景、边框和边距等属性。此任务介绍的是 CSS 的高级应用，包括表格属性、列表属性以及定位属性。使用 CSS 表格属性可以帮

助极大地改善表格的外观。使用 CSS 列表属性允许放置、改变列表项标志，或者将图像作为列表项标志。使用 CSS 定位属性允许对元素进行定位。

1. 表格属性（table）

正如在模块 1 中所述，HTML 的表格标签提供了一些改变外观的属性，如背景颜色、边框、边距等，但是建议使用 CSS 去改变表格的外观，比如上文中学习的字体、文本、背景、边框和边距等属性均可用于表格。此处介绍 5 个设置表格样式的 CSS 属性，如表 2-10 所示。

表 2-10　表格属性

序号	属性名称	功能描述
1	border-collapse	规定是否合并表格边框
2	border-spacing	规定相邻单元格边框之间的距离
3	caption-side	规定表格标题的位置
4	empty-cells	规定是否显示表格中的空单元格上的边框和背景
5	table-layout	设置用于表格的布局算法

1）border-collapse 属性

表格的边框默认是双线条边框，这是因为 table、th、td 元素都有独立的边框。如果需要将表格显示为单线条边框，可以使用 border-collapse，设置是否将表格边框折叠为单一边框。

基本语法：

```
border-collapse: collapse | separate | inherit
```

语法说明：

- collapse，如果可能，边框会合并为一个单一的边框。会忽略 border-spacing 和 empty-cells 属性。
- separate，边框会被分开。不会忽略 border-spacing 和 empty-cells 属性。默认值。
- inherit，规定应该从父元素继承 border-collapse 属性的值。

例如，以下代码设置表格的边框为单一边框：

```
table, td, th {border:1px solid black;border-collapse:collapse;}
```

2）border-spacing 属性

border-spacing 属性设置相邻单元格到边框间的距离（仅用于“边框分离”模式）。

基本语法：

```
border-spacing: 长度 | inherit
```

语法说明：

- 长度规定相邻单元的边框之间的距离。使用 px、cm 等单位。不允许使用负值。长度可以定义 2 个值，如果只取 1 个值，那么定义的是水平和垂直间距。如果取 2 个值，第 1 个设置水平间距，第 2 个设置垂直间距。

● Inherit，规定应该从父元素继承 border-spacing 属性的值。

例如，以下代码设置类名为 one 的表格的单元格到边框的距离为 10px：

```
table.one {border-collapse:separate; border-spacing:10px}
```

3）caption-side 属性

caption-side 属性设置表格标题相对于表框的位置。表标题显示为好像它是表之前（或之后）的一个块级元素。

基本语法：

```
caption-side: top | bottom | inherit
```

语法说明：

● top，把表格标题定位在表格之上，默认值。

● bottom，把表格标题定位在表格之下。

● inherit，规定应该从父元素继承 caption-side 属性的值。

例如，以下代码设置表格的标题显示在表格的下方。

```
caption {caption-side:bottom;}
```

4）empty-cells 属性

empty-cells 属性设置是否显示表格中的空单元格（仅用于“分离边框”模式）。该属性定义了不包含任何内容的表单元格如何表示。如果显示，就会绘制出单元格的边框和背景。

基本语法：

```
empty-cells: hide | show | inherit
```

语法说明：

● hide，不在空单元格周围绘制边框。

● show，在空单元格周围绘制边框。默认值。

● inherit，规定应该从父元素继承 empty-cells 属性的值。

例如，以下代码设置隐藏表格中空单元格上的边框和背景。

```
table {border-collapse:separate;empty-cells:hide;}
```

5）table-layout 属性

table-layout 属性指用来显示表格单元格、行、列的算法规则。算法规则有固定表格布局和自动表格布局。在固定表格布局中，水平布局仅取决于表格宽度、列宽度、表格边框宽度、单元格间距，而与单元格的内容无关。通过使用固定表格布局，用户代理在接收到第一行后就可以显示表格。在自动表格布局中，列的宽度是由列单元格中没有折行的最宽的内容设定的。此算法有时会较慢，这是由于它需要在确定最终的布局之前访问表格中所有的内容。固定表格布局与自动表格布局相比，允许浏览器更快地对表格进行布局。

table-layout 属性指定了完成表格布局时所用的布局算法。固定布局算法比较快，但是不太灵活，而自动算法比较慢，不过更能反映传统的 HTML 表格。

基本语法：

```
table-layout: automatic | fixed | inherit
```

语法说明：

- automatic，列宽度由单元格内容设定。默认。
- fixed，列宽由表格宽度和列宽度设定。
- inherit，规定应该从父元素继承 table-layout 属性的值。

例如，以下代码第 1 行设置了类名为 one 的表格布局方式为自动布局，第 2 行设置了类名为 two 的表格布局方式为固定布局。

```
table.one {table-layout: automatic}
table.two {table-layout: fixed}
```

例 2-8　使用 CSS 的表格属性美化网页中表格。

```
<!DOCTYPE html PUBLIC "-//W3C//DTD XHTML 1.0 Transitional//EN" "http://www.w3.org/TR/xhtml1/DTD/xhtml1-transitional.dtd">
<html><head>
<title>使用 CSS 的表格属性美化网页中表格</title>
<meta http-equiv="Content-Type" content="text/html; charset=gb2312" />
<style type="text/css">
table {margin:20px;}
td,th {padding:20px;}
table.tbl, td, th {border:1px solid black;border-collapse:separate;
border-spacing:5px;empty-cells:hide;}
caption {caption-side:bottom;}
</style></head>
<body>
<h2>使用 CSS 的表格属性美化网页中表格</h2>
<table class="tb1">
<caption>Name</caption>
<tr><th>Firstname</th><th>Lastname</th></tr>
<tr><td>Bill</td><td>Gates</td></tr>
<tr><td>Steven</td><td>Jobs</td></tr>
<tr><td> </td><td></td></tr>
</table>
<p><b>注释：</b>如果没有规定 !DOCTYPE，border-collapse 属性可能会引起意想不到的错误。</p>
</body>
</html>
```

操作提示

（1）在 Dreamwaver 工具中新建 HTML 文档，编辑以上代码，保存为 example2-8.html，然后在浏览器中浏览该网页，效果如图 2-20 所示。分析表格属性的作用。

（2）体会各种 CSS 表格属性设置方法。

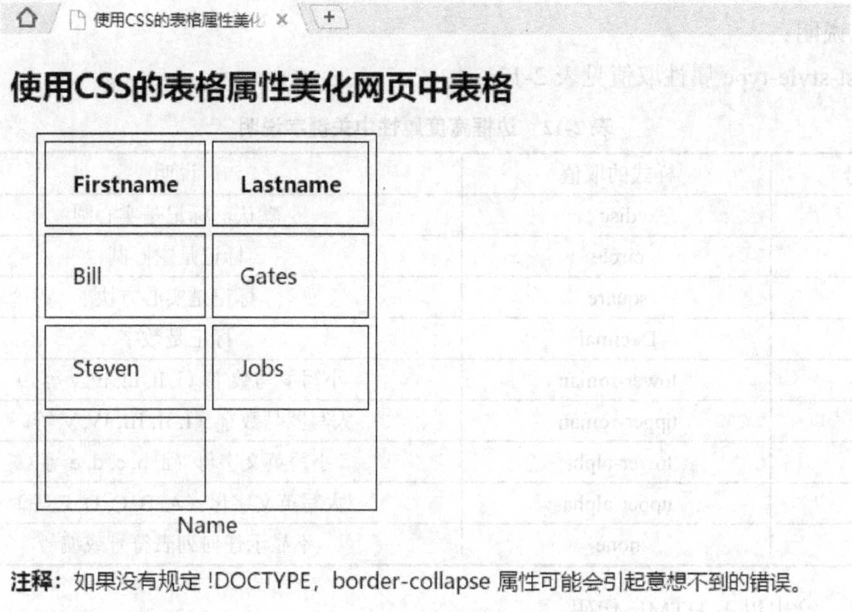

图 2-20　表格属性的应用

知识点

（1）本示例展示了 border-collapse、border-spacing、caption-side 以及 empty-cells 属性的应用。

（2）为了更好地展示效果，设置了 padding 及 margin。思考一下 td,th {padding:20px;} 这行代码中如果换成 table {padding:20px;}会是什么效果。

2. 列表属性（list）

在 HTML 中列表使用<ol><ul>分别表示有序列表和无序列表。使用 CSS 样式对列表设计样式，可使列表以更加丰富、美观的方式呈现。网页设计中也常常通过对列表使用列表属性来设计菜单。常用的列表属性如表 2-11 所示。

表 2-11　列表属性

序号	属性名称	功能描述
1	list-style	在一个声明中设置所有的列表属性
2	list-style-image	将图像设置为列表项标记
3	list-style-position	设置列表项标记的放置位置
4	list-style-type	设置列表项标记的类型
5	marker-offset	设置或检索标记容器和主容器之间水平补白

1）list-style-type 属性

列表样式是指列表项目的符号类型，主要使用 list-style-type 属性来设置。

基本语法：

```
list-style-type: <属性值>
```

语法说明：

- list-style-type 属性取值见表 2-12。

表 2-12　边框宽度属性中关键字说明

序号	样式的取值	说明
1	disc	默认，标记是实心圆
2	circle	标记是空心圆
3	square	标记是实心方块
4	Decimal	标记是数字
5	lower-roman	小写罗马数字（i, ii, iii, iv, v 等。）
6	upper-roman	大写罗马数字（I, II, III, IV, V 等。）
7	lower-alpha	小写英文字母（a, b, c, d, e 等）
8	upper-alpha	大写英文字母（A, B, C, D, E 等）
9	none	不显示任何列表符号或编号

例如，给出以下 HTML 代码：

```
<ul class="circle">
<li>咖啡</li>
<li>茶</li>
<li>可口可乐</li>
</ul>
```

设计如下所示的 CSS 样式来改变列表的显示符号类型：

```
ul.circle {list-style-type:circle;}
```

2）list-style-image 属性

列表样式除了可以使用指定的符号类型以外，还可以通过 list-style-image 属性使用指定的图像。

基本语法：

```
list-style-image: URL | none | inherit
```

语法说明：

- URL，为指定的图像路径。
- none，无图像被显示，默认。
- Inherit，规定应该从父元素继承 list-style-image 属性的值。

例如，以下代码设置了 ul 列表左侧使用图像代替符号，效果如图 2-21 所示。

```
ul {list-style-image: url('/i/eg_arrow.gif')}
```

▸ 咖啡
▸ 茶
▸ 可口可乐

图 2-21　列表项符号为图像

3）list-style-position 属性

list-style-position 属性设置在何处放置列表项标记。列表标志相对于列表项内容的位置。

基本语法：

```
list-style-position: inside | outside | inherit
```

语法说明：

- inside，列表项目标记放置在文本以内，且环绕文本根据标记对齐。
- outside，保持标记位于文本的左侧，列表项目标记放置在文本以外，且环绕文本不根据标记对齐，此值为默认值。
- inherit，规定应该从父元素继承 list-style- position 属性的值。

例如，以下代码设置了列表项的显示位置，显示效果如图 2-22 所示。

```
<html>
<head>
<style type="text/css">
ul.inside {list-style-position: inside}
ul.outside {list-style-position: outside}
</style>
</head>
<body>
<p>该列表的 list-style-position 的值是 "inside": </p>
<ul class="inside">
<li>Earl Grey Tea - 一种黑颜色的茶</li>
<li>Jasmine Tea - 一种神奇的“全功能”茶</li>
<li>Honeybush Tea - 一种令人愉快的果味茶</li>
</ul>
<p>该列表的 list-style-position 的值是 "outside": </p>
<ul class="outside">
<li>Earl Grey Tea - 一种黑颜色的茶</li>
<li>Jasmine Tea - 一种神奇的“全功能”茶</li>
<li>Honeybush Tea - 一种令人愉快的果味茶</li>
</ul>
</body>
</html>
```

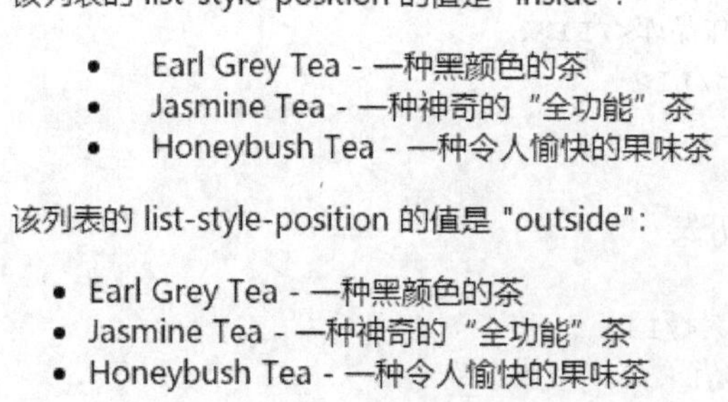
该列表的 list-style-position 的值是 "inside":
Earl Grey Tea - 一种黑颜色的茶
Jasmine Tea - 一种神奇的“全功能”茶
Honeybush Tea - 一种令人愉快的果味茶
该列表的 list-style-position 的值是 "outside":
Earl Grey Tea - 一种黑颜色的茶
Jasmine Tea - 一种神奇的“全功能”茶
Honeybush Tea - 一种令人愉快的果味茶

图 2-22　列表项显示位置示例

4）list-style 属性

list-type 属性在一个声明中设置所有的列表属性，可以按顺序设置如下属性。

- list-style-type，设置列表项标记的类型。
- list-style-position，设置在何处放置列表项标记。
- list-style-image，使用图像来替换列表项的标记。

例如，以下代码设置了列表的符号、位置及图像。

```
ul {list-style: square inside url('/i/eg_arrow.gif')}
```

例 2-9 在模块 1 示例 1-10 的基础上设置 CSS 列表属性，将列表设计成菜单样式。

```
<!DOCTYPE html PUBLIC "-//W3C//DTD XHTML 1.0 Transitional//EN" "http://
www.w3.org/TR/xhtml1/DTD/xhtml1-transitional.dtd">
<html xmlns="http://www.w3.org/1999/xhtml">
<head>
<meta http-equiv="Content-Type" content="text/html; charset=utf-8" />
<title>使用列表属性设计菜单样式</title>
<style type="text/css">
body {font-family: arial, 宋体, serif;font-size:12px;}
#nav {line-height: 24px;  list-style-type: none; background:#666;}
#nav li {float: left; width: 120px; background:#04BFF1;}
#nav li ul {line-height: 27px;  list-style-type: none;text-align:left;
    left: -999em; width: 180px; position: absolute;}
#nav li ul li{float: left; width: 180px;background: #F6F6F6;}
#nav li:hover ul {left: 10px;}
</style></head>
<body>
<UL id=nav>
  <LI>Java 面向对象编程   |
    <UL>
      <LI>表格化教案</LI>
      <LI>方法库</LI>
      <LI>原理库</LI>
      <LI>案例库</LI>
      <LI>视频库</LI>
      <LI>辅助资源库</LI>
      <LI>优秀学生作品库</LI>
      <LI>课程管理</LI>
    </UL>
  </LI>
  <LI>Android 移动开发
    <UL>
      <LI>表格化教案</LI>
      <LI>视频库</LI>
```

```
        <LI>教学案例资源库</LI>
        <LI>知识资源库</LI>
        <LI>辅助资源库</LI>
        <LI>课程管理</LI>
      </UL>
   </LI>
</UL>
</body>
</html>
```

操作提示

（1）在 Dreamwaver 工具中新建 HTML 文档，编辑以上代码，保存为 example2-9.html，将样式标签<style>…</style>注释掉，浏览网页效果如图 2-23 所示。再去掉注释然后浏览网页，效果如图 2-24 所示，鼠标放到主菜单上，将在下方显示子菜单。

（2）分析示例中列表等属性在菜单设计中的作用。

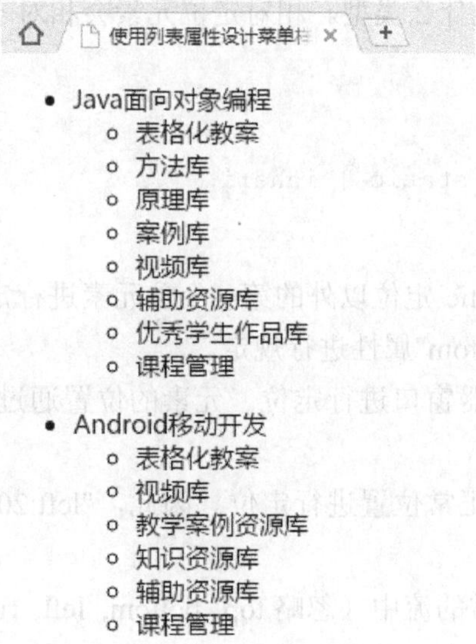

图 2-23　未使用列表属性

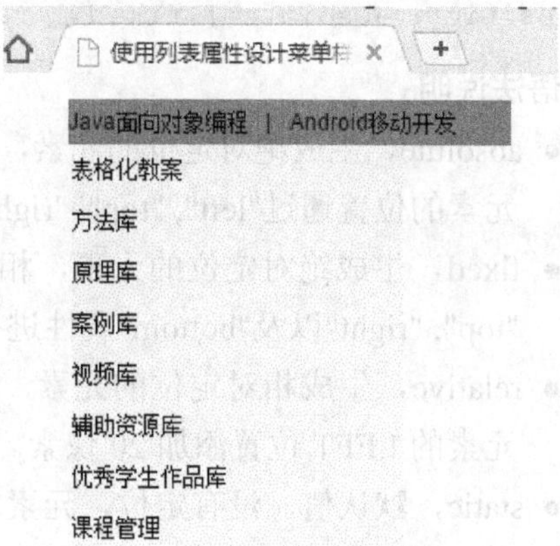

图 2-24　使用列表属性设计菜单样式

知识点

（1）本示例中大量使用了派生选择器。例如，#nav li ul li，表示对 id 为 nav 的元素中的 li 下的 ul 中的 li 设置 CSS 样式。

（2）float 属性设置 id 为 nav 的元素中的 li 的浮动位置为左边，居左对齐。float 属性将在后文中详细学习。

（3）list-style-type: none;表示不显示列表标记。

3. 定位属性（position）

定位属性用来控制网页中元素的位置，在位置属性和定位属性的共同作用下，才可以确定某元素的具体位置，定位属性和位置属性如表 2-13 所示。下文对常用的定位属性和位置属性进行介绍。

表 2-13　定位及位置属性

序号	属性名称	功能描述
1	bottom	设置定位元素下外边距边界与其包含块下边界之间的偏移
2	top	设置定位元素的上外边距边界与其包含块上边界之间的偏移
3	right	设置定位元素右外边距边界与其包含块右边界之间的偏移
4	position	规定元素的定位类型
5	left	设置定位元素左外边距边界与其包含块左边界之间的偏移
6	overflow	规定当内容溢出元素框时发生的事情
7	clip	剪裁绝对定位元素
8	vertical-align	设置元素的垂直对齐方式
9	z-index	设置元素的堆叠顺序

1）position 属性

position 属性定义建立元素布局所用的定位机制。任何元素都可以定位，不过绝对或固定元素会生成一个块级框，而不论该元素本身是什么类型。相对定位元素会相对于它在正常流中的默认位置偏移。

基本语法：

```
position: absolute | fixed | relative | static | inherit
```

语法说明：

- absolute，生成绝对定位的元素，相对于 static 定位以外的第一个父元素进行定位。元素的位置通过"left", "top", "right"以及"bottom"属性进行规定。
- fixed，生成绝对定位的元素，相对于浏览器窗口进行定位。元素的位置通过"left", "top", "right"以及"bottom"属性进行规定。
- relative，生成相对定位的元素，相对于其正常位置进行定位。因此，"left:20"会向元素的 LEFT 位置添加 20 像素。
- static，默认值。没有定位，元素出现在正常的流中（忽略 top, bottom, left, right 或者 z-index 声明）。
- inherit，规定应该从父元素继承 position 属性的值。

例如，以下代码第 1 行设置了类名为 pos_left 的 h2 标题为相对定位，相对于其正常位置向左移动 20 像素。第 2 行设置了类名为 pos_abs 的 h2 标题为绝对定位，距离页面左侧 100 像素，距离页面顶部 150 像素。

```
h2.pos_left {position: relative; left:-20px}
h2.pos_abs {position: absolute; left: 100px; top: 150px}
```

2）位置属性-top、bottom、left、right

规定元素的上、下、左、右外边距边界与其包含块左边界之间的偏移。

基本语法：

```
top|bottom|left|right: auto | 长度值 | 百分比
```

语法说明：

- auto 表示采用默认值。
- 长度值包括数字和长度单位，长度单位采用前文中多次提到的单位。
- 百分比是一个相对值。

例如，以下代码定义了图像的左边的位置。

```
img {position:absolute; left:100px;}
```

3）z-index 属性

设置元素的堆叠顺序。拥有更高堆叠顺序的元素总是会处于堆叠顺序较低的元素的前面。默认的 z-index 是 0。对于熟悉 Photoshop 或 Flash 的人来说，可以把 z-index 理解为图层之间的关系。

基本语法：

```
z-index: auto | 数字
```

语法说明：

- auto 表示子层会按照父层的属性显示。
- 数字必须是无单位的整数或负数，但一般情况下都取正整数，所以 z-index 属性值为 1 的层位于最下层。

例如，以下代码设置了标题和图片的堆叠。

```
<html>
<head>
<style type="text/css">
img.x{position:absolute;left:0px;top:0px;z-index:-1}
</style>
</head>
<body>
<h1>这是一个标题</h1>
<img class="x" src="/i/eg_mouse.jpg" />
<p>默认的 z-index 是 0。z-index 为 -1 拥有更低的优先级。</p>
</body>
</html>
```

4）overflow

overflow 属性定义溢出元素内容区的内容会如何处理。如果值为 scroll，不论是否需要，用户代理都会提供一种滚动机制。因此，有可能即使元素框中可以放下所有内容也会出现滚动条。

基本语法：

```
overflow: auto | hidden | scroll | visible | inherit
```

语法说明：

- auto，如果内容被修剪，则浏览器会显示滚动条以便查看其余的内容。
- hidden，内容会被修剪，并且其余内容是不可见的。

- scroll，内容会被修剪，但是浏览器会显示滚动条以便查看其余的内容。
- visible，默认值。内容不会被修剪，会呈现在元素框之外。
- inherit，规定应该从父元素继承 overflow 属性的值。

例如，以下代码设置了类名为 div1 的层其背景颜色为绿色，高和宽为 150 像素，超出范围的内容将隐藏起来。

```
div.div1 {background-color:#00FF00;width:150px;height:150px;overflow: hidden;}
```

例 2-10 CSS 的位置属性示例。

```
<!DOCTYPE html PUBLIC "-//W3C//DTD XHTML 1.0 Transitional//EN" "http://www.w3.org/TR/xhtml1/DTD/xhtml1-transitional.dtd">
<html xmlns="http://www.w3.org/1999/xhtml">
<head>
<meta http-equiv="Content-Type" content="text/html; charset=utf-8" />
<title>CSS 的位置属性示例</title>
<style type="text/css">
img.x{position:absolute;left:0px;top:50px;z-index:-1}
</style>
</head>
<body>
<h1>这是一个标题</h1>
<img class="x" src="images/eg_mouse.jpg" />
<p>默认的 z-index 是 0。Z-index 为-1 拥有更低的优先级。</p>
</body>
</html>
```

操作提示

（1）在 Dreamwaver 工具中新建 HTML 文档，编辑以上代码，保存为 example2-10.html，浏览网页，效果如图 2-25 所示。

（2）分析示例中位置属性的作用。

图 2-25　CSS 的位置属性示例

知识点

（1）位置属性要在定位属性的共同作用下，才可以确定某元素的具体位置。

（2）z-index 设置元素的堆叠顺序，鼠标图片堆叠在文字的下方显示。

4. 分类属性（classification）

CSS 分类属性允许你控制如何显示元素，如是否浮动，以及元素的可见度等。这类属性如表 2-14 所示。

表 2-14　分类属性

序号	属性名称	功能描述
1	clear	规定元素的哪一侧不允许其他浮动元素
2	cursor	规定要显示的光标的类型（形状）
3	display	规定元素应该生成的框的类型
4	float	规定框是否应该浮动
5	visibility	规定元素是否可见

1）float 属性

float 属性定义元素在哪个方向浮动。以往这个属性一般都应用于图像，使文本围绕在图像周围，不过在 CSS 中，任何元素都可以浮动。浮动元素会生成一个块级框，而且不论它本身是何种元素。如果浮动非替换元素，则要指定一个明确的宽度，否则，它们会尽可能地窄。

基本语法：

```
float: left | right | none
```

语法说明：

- left，表示浮动元素在左边，是左对齐的。
- right，表示浮动元素在右边，是右对齐的。
- none，表示不浮动，默认值。

例如，以下代码设置图像右边浮动，居右对齐。

```
img {float:right}
```

2）clear 属性

clear 清除属性定义了是否允许在某元素的哪边出现浮动元素。它和浮动属性是一对相对立的属性，浮动属性用来设置某个元素的浮动位置，而清除属性则是要去掉某个位置的浮动元素。

基本语法：

```
clear: left | right | both | none
```

语法说明：

- left、right：不允许在某元素左或右边有浮动元素。
- both：不允许在某元素左、右两边有浮动元素。
- none：允许在某元素左、右两边有浮动元素。

例如，以下代码规定了图像的左侧和右侧均不允许出现浮动元素。

```
img {float:left; clear:both;}
```

3）visibility 属性

visibility 属性用来设置层和其他元素的可见性。

基本语法：

```
visibility: visible | hidden | collapse | inherit
```

语法说明：

- visible，默认值。元素是可见的。
- hidden，元素是不可见的。
- collapse，当在表格元素中使用时，此值可删除一行或一列，但是它不会影响表格的布局。被行或列占据的空间会留给其他内容使用。如果此值被用在其他的元素上，会呈现为"hidden"。
- inherit，规定应该从父元素继承 visibility 属性的值。

例如，以下代码第 1 行定义了类名为 visible 的 h1 标题，是可见的，第 2 行定义了类名为 invisible 的 h1 标题，是不可见的。

```
h1.visible {visibility: visible}
h1.invisible {visibility: hidden}
```

4）display 属性

display 属性用于定义建立布局时元素生成的显示框类型。

基本语法：

```
display: <属性值>
```

语法说明：

- display 属性可能取的值及取值说明见表 2-15。

表 2-15　display 属性可能取的值

序号	取值	说明
1	none	此元素不会被显示
2	block	此元素将显示为块级元素，此元素前后会带有换行符
3	inline	默认，此元素会被显示为内联元素，元素前后没有换行符
4	inline-block	行内块元素（CSS2.1 新增的值）
5	list-item	此元素会作为列表显示
6	run-in	此元素会根据上下文作为块级元素或内联元素显示
7	compact	CSS 中有值 compact，不过由于缺乏广泛支持，已经从 CSS2.1 中删除
8	marker	CSS 中有值 marker，不过由于缺乏广泛支持，已经从 CSS2.1 中删除
9	table	此元素会作为块级表格来显示（类似<table>），表格前后带有换行符
10	inline-table	此元素会作为内联表格来显示（类似<table>），表格前后没有换行符

续表

序号	取值	说明
11	table-row-group	此元素会作为一个或多个行的分组来显示（类似<tbody>）
12	table-header-group	此元素会作为一个或多个行的分组来显示（类似<thead>）
13	table-footer-group	此元素会作为一个或多个行的分组来显示（类似<tfoot>）
14	table-row	此元素会作为一个表格行显示（类似<tr>）
15	table-column-group	此元素会作为一个或多个列的分组来显示（类似<colgroup>）
16	table-column	此元素会作为一个单元格列显示（类似<col>）
17	table-cell	此元素会作为一个表格单元格显示（类似<td>和<th>）
18	table-caption	此元素会作为一个表格标题显示（类似<caption>）
19	inherit	规定应该从父元素继承 display 属性的值

例如，以下代码第 1 行设置了段落被显示为内联元素，元素前后没有换行符，第 2 行设置了不显示 div 层。

```
p {display: inline}
div {display: none}
```

5）cursor 属性

cursor 属性用于设置鼠标指针的不同形状。

基本语法：

```
cursor: <属性值>
```

语法说明：

- cursor 属性可能取的值及取值说明见表 2-16 所示。

表 2-16　cursor 属性可能取的值

序号	取值	说明
1	url	需使用的自定义光标的 URL。 注释：请在此列表的末端始终定义一种普通的光标，以防没有由 URL 定义的可用光标
2	default	默认光标（通常是一个箭头）
3	auto	默认。浏览器设置的光标
4	crosshair	光标呈现为十字线
5	pointer	光标呈现为指示链接的指针（一只手）
6	move	此光标指示某对象可被移动
7	e-resize	此光标指示矩形框的边缘可被向右（东）移动
8	ne-resize	此光标指示矩形框的边缘可被向上及向右移动（北/东）
9	nw-resize	此光标指示矩形框的边缘可被向上及向左移动（北/西）
10	n-resize	此光标指示矩形框的边缘可被向上（北）移动
11	se-resize	此光标指示矩形框的边缘可被向下及向右移动（南/东）
12	sw-resize	此光标指示矩形框的边缘可被向下及向左移动（南/西）
13	s-resize	此光标指示矩形框的边缘可被向下移动（南）

续表

序号	取值	说明
14	w-resize	此光标指示矩形框的边缘可被向左移动（西）
15	text	此光标指示文本
16	wait	此光标指示程序正忙（通常是一只表或沙漏）
17	help	此光标指示可用的帮助（通常是一个问号或一个气球）

例如，以下代码设置了类名为 s1 的 span 层的鼠标指针为帮助指针。

```
span.s1 {curor: help;}
```

例 2-11　CSS 的分类属性示例。

```
<!DOCTYPE html PUBLIC "-//W3C//DTD XHTML 1.0 Transitional//EN" "http://
www.w3.org/TR/xhtml1/DTD/xhtml1-transitional.dtd">
<html xmlns="http://www.w3.org/1999/xhtml">
<head>
<meta http-equiv="Content-Type" content="text/html; charset=utf-8" />
<title>CSS 的分类属性示例</title>
<style type="text/css">
ul{float:left;width:100%;padding:0;margin:0;list-style-type:none;}
a{
float:left;
width:7em;
text-decoration:none;
color:white;
background-color:purple;
padding:0.2em 0.6em;
border-right:1px solid white;
}
a:hover {background-color:#ff3300}
li {display:inline}
</style>
</head>
<body>
<ul>
<li><a href="#">Link one</a></li>
<li><a href="#">Link two</a></li>
<li><a href="#">Link three</a></li>
<li><a href="#">Link four</a></li>
</ul>
<p>
```

在上面的例子中，我们把 ul 元素和 a 元素向左浮动。li 元素显示为行内元素（元素前后没有换行）。这样就可以使列表排列成一行。ul 元素的宽度是 100%，列表中的每个超链接的宽度是 7em（当前字体尺寸的 7 倍）。我们添加了颜色和边框，以使其更漂亮。

```
</p>
</body>
</html>
```

操作提示

（1）在 Dreamwaver 工具中新建 HTML 文档，编辑以上代码，保存为 example2-11.html，浏览网页，效果如图 2-26 所示。

（2）分析示例中分类属性及其他属性的作用。

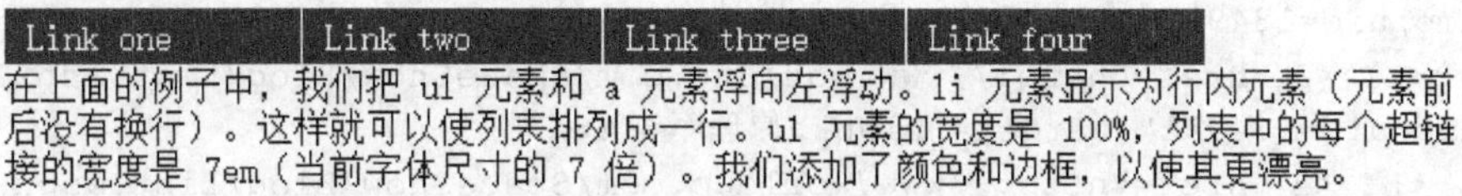
Link one
Link two
Link three
Link four
在上面的例子中，我们把 ul 元素和 a 元素浮向左浮动。li 元素显示为行内元素（元素前后没有换行）。这样就可以使列表排列成一行。ul 元素的宽度是 100%，列表中的每个超链接的宽度是 7em（当前字体尺寸的 7 倍）。我们添加了颜色和边框，以使其更漂亮。

图 2-26　CSS 的分类属性示例

知识点

（1）display:inline; 表示<li>标签被显示为内联元素，元素前后没有换行符。

（2）float:left; 表示<ul>、<a>标签浮动在左边，居左对齐。

5. 综合应用案例

例 2-12　在模块 1 示例 1-11 的基础上设置 CSS 属性，将列表设计成菜单。

```
<!DOCTYPE html PUBLIC "-//W3C//DTD XHTML 1.0 Transitional//EN" "http://www.w3.org/TR/xhtml1/DTD/xhtml1-transitional.dtd">
<html xmlns="http://www.w3.org/1999/xhtml">
<head>
<meta http-equiv="Content-Type" content="text/html; charset=utf-8" />
<title>使用列表属性设计菜单</title>
<style type="text/css">
*{margin:0;padding:0;border:0;}
body {font-family: arial, 宋体, serif;font-size:12px;}
#nav {line-height: 24px;  list-style-type: none; background:#666;}
#nav a {display: block; width: 120px; text-align:center;}
#nav a:link  {color:#666; text-decoration:none;}
#nav a:visited  {color:#666;text-decoration:none;}
#nav a:hover  {color:#FFF;text-decoration:none;font-weight:bold;}
#nav li {float: left; width: 120px; background:#04BFF1;}
#nav li a:hover{background:#999;}
#nav li ul {line-height: 27px;  list-style-type: none;text-align:left;
    left: -999em; width: 180px; position: absolute;}
#nav li ul li{float: left; width: 180px;background: #F6F6F6;}
#nav  li  ul  a{display:  block;  width:  156px;text-align:left;padding-left:24px;}
#nav li ul a:link  {color:#666; text-decoration:none;}
#nav li ul a:visited  {color:#666;text-decoration:none;}
#nav li ul a:hover  {color:#F3F3F3;text-decoration:none;font-weight:normal;
    background:#C00;}
#nav li:hover ul {left: auto;}
#nav li.sfhover ul {left: auto;}
```

```
</style>
</head>
<body>
<UL id=nav>
  <LI>Java 面向对象编程   |
    <UL>
      <LI><A  href="http://www.worlduc.com/SpaceShow/Blog/List.aspx?sid=2158481&amp;uid=134951" target=_blank>表格化教案</A></LI>
      <LI><A  href="http://www.worlduc.com/SpaceShow/Blog/List.aspx?sid=2158483&amp;uid=134951" target=_blank>方法库</A></LI>
      <LI><A  href="http://www.worlduc.com/SpaceShow/Blog/List.aspx?sid=2193575&amp;uid=134951" target=_blank>原理库</A></LI>
      <LI><A  href="http://www.worlduc.com/SpaceShow/Blog/List.aspx?sid=2193576&amp;uid=134951" target=_blank>案例库</A></LI>
      <LI><A  href="http://www.worlduc.com/SpaceShow/Blog/List.aspx?sid=2193577&amp;uid=134951" target=_blank>视频库</A></LI>
      <LI><A  href="http://www.worlduc.com/SpaceShow/Blog/List.aspx?sid=2158484&amp;uid=134951" target=_blank>辅助资源库</A></LI>
      <LI><A  href="http://www.worlduc.com/SpaceShow/Blog/List.aspx?sid=2657548&amp;uid=134951" target=_blank>优秀学生作品库</A></LI>
      <LI><A  href="http://www.worlduc.com/SpaceShow/Blog/List.aspx?sid=2158485&amp;uid=134951" target=_blank>课程管理</A></LI>
    </UL>
  </LI>
  <LI>Android 移动开发
    <UL>
      <LI><A  href="http://www.worlduc.com/SpaceShow/Blog/List.aspx?sid=7385560&amp;uid=134951" target=_blank>表格化教案</A></LI>
      <LI><A  href="http://www.worlduc.com/SpaceShow/Blog/List.aspx?sid=7385562&amp;uid=134951" target=_blank>视频库</A></LI>
      <LI><A  href="http://www.worlduc.com/SpaceShow/Blog/List.aspx?sid=3260599&amp;uid=134951" target=_blank>教学案例资源库</A></LI>
      <LI><A  href="http://www.worlduc.com/SpaceShow/Blog/List.aspx?sid=3260602&amp;uid=134951" target=_blank>知识资源库</A></LI>
      <LI><A  href="http://www.worlduc.com/SpaceShow/Blog/List.aspx?sid=3260604&amp;uid=134951" target=_blank>辅助资源库</A></LI>
      <LI><A  href="http://www.worlduc.com/SpaceShow/Blog/List.aspx?sid=3260606&amp;uid=134951" target=_blank>课程管理</A></LI>
    </UL>
  </LI>
</UL>
</body>
</html>
```

操作提示

（1）在 Dreamwaver 工具中新建 HTML 文档，编辑以上代码，保存为 example2-12.html，然后在浏览器中浏览该网页，效果如图 2-27 所示。

（2）分析各种 CSS 属性的作用。

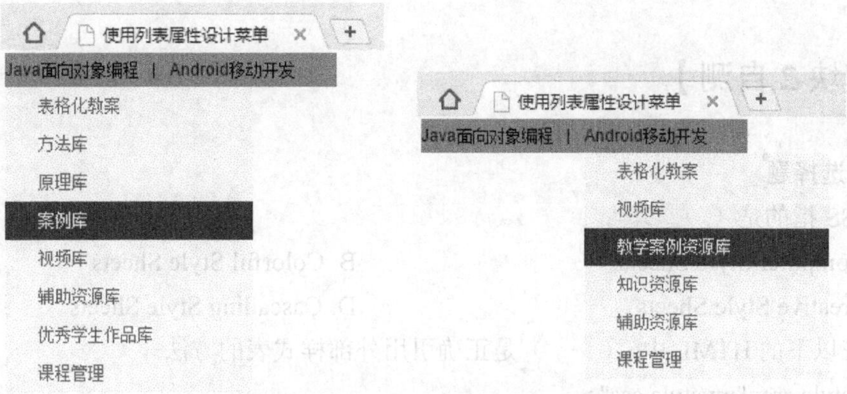

图 2-27　使用 CSS 样式设计菜单列表

知识点

（1）*{margin:0;padding:0;border:0;}中“*”为通配选择器，表示对所有的元素没有边框、内边距及外边距。

（2）在例 2-9 的基础上增加了更多 CSS 样式属性，仔细体会。

6. 练一练

（1）在 HTML 中使用<ol><ul>标记来定义列表为有序列表或无序列表，而在 CSS 中是利用（　　）属性控制列表的样式。

A. list-style-type　　B. list-style-image
C. list-style-position　　D. list-style

（2）层溢出属性 overflow 的属性值要设置为超出范围的内容将被裁切掉，该使用（　　）属性值。

A. visible　　B. hidden　　C. scroll　　D. auto

（3）下列不属于 list-style-type 属性取值的是（　　）。

A. disc　　B. circle　　C. square　　D. inside

（4）CSS 的定位属性 position 可用来控制网页中显示的元素的位置，定位方式主要有 3 种，以下选项中（　　）不是。

A. 绝对定位　　B. 相对定位　　C. 动态定位　　D. 静态定位

（5）CSS 的 float 浮动属性用来设置某元素是否浮动，以及它的浮动位置，可以用在任何 HTML 元素上，通常在布局中起到非常重要的作用，（　　）不是它可取的值。

A. left　　B. right　　C. none　　D. center

（6）CSS 的 cursor 属性是专门为鼠标设定的，用来设置当鼠标移动到某个对象元素上时，所显示出的鼠标指针形状，（　　）不是它可以取的值。

A. help　　B. url（图像地址）　　C. 关键字　　D. auto

【模块 2 自测】

一、选择题

1. CSS 指的是（　　）。

A. Computer Style Sheets　　B. Colorful Style Sheets

C. Creative Style Sheets　　D. Cascading Style Sheets

2. 在以下的 HTML 中，（　　）是正确引用外部样式表的方法。

A. <style src="mystyle.css">

B. <link rel="stylesheet" type="text/css" href="mystyle.css">

C. <stylesheet>mystyle.css</stylesheet>

D. <body src="mystyle.css">

3. 在 HTML 文档中，引用外部样式表的正确位置是（　　）。

A. 文档的末尾　　B. 文档的顶部　　C. <body>部分　　D. <head>部分

4. HTML 属性（　　）可用来定义内联样式。

A. font　　B. class　　C. style　　D. styles

5. 在以下的 CSS 中，可使所有<p>元素变为粗体的正确语法是（　　）。

A. p {font-weight:bold}　　B. <p style=" font-weight:bold ">

C. <p style="font-size:bold">　　D. p {text-size:bold}

6. 要显示这样一个边框：上边框 10 像素、下边框 5 像素、左边框 20 像素、右边框 1 像素，需选择（　　）。

A. border-width:10px 5px 20px 1px　　B. border-width:10px 20px 5px 1px

C. border-width:5px 20px 10px 1px　　D. border-width:10px 1px 5px 20px

7. 要产生带有正方形项目的列表，需选择（　　）。

A. list-style-type: square　　B. type: 2

C. type: square　　D. list-style: square

8. 以下选项中（　　）是设置鼠标指针移动到链接上时的样式。

A. a:link {color:#FF0000;}　　B. a:visited {color:#00FF00;}

C. a:hover {color:#FF00FF;}　　D. a:active {color:#0000FF;}

9. 下列对 CSS 字母间距表述不正确的一项是（　　）。

A. 语法: letter-spacing: <值>

B. 允许值: normal | <长度>

C. 默认值: normal

D. 字母间距属性定义一个附加在字符之间的间隔数量

10. 语句：a.red : visited {color: #FF0000}的作用是（　　）。

A. 类名为 red 的超链接访问以后的样式

B. 类名为 a.red 的超链接访问以后的样式

C. 类名为 visited 的超链接访问以后的样式

D. 类名为 color 的超链接访问以后的样式

二、填空题

1. 外部样式表文件的文件扩展名必须是_____。

2. CSS 规则由两个主要的部分构成：______，以及一条或多条声明。

3. 最常见的 CSS 选择器是______。换句话说，文档的元素就是最基本的选择器。

4. 插入背景附件的属性为________________。

5. 在 CSS 文件中，使用______属性来设置字体。

6. 在 CSS 中，可以利用______属性来控制边框的宽度，______属性控制边框的颜色，______属性控制边框的样式。

7. 填充属性用来控制边框和其内部元素之间的空白距离，包含 5 个属性，分别为 padding、______、padding-top、______、______。

8. 浮动属性______用来设置某元素是否浮动，以及它的浮动位置。

9. DreamWeaver 中，Z_index 分别为 0、2、3 的层，则最先看到的是 Z_index 为______的层。

10. 语句：a:hover {color: #FF00FF}的作用是______。

三、判断题

1. CSS 内部样式表是指在 HTML 标记中定义 style 属性值。

2. CSS 基本语法：selector{property1:value1, property2:value2, ……}

3. 在定义 CSS 类选择符时，在自定义类名称的前面加一个#号。

4. 所有 HTML 标记都可以作为 CSS 选择符。

5. CSS 中的 color 属性用于设置 HTML 元素的前景颜色。

6. 使用 CSS 字体属性 font 可设置字体、字号、字体风格等多个属性。

7. CSS 盒子模型涉及内容、padding、border 和 margin。

8. b1{padding:10px 15px 20px 25px}表示定义 b1 类样式，其距离上、下、左、右边框分别为 10 像素、15 像素、20 像素、25 像素。

9. CSS 的浮动属性 float 用来设置某元素是否浮动以及它的浮动位置。

10. 在 CSS 定义中，a:hover 必须被置于 a:link 和 a:visited 之后，才是有效的。

四、问答题

1. CSS 选择符有哪些?

2. CSS 引入的方式有哪些?

3. 请说说 CSS 层叠规则的优先级。

4. 什么是 DIV+CSS?

5. 请画图描述盒子模型，盒子模型描述了哪些 CSS 样式?

五、上机操作题

1. 请设计一个 DIV+CSS 的网页：整个网页一个层，包括上（标题栏）、中（内容区）、下（版权信息区），中又包括左（菜单栏）、右（内容区），请设计这些区域的边框线、背景色、前景色，各个区域加上简单的文字或图片等。

2. 请设计一个 DIV+CSS 的网页：在页面上有三个块，左右块的宽度高度固定，中间块宽度撑满在左右块之间，然后中间块的宽度可以跟着浏览器的变化而变化。

3. 三个 DIV 并排，要求中间的 DIV 固定宽度 600px 居中显示，两边的 DIV 平均分配剩余宽度自动撑满两边的宽度，用 CSS2 实现。

模块 3　JavaScript 脚本语言

【项目案例】

案例 1　银行信贷管理系统（使用脚本语言的一个示例网站）

1. 项目综述

随着经济的发展和信息化进程的不断推进，银行的信贷业务也进入了信息化的发展轨道。同时，信贷业务也做了很大的改革和优化，各种小微企业贷款和个体工商户贷款业务应运而生，给银行业的发展注入了新的活力。但是，信贷业务也存在各种风险，如违约风险、逾期风险等。针对这些风险，银行必须采取有效的措施规避，从而达到盈利的目的。因此需要一个简单高效的银行信贷管理系统。本项目以银行信贷管理系统为背景，使用 DIV+CSS 布局，结合 JavaScript 实现动态菜单等技术构建了银行信贷管理系统的一个网站，供初学者学习和参考。

2. 项目预览

银行信贷管理系统有：该系统主要功能模块有客户保证金款管理、客户质押信息管理、客户贷款信息管理、客户抵押信息管理等模块。如图 3-1 所示为银行信贷管理系统的客户保证金管理的添加保证金页面。

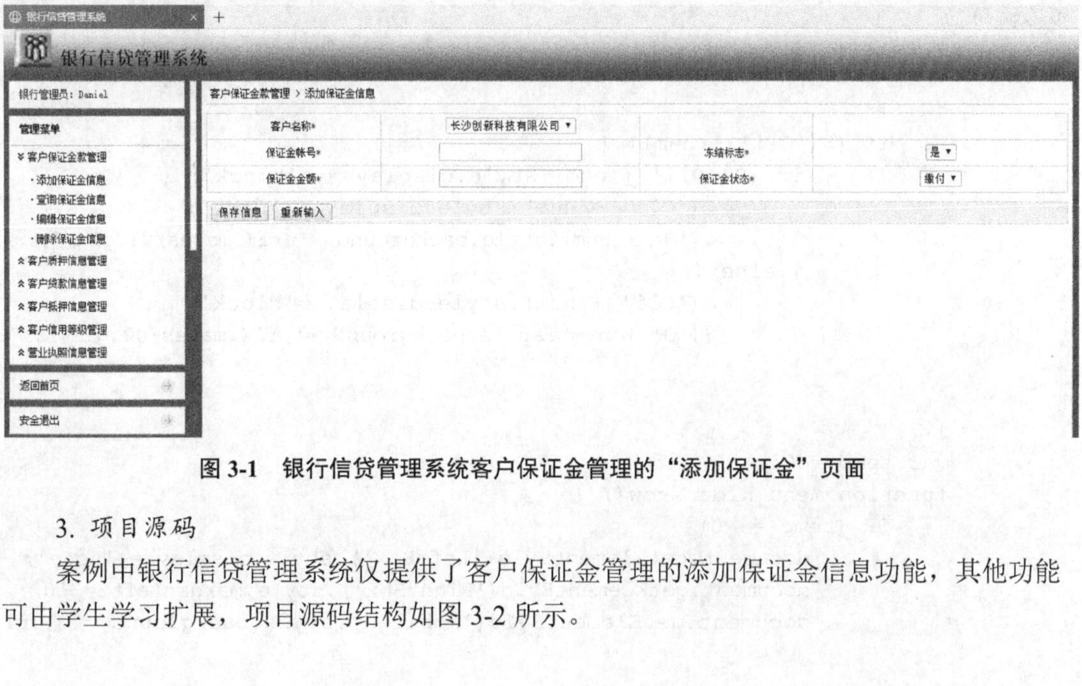

图 3-1　银行信贷管理系统客户保证金管理的“添加保证金”页面

3. 项目源码

案例中银行信贷管理系统仅提供了客户保证金管理的添加保证金信息功能，其他功能可由学生学习扩展，项目源码结构如图 3-2 所示。

图 3-2　物流管理系统的项目源码结构

首页 index.html 源码如下。

```
<!DOCTYPE html PUBLIC "-//W3C//DTD XHTML 1.0 Transitional//EN" "http://www.w3.org/TR/xhtml1/DTD/xhtml1-transitional.dtd">
<html xmlns="http://www.w3.org/1999/xhtml">
<head>
<meta http-equiv="Content-Type" content="text/html; charset=utf-8" />
<title>银行信贷管理系统</title>
<link rel="stylesheet" type="text/css" href="css/index.css"/>
<script type="text/JavaScript">
    var $ = function (id) {
        return document.getElementById(id);
    }
    function show_menu(num) {
        for (j = 0; j < 100; j++) {
            if (j != num) {
                if ($('Oli' + j)) {
                    $('Oli' + j).style.display = 'none';
                    $('O' + j).style.background = 'url(images/01.gif)';
                }
            }
        }
        if ($('Oli' + num)) {
            if ($('Oli' + num).style.display == 'block') {
                $('Oli' + num).style.display = 'none';
                $('O' + num).style.background ='url(images/01.gif)';
            } else {
                $('Oli' + num).style.display ='block';
                $('O' + num).style.background ='url(images/02.gif)';
            }
        }
    }
    var temp = 0;
    function menu_hide_show() {
        if (temp == 0) {
            document.getElementById('LeftBox').style.display = 'none';
            document.getElementById('RightBox').style.marginLeft = '0';
            document.getElementById('Mobile').style.background = 'url
```

```
(images/ menu_show.gif)';
                temp = 1;
            }
            else {
                document.getElementById('RightBox').style.marginLeft = '222px';
                document.getElementById('LeftBox').style.display = 'block';
                document.getElementById('Mobile').style.background = 'url
(images/menu_hide.gif)';
                temp = 0;
            }
        }
    </script>
    </head>
    <body onload="show_menu(1);">
    <div class="header">
        <div class="header_img"></div>
        <div class="header_text">银行信贷管理系统</div>
    </div>
    <div class="left" id="LeftBox">
        <div class="left_box">
            <div class="left_box_r"></div>
            <div class="left_box_l"></div>
            <div class="left_box_text">银行管理员: Daniel</div>
        </div>
        <div class="left_big_box">
            <div class="left_big_top">
                <div class="left_big_top_r"></div>
                <div class="left_big_top_l"></div>
                <div class="left_big_top_text">管理菜单</div>
            </div>
            <div class="left_big_down">
                <div  class="left_menu_one"><a  onclick="show_menu(1)"  href=
"javascript:;">
                  <span  id="01"  class="left_menu_one_img"></span>客户保证
金款管理</a></div>
                <div class="left_menu_two" id="01i1">
                    <ul>
                      <li><a  href="bailAdd.html"  target="frm">&middot;
添加保证金信息</a></li>
                      <li><a  href="bailList.html"  target="frm">&middot;
查询保证金信息</a></li>
                         <li><a  href="bailUpdate.html"  target="frm">
&middot;编辑保证金信息</a></li>
                         <li><a  href="bailDelete.html"  target="frm">
&middot; 删除保证金信息</a></li>
                    </ul>
                </div>

                <div  class="left_menu_one"><a  onclick="show_menu(2)"  href=
"javascript:;">
```

```
                    <span id="O2" class="left_menu_one_img"></span>客户质押
信息管理</a></div>
                <div class="left_menu_two noneBox" id="Oli2">
                    <ul>
                        <li><a href="PledgeEdit.html" target="frm">&middot;
添加质押信息</a></li>
                        <li><a href="PledgeList.html" target="frm">&middot;
查询/编辑质押信息</a></li>
                    </ul>
                </div>
                <div class="left_menu_one"><a onclick="show_menu(3)" href=
"javascript:;">
                    <span id="O3" class="left_menu_one_img"></span>客户贷款
信息管理</a></div>
                <div class="left_menu_two noneBox" id="Oli3">
                    <ul>
                        <li><a href="CreditEdit.html" target="frm">&middot;
添加贷款信息</a></li>
                        <li><a href="CreditList.html" target="frm">&middot;
查询/编辑贷款信息</a></li>
                    </ul>
                </div>
                <div class="left_menu_one"><a onclick="show_menu(4)" href=
"javascript:;">
                    <span id="O4" class="left_menu_one_img"></span>客户抵押
信息管理</a></div>
                <div class="left_menu_two noneBox" id="Oli4">
                    <ul>
                        <li><a href="MortgageEdit.html" target="frm">
&middot;添加抵押信息</a></li>
                        <li><a href="MortgageList.html" target="frm">
&middot; 查询/编辑抵押信息</a></li>
                    </ul>
                </div>
                <div class="left_menu_one"><a onclick="show_menu(5)" href=
"javascript:;">
                    <span id="O5" class="left_menu_one_img"></span>客户信用
等级管理</a></div>
                <div class="left_menu_two noneBox" id="Oli5">
                    <ul>
                        <li><a href="welcome.html" target="frm">&middot;
添加信用等级</a></li>
                        <li><a href="welcome.html" target="frm">&middot;
查询/编辑信用等级</a></li>
                    </ul>
                </div>
                <div class="left_menu_one"><a onclick="show_menu(6)" href=
"javascript:;">
                    <span id="O6" class="left_menu_one_img"></span>营业执照
信息管理</a></div>
```

```
                <div class="left_menu_two noneBox" id="Oli6">
                    <ul>
                        <li><a href="welcome.html" target="frm">&middot;
添加营业执照</a></li>
                        <li><a href="welcome.html" target="frm">&middot;
查询/编辑营业执照</a></li>
                    </ul>
                </div>
            </div>
        </div>
        <div class="left_box">
            <div class="left_exit_r"></div>
            <div class="left_box_l"></div>
            <div class="left_exit_text"><a href="welcome.html" target=
"frm">返回首页</a></div>
        </div>
        <div class="left_box">
            <div class="left_exit_r"></div>
            <div class="left_box_l"></div>
            <div class="left_exit_text"><a href="#">安全退出</a></div>
        </div>
    </div>
    <div class="rrcc" id="RightBox">
        <div class="center" id="Mobile" onclick="menu_hide_show()"></div>
        <div class="right">
            <iframe name="frm" frameborder="0" marginheight="0" marginwidth=
"0" width="100%" height="100%" style="overflow:hidden;" src="welcome.html">
</iframe>
        </div>
    </div>
    </body>
    </html>
```

页面 welcome.html 的源码如下。

```
    <!DOCTYPE html PUBLIC "-//W3C//DTD XHTML 1.0 Transitional//EN" "http://
www.w3.org/TR/xhtml1/DTD/xhtml1-transitional.dtd">
    <html xmlns="http://www.w3.org/1999/xhtml">
    <head>
    <meta http-equiv="Content-Type" content="text/html; charset=utf-8" />
       <title>欢迎页面</title>
    <link href="css/content.css" rel="stylesheet" type="text/css" />
    </head>
    <body>
      <img src="images/welcome.jpg" alt="欢迎图片" />
    </body>
    </html>
```

页面 bailAdd.html 的源码如下。

```
    <!DOCTYPE html PUBLIC "-//W3C//DTD XHTML 1.0 Transitional//EN" "http://
www.w3.org/TR/xhtml1/DTD/xhtml1-transitional.dtd">
```

```
<html xmlns="http://www.w3.org/1999/xhtml">
<head>
    <title></title>
<link href="css/content.css" rel="stylesheet" type="text/css" />
</head>
<body>
    <div class="div_top">客户保证金款管理 &gt; 添加保证金信息</div>
    <div class="div_con">
        <table width="100%" cellspacing="1" cellpadding="0" border="0"
bgcolor="#ccc">
            <tr align="center">
              <td width="20%">客户名称<font color="#ff0000">*</font></td>
              <td width="30%"><select name="Cust_id">
                <option value="2011070101" selected="selected">长沙创新
科技有限公司</option>
                <option value="2011070102">长沙奔流信息有限公司</option>
                <option value="2011070103">长沙蓝海科技有限公司</option>
              </select></td>
              <td width="20%"></td>
              <td width="30%"></td>
            </tr>
            <tr align="center">
              <td>保证金帐号<font color="#FF0000">*</font></td>
              <td><input type="text" value="" /></td>
              <td>冻结标志<font color="#FF0000">*</font></td>
              <td>
                <select name="FreezeFlag">
                <option value="Y" selected="selected">是</option>
                <option value="N">否</option>
                </select>
              </td>
            </tr>
            <tr align="center">
              <td>保证金金额<font color="#FF0000">*</font></td>
              <td><input type="text" value="" /></td>
              <td>保证金状态<font color="#FF0000">*</font></td>
              <td>
                <select name="Bail_status">
                <option value="缴付" selected="selected">缴付</option>
                <option value="退还">退还</option>
                </select></td>
            </tr>
        </table>
    </div>
    <div class="div_down">
        <input id="btn_submit" type="button" value="保存信息" style="cursor:
```

```
hand;" />
            <input id="btn_reset" type="reset" value="重新输入" style="cursor:
hand;" />
        </div>
   </body>
   </html>
```

案例 2　给世界大学城空间添加 JS 代码特效

1. 项目综述

可以在世界大学城空间添加 JS 特效，操作方法和设置 CSS 类似，通过写<script>标签来实现。进入“管理空间”，单击“空间装扮”→“高级设置”→“空间代码”，添加<script language=javascript>…</script>标签，将 JS 代码写在这个标签中间。

2. 项目预览

在进入世界大学城展示空间时，首先显示如图 3-3 所示的对话框，该对话框为确认对话框，是调用系统的 confirm()方法的效果。

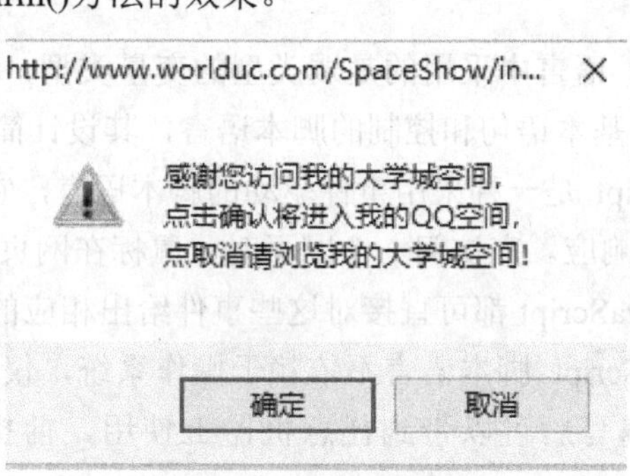
http://www.worlduc.com/SpaceShow/in...
感谢您访问我的大学城空间，
点击确认将进入我的QQ空间，
点取消请浏览我的大学城空间！
确定
取消

图 3-3　添加 JS 脚本

3. 项目源码

```
   <SCRIPT language=JavaScript>
    function CONFIRM(){
        if (confirm("感谢您访问我的大学城空间，\n 点击确认将进入我的 QQ 空间，\n 点取消
请浏览我的大学城空间！"))
        location=" http://316158649.qzone.qq.com/ ";
      return " "}
    document.writeln(CONFIRM())
   </SCRIPT>
```

操作方法

(1）进入“管理空间”，点击“空间装扮”→“高级设置”→“空间代码”；

(2）复制上述代码到“空间代码”的最前面即可；

(3）进入展示空间观看效果。

【知识点学习】

任务 1　认识 JavaScript

1. JavaScript 定义

JavaScript 是直译式脚本语言，是一种动态类型、弱类型、基于原型的语言，内置支持类型。它的解释器被称为 JavaScript 引擎，为浏览器的一部分，广泛用于客户端的脚本语言，最早是在 HTML（标准通用标记语言下的一个应用）网页上使用，它与 HTML、CSS 结合起来，用于增强功能，并提高与最终用户之间的交互性能。

JavaScript 脚本语言具有以下特点。

（1）脚本语言。JavaScript 是一种解释型的脚本语言，C、C++等语言先编译后执行，而 JavaScript 是在程序的运行过程中逐行进行解释。

（2）基于对象。JavaScript 是一种基于对象的脚本语言，它不仅可以创建对象，也能使用现有的对象。

（3）简单。JavaScript 语言中采用的是弱类型的变量类型，对使用的数据类型未做出严格的要求，是基于 Java 基本语句和控制的脚本语言，其设计简单紧凑。

（4）动态性。JavaScript 是一种采用事件驱动的脚本语言，它不需要经过 Web 服务器就可以对用户的输入做出响应。在访问一个网页时，鼠标在网页中进行鼠标单击或上下移动、窗口移动等操作，JavaScript 都可直接对这些事件给出相应的响应。

（5）跨平台性。JavaScript 脚本语言不依赖于操作系统，仅需要浏览器的支持。因此一个 JavaScript 脚本在编写后可以带到任意机器上使用，前提上机器上的浏览器支持 JavaScript 脚本语言。

上面说过 JavaScript 代码是解释型的，不需要编译，而是作为 HTML 文件的一部分由解释器解释执行。但是客户端的 JavaScript 必须要有解释器的支持。目前，所有的浏览器都内置 JavaScript 的解释器。JavaScript 提供了数据验证的基本功能，它的作用也主要在实现网页的一些特效，CSS 难以实现的特效，通常和 Jquery、Ajax 联合使用。以下给出一些 JavaScript 的简单应用。

① 写入 HTML 输出。

```
document.write("<h1>This is a heading</h1>");
document.write("<p>This is a paragraph</p>");
```

② 对事件做出反应。

```
<button type="button" onclick="alert('Welcome!')">单击这里</button>
```

③ 改变 HTML 内容。

```
x=document.getElementById("demo")  //查找元素
x.innerHTML="Hello JavaScript";    //改变内容
```

④ 改变 HTML 图像。

例如，以下代码通过改变图像控制开/关灯。

```
<body>
  <script>
    function changeImage()
    {
      element=document.getElementById('myimage')
      if (element.src.match("bulbon"))
      {
        element.src="/images/eg_bulboff.gif";
      }
      else
      {
        element.src="/images/eg_bulbon.gif";
      }
    }
  </script>
  <img id="myimage" onclick="changeImage()" src="/i/eg_bulboff.gif">
  <p>点击灯泡来点亮或熄灭这盏灯</p>
</body>
```

⑤ 改变 HTML 样式。

```
x=document.getElementById("demo")  //找到元素
x.style.color="#ff0000";           //改变样式
```

⑥ 验证输入。

```
<body>
  <h1>我的第一段 JavaScript</h1>
  <p>请输入数字。如果输入值不是数字，浏览器会弹出提示框。</p>
  <input id="demo" type="text">
  <script>
    function myFunction()
    {
      var x=document.getElementById("demo").value;
      if(x==""||isNaN(x))
      {
        alert("不是数字！");
      }
    }
  </script>
  <button type="button" onclick="myFunction()">点击这里</button>
</body>
```

Javascript 脚本语言同其他语言一样，有它自身的基本数据类型，表达式和算术运算符及程序的基本程序框架。Javascript 提供了四种基本的数据类型和两种特殊数据类型用来处理数据和文字。而变量提供存放信息的地方，表达式则可以完成较复杂的信息处理。另外 JavaScript 最初受 Java 启发而开始设计的，目的之一就是“看上去像

Java”，因此语法上有类似之处，一些名称和命名规范也借自 Java。但 JavaScript 的主要设计原则源自 Self 和 Scheme。JavaScript 与 Java 虽然名称上近似，但是 JavaScript 与 Java 是两种完全不同的语言，无论在概念还是设计上。Java（由 Sun 发明）是更复杂的编程语言。ECMA-262 是 JavaScript 标准的官方名称。JavaScript 由 Brendan Eich 发明。它于 1995 年出现在 Netscape（该浏览器已停止更新）中，并于 1997 年被 ECMA（一个标准协会）采纳。

例 3-1　编写第一个 JavaScript 程序。

由于 JavaScript 代码是解释型的，是作为 HTML 文件的一部分由解释器解释执行，而一般 JavaScript 有 3 种使用方式：行内 JavaScript、内部 JavaScript、外部 JavaScript。下面分别给出这 3 种使用方式的示例。

1）行内 JavaScript

HTML 中的 JavaScript 脚本不必单独写出。例如：

```
<!DOCTYPE html>
<html>
<head>
    <meta charset="UTF-8">
    <title>使用方式 1：行内 JavaScript</title>
</head>
<body>
    <input type="button" value="单击有惊喜" onclick="javascript:alert('第一个 JavaScript 程序')">
    </body>
</html>
```

2）内部 JavaScript

HTML 中的 JavaScript 脚本必须位于<script>与</script>标签之间，可被放置在 HTML 页面的<body>和<head>部分中，并且 JavaScript 脚本里的程序整个页面都可以使用。例如：

```
<!DOCTYPE html>
<html>
<head>
    <meta charset="UTF-8">
    <title>使用方式 2：内部 JavaScript</title>
    <script>
        //声明一个函数(整个文档都可以使用)
        function surprise() {
            alert('第一个 JavaScript 程序')/*弹出框*/
        }
    </script>
</head>
<body>
```

```
    <input type="button" value="单击有惊喜" onclick="surprise()"><!--调用函数-->
</body>
</html>
```

这里需要说明一下，大家可能在查看其他 JavaScript 代码的时候会发现<script type="text/javascript">这样一种写法，但是现在已经不必这样做了，因为 JavaScript 是所有现代浏览器以及 HTML5 中的默认脚本语言。如需在 HTML 页面中插入 JavaScript，请使用<script>标签。<script>和</script>会告诉 JavaScript 在何处开始和结束，JavaScript 代码就写在这对标签之间。

3）外部 JavaScript

外部 JavaScript 就是把 JavaScript 脚本保存到外部文件中。外部 JavaScript 文件的文件扩展名是.js。外部文件通常可以被多个 HTML 网页使用。如需使用外部文件，请在<script>标签的"src"属性中设置该.js 文件。例如：

```
<!DOCTYPE html>
<html>
<head>
    <meta charset="UTF-8">
    <title>使用方式 3：外部 JavaScript</title>
    <!--很多 html 页面都可以调用 myScript.js 页面-->
    <script src="myScript.js"></script>
</head>
<body>
    <input type="button" value="单击有惊喜" onclick="test()"><!--调用函数-->
</body>
</html>
```

其中 myScript.js 文件的代码如下。

```
function test()
{
    alert('第一个 JavaScript 程序');
}
```

请注意一点，外部 JavaScript 脚本文件不能包含 <script> 标签。

操作提示

（1）在 Dreamweaver 中，编写上述 HTML 代码，然后在浏览器中观看 JavaScript 效果。

（2）掌握行内 JavaScript、内部 JavaScript、外部 JavaScript 的编写要点。

知识点

（1）行内 javascript，onclick="javascript:alert('第一个 JavaScript 程序')"；

（2）内部 JavaScript，<script>与</script>标签在 html 中任意位置；

（3）外部 JavaScript，JavaScript 脚本写在.js 文件中。

2. 使用 JavaScript 输出数据

一般的编程语言都存在输出和显示数据的语句或者函数，但是 JavaScript 没有任何打印或者输出的函数，因此 JavaScript 通过以下 4 种不同的方式来输出数据。

1）使用 window.alert()输出警告框

在 JavaScript 为了方便信息输出，JavaScript 提供了具有独立的对话框信息输出 alert()方法。alert()方法是 window 对象的一个方法，因此在使用时，不需要写 window 窗口对象名，而是直接使用就行了。它主要用途用在输出时产生有关警告提示信息或提示用户，一旦用户按“确定”钮后，方可继续执行其他脚本程序。上一小节给出的 JavaScript 代码都已经用到了这个方法，这里不再赘述了。

2）使用 document.write()方法将内容写到 HTML 文档中

```
    <!DOCTYPE html>
    <html lang="en">
    <head>
        <meta charset="UTF-8">
        <title>write 输出内容到 HTML 页面中(1)</title>
        <script>
             document.write("hello");
             document.write("<h1>通过 document.write 输出内容</h1>");
        </script>
    </head>
    <body>
<h1>我的第一个 Web 页面</h1>
<p>我的第一个段落。</p>
    </body>
    </html>
```

但是这里可能出现遇到另外一种情况，在当前的 HTML 文档已经加载完成之后，再执行 document.write 方法，则整个 HTML 页面之前的内容将被覆盖重，代码如下所示。

```
<!DOCTYPE html>
<html>
<head>
    <meta charset="UTF-8">
    <title>write 输出内容到 HTML 页面中(2)</title>
    <script>
         function myFunction() {
                 document.write(Date());
         }
    </script>
</head>
<body>
<h1>我的第一个 Web 页面</h1>
<p>我的第一个段落。</p>
```

```
<button onclick="myFunction()">点我页面之前内容消失</button>
</body>
</html>
```

3）使用 innerHTML 写入到 HTML 元素

```
<!DOCTYPE html>
<html>
<head>
    <title>通过 innerHTML 方法向页面元素中输出内容</title>
    <meta charset="UTF-8">
    <script>
        function changeContent() {
            document.getElementById("demo").innerHTML = "通过 innerHTML
方法向页面输出了内容";
        }
    </script>
</head>
<body>
<h1 id="demo">我是一个标题</h1>
<button type="button" onclick="changeContent()">更改内容</button>
</body>
</html>
```

上述代码中的 document.getElementById(id)方法用来从 JavaScript 中访问某个 HTML 元素，其中"id"属性用来标识需要访问的 HTML 元素，并 innerHTML 来获取或插入元素内容，所以<h1 id="demo">就是用于在 HTML 文档中的标识一个 HTM 元素的一个唯一 id 值，用于在 JavaScript 中找到需要操作的 HMTL 元素。

4）使用 console.log()写入到浏览器的控制台

```
<!DOCTYPE html>
<html>
<head>
    <meta charset="UTF-8">
    <title>通过 console 向控制台输出内容</title>
    <script>
        console.log("通过 console 向控制台输出了内容")
    </script>
</head>
<body>
</body>
</html>
```

这种输出数据的方式无法直接通过访问该 HTML 文档看到数据的输出，需要浏览器支持调试，才可以使用 console.log()方法在浏览器中显示 JavaScript 值。具体操作步骤是：通过浏览器访问该 HTML 文档，然后在浏览器中按下 F12 键来启用调试模式，在调试窗口中单击“Console”菜单，才可以查看到数据的输出。

例 3-2　使用 JavaScript 编程实现单击按钮改变段落内容。要求如下。

初始界面如图 3-4 所示。

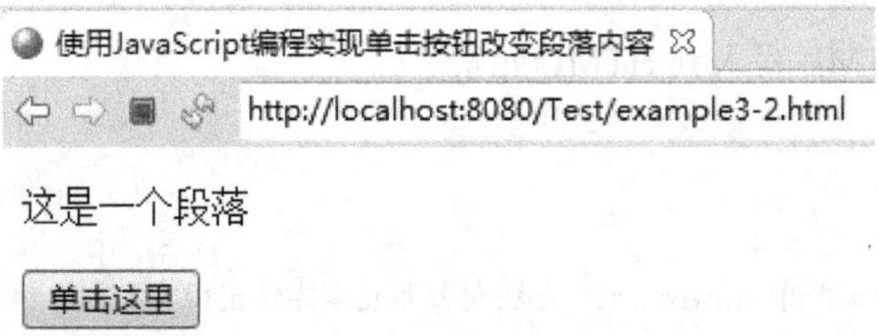

图 3-4　初始界面

单击页面中的“单击这里”按钮后，显示如图 3-5 所示的页面。

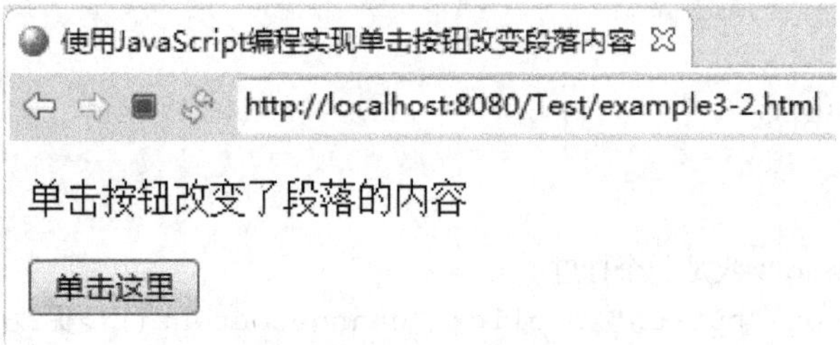

图 3-5　段落内容改变后页面

这里可以使用以下 3 种方法来完成。

方法一：

```
<!DOCTYPE html>
<html>
<head>
    <title> 使用 JavaScript 编程实现单击按钮改变段落内容。</title>
    <meta charset="UTF-8">
</head>
<body>
    <p id="demo">这是一个段落</p>
    <button type="button" onclick="document.getElementById('demo').innerHTML
= '单击按钮改变了段落的内容';">单击这里</button>
</body>
</html>
```

方法二：

```
<!DOCTYPE html>
<html>
<head>
    <title> 使用 JavaScript 编程实现单击按钮改变段落内容。</title>
    <meta charset="UTF-8">
    <script>
        function changeContent() {
            document.getElementById("demo").innerHTML = "单击按钮改变了段
落的内容";
```

```
        }
    </script>
</head>
<body>
<p id="demo">这是一个段落</p>
<button type="button" onclick="changeContent()">单击这里</button>
</body>
</html>
```

方法三：

HTML 代码。

```
<!DOCTYPE html>
<html>
<head>
    <title> 使用 JavaScript 编程实现单击按钮改变段落内容。</title>
    <meta charset="UTF-8">
    <script src="myScript.js"></script>
</head>
<body>
<p id="demo">这是一个段落</p>
<button type="button" onclick="changeContent()">单击这里</button>
</body>
</html>
JavaScript 脚本代码。
function changeContent()
{
    document.getElementById("demo").innerHTML = "单击按钮改变了段落的内容";
}
```

操作提示

（1）在 Dreamweaver 中，编写上述 HTML 代码，然后在浏览器中观看 JavaScript 效果。

（2）掌握外部 JavaScript 脚本的编写和引用方法。

知识点

（1）了解 JavaScript 的发展；

（2）<script>与</script>之间编写 JavaScript 脚本；

（3）<script src="***.js">与</script>之间用于引用外部 JavaScript 文件***.js；

（4）行内 JavaScript 脚本的使用；

（5）JavaScript 的输出。

3. 练一练

（1）输出“Hello World”的正确 JavaScript 语法是（　　）。

A. document.write("Hello World")　　B. "Hello World"

C. response.write("Hello World")　　D. ("Hello World")

（2）JavaScript 代码开始和结束的标记是（　　）。

A. 以<java>开始，以</java>结束　　B. 以<script>开始，以</java>结束

C. 以<script>开始，以</script>结束　　D. 以<style>开始，以</style>结束

（3）引用名为“xxx.js”的外部脚本的正确语法是（　　）。

A. <script src="xxx.js">　　B. <script href="xxx.js">

C. <script name="xxx.js">　　D. <script target="xxx.js">

（4）JavaScript 是一门脚本语言，也是一门基于面向对象的编程语言，虽然没有专业面向对象编程语言那样规范的类的继承、封装等，但有面向对象的编程必须要有事件的驱动，才能执行程序。当用户单击按钮或者提交表单数据时，就发生了一个______事件。

（5）______是一个鼠标单击事件，在当前网页上单击鼠标时，就会发生该事件。

任务 2　掌握 JavaScript 的语法

1. 了解 JavaScript 的语句

1）JavaScript 语句

Javascript 程序是由若干语句组成的，语句是编写程序的指令。Javascript 提供了完整的基本编程语句，它们是：赋值语句、switch 选择语句、while 循环语句、for 循环语句、for each 循环语句、do while 循环语句、break 循环中止语句、continue 循环中断语句、with 语句、try...catch 语句、if 语句（if…else，if...else if...）等。通俗地讲，JavaScript 语句是发给浏览器的命令，这些命令的作用是告诉浏览器要做的事情。例如，以下 JavaScript 语句告诉浏览器向网页输出"Hello world"：

```
document.write("Hello world");
```

通常要在每行语句的结尾加上一个分号。大多数人都认为这是一个好的编程习惯，而且在 Web 上的 JavaScript 案例中也常常会看到这种情况。但是 JavaScript 标准分号（;）是可选的，浏览器把行末作为语句的结尾，如此，常常会看到一些结尾没有分号的例子。但是分号的另外一个用途是在一行中编写多条 JavaScript 语句，如下代码所示在同一行中编写了 3 条 JavaScript 语句。

```
a = 1; b = 2; c = a + b;
```

另外值得注意的是，JavaScript 是区分大小写的语言，而且 JavaScript 会忽略多余的空格，可以向脚本添加空格，来提高其可读性。如下代码所示两行代码效果一样，但是第二行代码的可读性更好：

```
var person="Hello";
var person = "Hello";
```

2）JavaScript 代码

JavaScript 代码是 JavaScript 语句的序列。浏览器按照编写顺序依次执行每条语句。例如，以下代码段向网页输出一个标题和两个段落。

```
<script>
  document.write("<h1>This is a header</h1>");
  document.write("<p>This is a paragraph</p>");
  document.write("<p>This is another paragraph</p>");
</script>
```

3）JavaScript 代码块

JavaScript 可以分批地组合起来。代码块以左花括号开始，以右花括号结束。代码块的作用是一并地执行语句序列。例如，以下代码块向网页输出一个标题和两个段落：

```
<script type="text/javascript">
  {
     document.write("<h1>This is a header</h1>");
     document.write("<p>This is a paragraph</p>");
     document.write("<p>This is another paragraph</p>");
  }
</script>
```

上述代码仅仅演示了代码块的使用而已。通常，代码块用于在函数或条件语句中把若干语句组合起来，例如以下代码：

```
<script type="text/javascript">
if(time<10)
{
   document.write("早上好");
}
</script>
```

如果条件满足 time 小于 10，就可以执行这个花括号包含的 JavaScript 语句块了。

2. 了解 JavaScript 的注释

当阅读已有的 JavaScript 代码时，如果只有 JavaScript 代码，却很少有注释，将会令人头痛，因为这样的代码不易于理解。因此在编写代码时，应该通过添加注释来让代码看起来更加清晰易懂。良好的注释能够清晰地传达编写代码的意图，便于他人在阅读代码时能更快理解这段代码的意图。可以添加注释来对 JavaScript 进行解释，从而提高代码的可读性，而且注释本身不会被执行。JavaScript 注释的方法有以下两种。

1）单行注释

单行注释以 // 开头，单行注释通常用于行末注释，这种注释方法是最常见的。例如：

```
var a = 1;    // 声明变量 a 并把 1 赋值给它
// 这是一行注释，只能注释单行。
document.getElementById("myWeb").innerHTML="欢迎来到世界大学城";
// 另一行注释
document.getElementById("mySchool").innerHTML="欢迎来到长沙民政学院";
```

2）多行注释

多行注释以 /* 开始，以 */ 结尾。下面的例子使用多行注释来解释代码。

```
/*
下面的这些代码会用于
获取 HTML 文档中的 id 分别为 myWeb 和 mySchool 的元素，
并将“欢迎来到世界大学城”和“欢迎来到长沙民政学院”这两个值
作为这两个元素的内容显示
*/
document.getElementById("myWeb").innerHTML="欢迎来到世界大学城";
document.getElementById("mySchool").innerHTML="欢迎来到长沙民政学院";
```

除此之外，注释还有另外一个用途就是当调试 JavaScript 代码时，可用于阻止其中一条/块代码的执行。

```
// document.getElementById("myWeb").innerHTML="欢迎来到世界大学城";
document.getElementById("mySchool").innerHTML="欢迎来到长沙民政学院";
/*
document.getElementById("myH1").innerHTML="欢迎来到世界大学城";
document.getElementById("myP1").innerHTML="欢迎来到长沙民政学院";
*/
```

3. 熟知 JavaScript 的变量

1）变量及变量名

在代数中，使用字母（比如 x）来保存值（比如 2），例如 x=2；y=3；。通过表达式 z=x+y；能够计算出 z 的值为 5。在 JavaScript 中，这些字母被称为变量。可以把变量看做存储数据的容器。与代数一样，JavaScript 变量可用于存放值（比如 x=2）和表达式（比如 z=x+y）。变量可以使用短名称（比如 x 和 y），也可以使用描述性更好的名称（比如 age，sum，totalvolume）。

变量只需要用 var 来声明，var 是英语“variable”（变量）的缩写，var 就是一个关键字，用来定义变量。所谓关键字，就是有特殊功能的小词语。关键字后面一定要有空格隔开，空格后面的东西就是“变量名”。可以给变量任意取名，但是变量命名要注意以下几点：

- 变量必须以字母开头。
- 变量也能以$和_符号开头（不过不推荐这么做）。
- 变量名称区分大小写（y 和 Y 是不同的变量）。
- 不能是 JavaScript 保留字。

在 JavaScript 中，下列单词是保留字，即不允许当作变量名，但是一般不用刻意去记忆。

abstract、boolean、byte、char、class、const、debugger、double、enum、export、extends、final、float、goto、implements、import、int、interface、long、native、package、private、protected、public、short、static、super、synchronized、throws、transient、volatile。

2）变量可以存储文本值（也称为字符串）

JavaScript 变量还能存储文本值（也称为字符串），如：name="Bill Gates";字符串值使用双引号或单引号作为定界符。

3）变量的声明

在 JavaScript 中创建变量通常称为“声明”变量，使用 var 关键词来声明变量，例如：

```
var mobileName;
```

变量声明之后，该变量是空的（它没有值，值为 undefined）。需要使用等号向变量赋值后该变量才有值，等号表示赋值，将等号右边的值，赋给左边的变量，例如：

```
mobileName = "Huawei";
```

也可以在声明变量时对其赋值：

```
var mobileName = " Huawei ";
```

一条语句中可以声明多个变量，例如：

```
var name = "Bob",  age = 45,  job = "CTO";
```

一个好的编程习惯是，在代码开始处，统一对需要的变量进行声明。但是如果重新声明一个已经赋了值的变量，则该变量还保存原来的值不变。还有一点值得注意，JavaScript 中变量需要先定义才能使用，另外，如果不设置变量的值就直接输出则会发生错误。

4. 熟知 JavaScript 的数据类型

JavaScript 的数据类型有：字符串、数字、布尔、数组、对象、Null、Undefined。

1）JavaScript 拥有动态类型

JavaScript 拥有动态类型。这意味着相同的变量可用作不同的类型，例如：

```
var x            // x 为 undefined
var x = 6;         // x 为数字
var x = "Bob";      // x 为字符串
```

2）JavaScript 字符串

字符串可以是引号中的任意文本。可以使用单引号或双引号，引号中还可以包含引号，例如：

```
var answer = "Nice to meet you!";
var answer = "He is called 'Bob'";
var answer = 'He is called "Bob"';
```

3）JavaScript 数字

JavaScript 只有一种数字类型。数字可以带小数点，也可以不带，极大或极小的数字可以通过科学（指数）计数法来表示，例如：

```
var y = 123e5;      // 12300000
var z = 123e-5;     // 0.00123
```

4）JavaScript 布尔

布尔（逻辑）只能有两个值：true 或 false。

```
var x = true;
var y = false;
```

布尔值常用在条件测试中。后续内容中将介绍更多关于条件测试的知识。

5）JavaScript 数组

下面的代码创建名为 cars 的数组。

```
var mobiles = new Array();
cars[0] = "Huawei";
cars[1] = "Xiaomi";
cars[2] = "iPhone";
```

以上定义也可以简化为：var cars=new Array("Huawei","Xiaomi","iPhone");

或者：var cars=["Huawei","Xiaomi","iPhone"];

数组下标是基于零的，所以第一个项目是[0]，第二个是[1]，以此类推。

6）JavaScript 对象

对象由花括号分隔。在括号内部，对象的属性以名称和值对的形式（name：value）来定义。属性由逗号分隔。

```
var person = {firstname:"Bob", lastname:"Steven", id:1001};
```

上面例子中的对象（person）有 3 个属性：firstname、lastname 以及 id。

以上 person 定义也可以定义成如下形式，空格和换行无关紧要，声明可横跨多行。

```
var person = {
firstname : "Bob",
lastname : "Steven",
id : 1001
};
```

访问对象属性有以下两种方式。

```
name = person.lastname;
name = person["lastname"];
```

7）Undefined 和 null

Undefined 表示变量不含有值。可以通过将变量的值设置为 null 来清空变量。如：

```
cars = null;
person = null;
```

8）使用 new 声明变量类型

当声明新变量时，可以使用关键词"new"来声明其类型。

```
var carname = new String;
var x = new Number;
var y = new Boolean;
var cars = new Array;
var person = new Object;
```

JavaScript 变量均为对象。当声明一个变量时，就创建了一个新的对象。

5. 了解 JavaScript 的对象

JavaScript 中的所有事物都是对象：字符串、数字、数组、日期等。在 JavaScript 中，对象是拥有属性和方法的数据。

1）属性和方法

属性是与对象相关的值。方法是能够在对象上执行的动作。举例：汽车就是现实生活中的对象。汽车的属性：

```
car.name = Fiat
car.model = 500
car.weight = 850kg
car.color = white
```

汽车的方法：

```
car.start()
car.drive()
car.brake()
```

汽车的属性包括名称、型号、重量、颜色等。所有汽车都有这些属性，但是每款车的属性都不尽相同。汽车的方法可以是启动、驾驶、刹车等。所有汽车都拥有这些方法，但是它们被执行的时间都不尽相同。

2）JavaScript 中的对象

在 JavaScript 中，对象是数据（变量），拥有属性和方法。当如下声明一个 JavaScript 变量时：

```
var txt = "Hello";
```

实际上已经创建了一个 JavaScript 字符串对象。字符串对象拥有内建的属性 length，对于上面的字符串来说，length 的值是 5，即 txt.length=5。字符串对象同时拥有若干个内建的方法，例如：

```
txt.indexOf();
txt.replace();
txt.search();
```

在面向对象的语言中，属性和方法常被称为对象的成员。

3）创建 JavaScript 对象

可以创建自己的对象。下例创建名为 person 的对象，并为其添加了 4 个属性。

```
person = new Object();
person.firstname = "Bob";
person.lastname = "Steven";
person.age = 56;
person.eyecolor = "blue";
```

4）访问对象的属性和方法

访问对象属性的语法是：objectName.propertyName

例如，以下代码使用字符串对象的 length 属性来查找字符串的长度。

```
var message = "Hello World!";
var x = message.length;
```

可以通过下面的语法调用方法：objectName.methodName()。

以下示例使用字符串对象的 toUpperCase()方法来把文本转换为大写。

```
var message = "Hello world!";
var x = message.toUpperCase();
```

例 3-3 JavaScrtip 对象应用示例：定义对象，存储 person 对象的姓名、年龄、眼睛颜色，并输出。

```
<!DOCTYPE html PUBLIC "-//W3C//DTD XHTML 1.0 Transitional//EN" "http://
www.w3.org/TR/xhtml1/DTD/xhtml1-
transitional.dtd">
<html>
<head>
    <meta http-equiv="Content-Type" content="text/html; charset=utf-8" />
    <title> JavaScrtip对象应用示例</title>
</head>
<body>
    <script>
            person = new Object();
            person.firstname = "Bob";
            person.lastname = "Steven";
            person.age = 45;
            person.eyecolor = "blue";
            document.write(person.firstname + ", " + person.lastname +
"<br>");
            document.write(person.age + "<br>eyecolor: " + person.eyecolor);
    </script>
</body>
</html>
```

操作提示

- 在 Dreamweaver 中，编写上述代码，保存为 example3-3.html，然后在浏览器中浏览该网页，如图 3-6 所示。
- 掌握 JavaScript 对象的声明和使用方法。

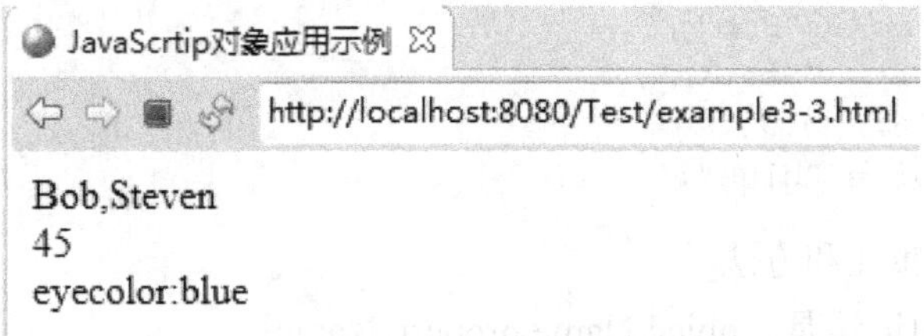

图 3-6　JavaScrtip 对象应用示例

知识点

- 变量和对象的声明。
- document.write()方法的使用。
- 体会 JavaScript 脚本的使用。

6. 掌握 JavaScript 的函数使用

1）JavaScript 函数语法

函数是由事件驱动或者当它被调用时执行的可重复使用的代码块。函数就是包裹在花括号中的代码块，前面使用了关键词 function，格式如下。

```
function function_name()
{
    // 这里是要执行的代码
}
```

当调用该函数时，会执行函数内的代码。可以在某事件发生时直接调用函数（比如当用户单击按钮时），也可由 JavaScript 在任何位置进行调用。

2）调用带参数的函数

在调用函数时，可以向其传递值，这些值被称为参数。这些参数可以在函数中使用。可以发送任意多的参数，由逗号（,）分隔。

```
myFunction(argument1,argument2)
```

当声明函数时，可以把参数作为变量来声明，以此类推。

```
function myFunction(var1,var2)  //var1,var2 为参数
{
    // 这里是要执行的代码
}
```

注意：调用时，变量和参数必须以一致的顺序出现，第一个变量就是第一个被传递的参数的给定的值。

3）带有返回值的函数

有时会希望函数将值返回调用它的地方。通过使用 return 语句就可以实现。在使用 return 语句时，函数会停止执行，并返回指定的值。例如，以下代码将返回值 5。

```
function myFunction()
{
    var x = 5;
    return x;
}
```

函数调用将被返回值取代。

```
var myVar=myFunction();
```

特别提醒：

- JavaScript 局部变量，在 JavaScript 函数内部声明的变量（使用 var）是局部变量，所以只能在函数内部访问它。

- JavaScript 全局变量，在函数外声明的变量是全局变量，网页上的所有脚本和函数都能访问它。
- JavaScript 变量的生存期，JavaScript 变量的生命期从它们被声明的时间开始。局部变量会在函数运行以后被删除。全局变量会在页面关闭后被删除。
- 向未声明的 JavaScript 变量来分配值，如果把值赋给尚未声明的变量，该变量将被自动作为全局变量声明。

例 3-4 JavaScrtip 函数应用示例：通过变量获取登录表单中的数据。

```
<!DOCTYPE html PUBLIC "-//W3C//DTD XHTML 1.0 Transitional//EN" "http://www.w3.org/TR/xhtml1/DTD/xhtml1-transitional.dtd">
<html>
<head>
    <meta http-equiv="Content-Type" content="text/html; charset=utf-8" />
    <title> JavaScrtip 函数应用示例</title>
    <script>
        function Login()
        {
            var str;
            str = "用户名：" + login.username.value;
            str = str + ",密码：" + login.password.value;
            alert(str);
        }
    </script>
</head>
<body>
    <form name="login">
    用户名：<input type="text" name="username"/><br/>
    密码：<input type="password" name="password"/><br/>
    <input type="submit" value="提交" onclick="Login()"/><br/>
    </form>
</body>
</html>
```

操作提示

- 在 Dreamweaver 中，编写上述代码，保存为 example3-4.html，然后在浏览器中浏览该网页，如图 3-7 所示，然后填下用户名和密码，单击“提交”按钮，显示如图 3-8 所示的对话框。
- 掌握 JavaScript 函数的声明和使用方法。

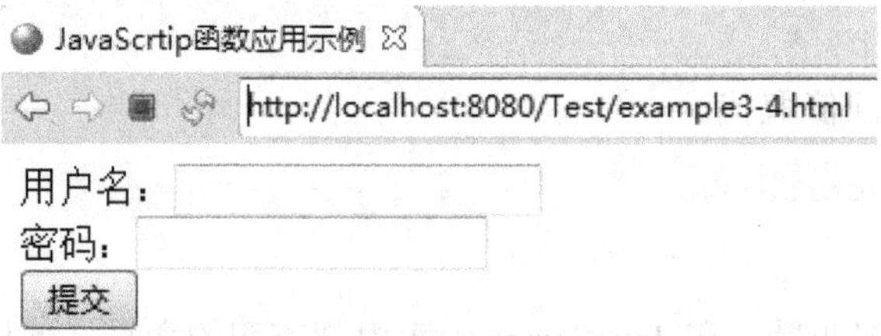

图 3-7 JavaScrtip 函数应用示例 1

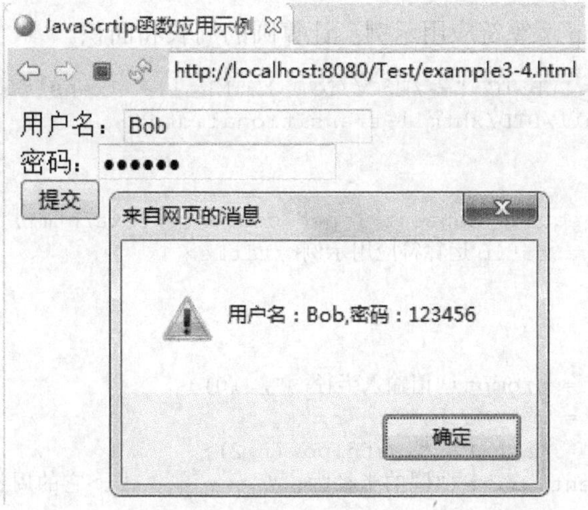

图 3-8　JavaScrtip 函数应用示例 2

知识点

- JavaScript 函数的声明的结构，无参数和有参数函数声明的区别。
- JavaScript 函数如何在 HTML 代码中调用。
- JavaScript 事件的处理。

7. 掌握 JavaScript 的运算符应用

1）JavaScript 算术运算符

算术运算符用于执行变量与/或值之间的算术运算。算术运算符有：+、-、*、/、%、++、--。

2）JavaScript 赋值运算符

赋值运算符用于给 JavaScript 变量赋值。赋值运算符有：=、+=、-=、*=、/=、%=。

3）用于字符串的+运算符

+运算符用于把文本值或字符串变量加起来（连接起来）。例如：

```
txt1 = "What a very";
txt2 = "nice day";
txt3 = txt1 + txt2;
```

4）对字符串和数字进行加法运算

如果把数字与字符串相加，结果将成为字符串。例如：

```
x = 5 + 5;
document.write(x);
x = "5" + "5";
document.write(x);
x = 5 + "5";
document.write(x);
x = "5" + 5;
document.write(x);
```

例 3-5 JavaScrtip 运算符应用示例：计算圆的周长和面积。

```
<!DOCTYPE html PUBLIC "-//W3C//DTD XHTML 1.0 Transitional//EN" "http://
www.w3.org/TR/xhtml1/DTD/xhtml1-transitional.dtd">
<html>
<head>
    <meta http-equiv="Content-Type" content="text/html; charset=utf-8" />
    <title> JavaScrtip 运算符应用示例</title>
</head>
<body>
    <script>
        var r = prompt("请输入半径：", 10);
        var c = 2 * Math.PI * r;
        var a = Math.PI * Math.pow(r,2);
        document.write("圆的半径为：" + r + "<br>它的周长是：" + c + "<br>
它的面积是：" + a);
    </script>
</body>
</html>
```

操作提示

- 在 Dreamweaver 中，编写上述代码，保存为 example3-5.html，然后在浏览器中浏览该网页，如图 3-9 所示，输入框中默认值为 10，可以根据计算的圆的半径在输入框中输入，然后单击“确定”按钮，显示圆的半径、周长和面积的值，如图 3-10 所示。
- 掌握 JavaScript 运算符的使用方法和优先级。

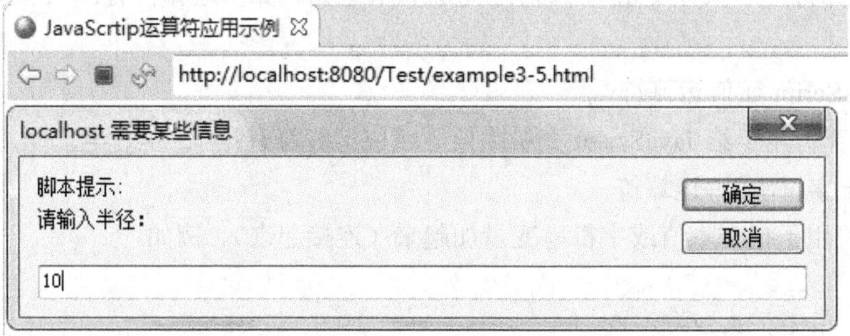

图 3-9　JavaScrtip 运算符应用示例

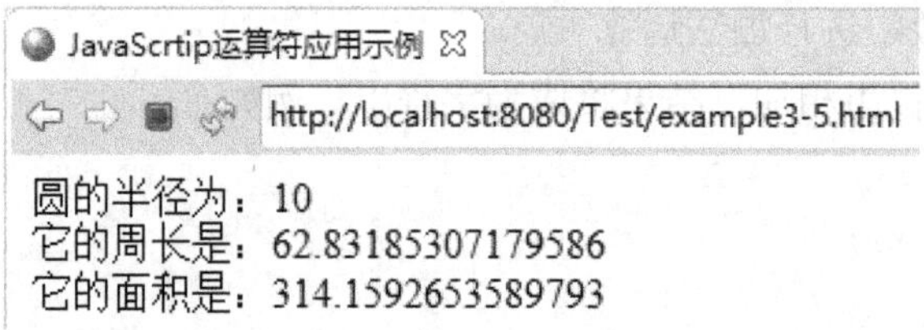

图 3-10　显示圆的半径、周长和面积

知识点

- JavaScript 运算符的使用。
- JavaScript 运算符的优先级。

● JavaScript 输入框的使用。

8. 练一练

(1) 以下（　）语句会产生语法错误。

A.var obj = ();　　B.var obj = [ ];

C.var obj = { };　　D.var obj = / /;

(2) 以下（　）单词不属于 javascript 保留字。

A. with　　B. parent　　C. class　　D. void

(3) 要创建名为 myFunction 的函数，应选择（　）。

A. function:myFunction()　　B. function myFunction()

C. function=myFunction()　　D. function myFunction

(4) 要调用名为"myFunction"的函数，应选择（　）。

A. call function myFunction　　B. call myFunction()

C. myFunction()　　D. function myFunction

(5) 要在 JavaScript 中添加注释，应选择（　）。

A. ' This is a comment　　B. <!--This is a comment-->

C. //This is a comment　　D. <comment>

(6) 可插入多行注释的 JavaScript 语法是（　）。

A. /*This comment has more than one line*/

B. //This comment has more than one line//

C. <!--This comment has more than one line-->

D. //This comment has more than one line

(7) 要把 7.25 四舍五入为最接近的整数，应选择（　）。

A. round(7.25)　　B. rnd(7.25)

C. Math.round(7.25)　　D. Math.rnd(7.25)

(8) 要求得 2 和 4 中最大的数，应选择（　）。

A. Math.ceil(2,4)　　B. Math.max(2,4)

C. ceil(2,4)　　D. top(2,4)

任务 3　使用 JavaScript 分支结构编程

1. 了解 JavaScript 比较和逻辑运算符

1) 比较运算符

JavaScript 比较运算符见表 3-1。

表 3-1　JavaScript 比较运算符

运算符	描述	示例
==	等于	x==8 为 false
===	全等（值和类型）	x===5 为 true；x==="5"为 false

续表

运算符	描述	示例
!=	不等于	x!=8 为 true
>	大于	x>8 为 false
<	小于	x<8 为 true
>=	大于或等于	x>=8 为 false
<=	小于或等于	x<=8 为 true

比较运算符的结果为逻辑值：true 或者 false，在逻辑语句中使用，以测定变量或值。可以在条件语句中使用比较运算符对值进行比较，然后根据结果来采取行动，例如：

```
if (age<18) document.write("Too young");
```

2）逻辑运算符

JavaScript 逻辑运算符见表 3-2。

表 3-2 JavaScript 逻辑运算符

运算符	描述	示例
&&	and	(x < 10 && y > 1)为 true
||	or	(x==5 || y==5)为 false
!	not	!(x==y)为 true

逻辑运算符的结果也为逻辑值：true 或者 false，在逻辑语句中使用。

3）条件运算符

语法：

```
variablename=(condition)?value1:value2
```

示例：

```
greeting=(visitor=="PRES")?"Dear President ":"Dear ";
```

当 visitor 的值为 PRES，则将 Dear President 赋值给 greeting，否则将 Dear 赋值给 greeting。

2. JavaScript 消息框简介

可以在 JavaScript 中创建 3 种消息框：警告框、确认框、提示框。

1）警告框

警告框常用于确保用户可以得到某些信息。当警告框出现后，用户需要单击确定按钮才能继续进行操作。语法：

```
alert("文本")
```

2）确认框

确认框用于使用户可以验证或者接受某些信息。当确认框出现后，用户需要单击确定或者取消按钮才能继续进行操作。如果用户单击确认，那么返回值为 true。如果用户单击取消，那么返回值为 false。语法：

```
confirm("文本")
```

3）提示框

提示框常用于提示用户在进入页面前输入某个值。当提示框出现后，用户需要输入某个值，然后单击确认或取消按钮才能继续操纵。如果用户单击确认，那么返回值为输入的值。如果用户单击取消，那么返回值为 null。语法：

```
prompt("文本","默认值")
```

3. 使用 JavaScript if 语句编程

在写代码时，通常需要为不同的决定来执行不同的动作。可以在代码中使用条件语句来完成该任务。

在 JavaScript 中，可使用以下条件语句。

- if 语句—只有当指定条件为 true 时，使用该语句来执行代码。
- if...else 语句—当条件为 true 时执行代码，为 false 时执行其他代码。
- if...else if...else 语句—使用该语句来选择多个代码块之一来执行。
- switch 语句—使用该语句来选择多个代码块之一来执行。

1）if 语句

语法：

```
if (条件)
{
    只有当条件为 true 时执行的代码
}
```

流程图描述如图 3-11 所示。

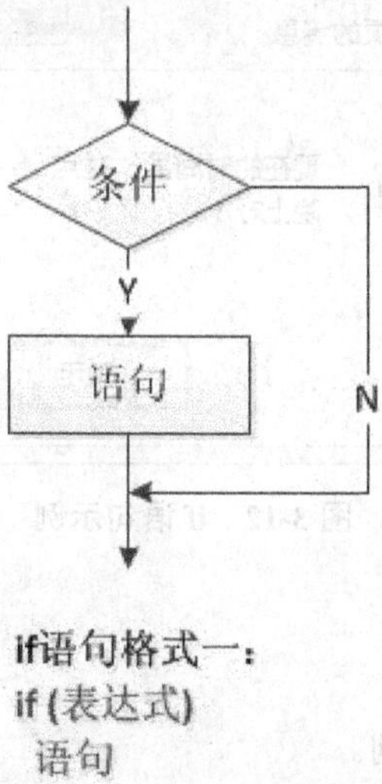

图 3-11　if 语句流程图

例 3-6　if 语句示例：判断时间在 18 点到 24 点输出晚上好。

```
<!DOCTYPE html PUBLIC "-//W3C//DTD XHTML 1.0 Transitional//EN" "http://www.w3.org/TR/xhtml1/DTD/xhtml1-transitional.dtd">
<html>
<head>
    <meta http-equiv="Content-Type" content="text/html; charset=utf-8" />
    <title> if 语句示例</title>
</head>
<body>
    <script>
        var date = new Date();
        var time = date.getHours();
        if (time >= 18 && time <= 24)
        {
            alert("现在的时间是：" + time + "点\n 晚上好！");
        }
    </script>
</body>
</html>
```

操作提示

- 在 Dreamweaver 中，编写上述代码，保存为 example3-6.html，然后在浏览器中浏览该网页，如图 3-12 所示。
- 掌握 JavaScript if 语句的语法结构和使用方法。

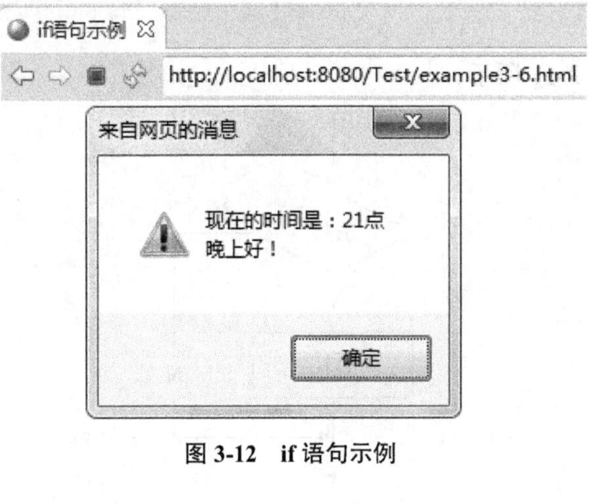

图 3-12　if 语句示例

知识点

- JavaScript if 语句的流程图。
- JavaScript if 语句的语法规则。
- JavaScript if 语句的使用方法。
- JavaScript 如何获取当前时间。

2）if...else…语句

语法：

```
if (条件)
{
  当条件为 true 时执行的代码
}
else
{
  当条件不为 true 时执行的代码
}
```

流程图描述如图 3-13 所示。

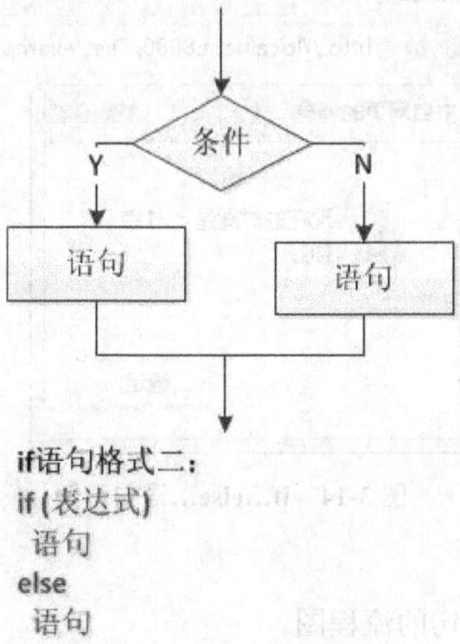

图 3-13　if…else…语句流程图

例 3-7　if...else...语句示例：判断时间在 6 点到 12 点提示“上午好！”，其他时间点提示“你好！”。

```
<!DOCTYPE html PUBLIC "-//W3C//DTD XHTML 1.0 Transitional//EN" "http://www.w3.org/TR/xhtml1/DTD/xhtml1-transitional.dtd">
<html>
<head>
    <meta http-equiv="Content-Type" content="text/html; charset=utf-8" />
    <title> if..else...语句示例</title>
</head>
<body>
    <script>
        var date = new Date();
        var time = date.getHours();
        if (time >= 6 && time <= 12)
        {
            alert("现在的时间是： " + time + "点\n上午好！");
        } else
```

```
            {
                  alert("现在的时间是: " + time + "点\n 你好! ");
            }
      </script>
</body>
</html>
```

操作提示

● 在 Dreamweaver 中，编写上述代码，保存为 example3-7.html，然后在浏览器中浏览该网页，如图 3-14 所示。

● 掌握 JavaScript if…else…语句的语法结构和使用方法。

图 3-14　if…else…语句示例

知识点

● JavaScript if…else…语句的流程图。

● JavaScript if…else…语句的语法规则。

● JavaScript if…else…语句的使用方法。

3）if...else if...else…语句

语法：

```
if (条件 1)
{
  //当条件 1 为 true 时执行的代码
}
else if (条件 2)
{
  //当条件 2 为 true 时执行的代码
}
else
{
  //当条件 1 和 条件 2 都不为 true 时执行的代码
}
```

流程图描述如图 3-15 所示。

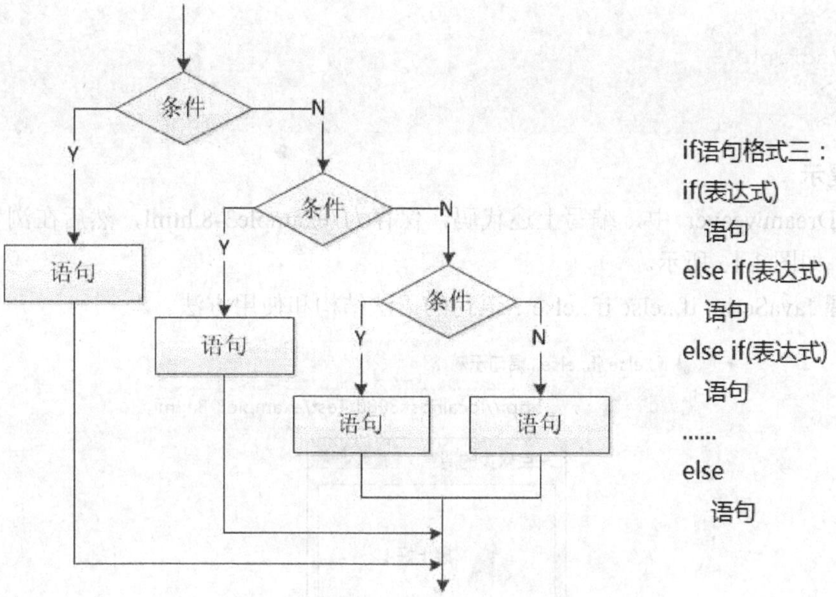

图 3-15　if...else if...else…语句流程图

例 3-8　if...else if...else…语句示例：根据一天的各时间段显示不同的提示语。

```
<!DOCTYPE html PUBLIC "-//W3C//DTD XHTML 1.0 Transitional//EN" "http://
www.w3.org/TR/xhtml1/DTD/xhtml1-transitional.dtd">
<html>
<head>
    <meta http-equiv="Content-Type" content="text/html; charset=utf-8" />
    <title> if...else if...else...语句示例</title>
</head>
<body>
    <script>
        var date = new Date();
        var time = date.getHours();  //获取时间中的小时，范围为：0-6,6-
12,12-18,18-24
        if (time<6)
        {
            alert("凌晨啦，请注意休息！");
        }
        else if(time<12)
        {
            alert("上午好！");
        }
        else if (time<18)
        {
            alert("下午好！");
        }
        else
        {
            alert("晚上好！");
```

```
        }
    </script>
</body>
</html>
```

操作提示

● 在 Dreamweaver 中，编写上述代码，保存为 example3-8.html，然后在浏览器中浏览该网页，如图 3-16 所示。

● 掌握 JavaScript if...else if...else…语句的语法结构和使用方法。

图 3-16　if...else if...else…语句示例

知识点

● JavaScript if...else if...else…语句的流程图。

● JavaScript if...else if...else…语句的语法规则。

● JavaScript if...else if...else…语句的使用方法。

4）if 语句的嵌套

例 3-9　if 语句的嵌套示例：输出三个数中最大的数。

```
<!DOCTYPE html PUBLIC "-//W3C//DTD XHTML 1.0 Transitional//EN" "http://
www.w3.org/TR/xhtml1/DTD/xhtml1-transitional.dtd">
<html xmlns="http://www.w3.org/1999/xhtml">
<head>
    <meta http-equiv="Content-Type" content="text/html; charset=utf-8" />
    <title> if 语句的嵌套示例</title>
</head>
<body>
    <script>
        var a,b,c;
        a=80; b=1220; c=30;
        if (a > b)
        {
            if (a > c)
            {
                alert("最大值为: " + a);
            } else
```

```
                {
                        alert("最大值为: " + c);
                }
        } else
        {
                if (b > c)
                {
                        alert("最大值为: " + b);
                } else
                {
                        alert("最大值为: " + c);
                }
        }
    </script>
</body>
</html>
```

操作提示

● 在 Dreamweaver 中，编写上述代码，保存为 example3-9.html，然后在浏览器中浏览该网页，如图 3-17 所示。

● 掌握 JavaScript if 语句嵌套结构和使用方法。

图 3-17　if 语句的嵌套示例

知识点

● JavaScript if 语句嵌套结构中 if 和 else 子句的配对问题。

● JavaScript if 语句嵌套的语法规则。

● JavaScript if 语句嵌套结构的使用方法。

4. 使用 JavaScript switch 语句编程

switch 语句用于基于多个不同的条件来执行不同的动作。首先设置表达式 n（通常是一个变量），随后表达式的值会与结构中的每个 case 的值做比较；如果存在匹配，则与该 case 关联的代码块会被执行，并且一般在每一个 case 中使用 break 来阻止代码自动地向下一个 case 运行。switch 语句语法格式如下。

```
switch(n)
{
case 1:
  执行代码块 1
  break;
case 2:
  执行代码块 2
  break;
default:
  n 与 case 1 和 case 2 不同时执行的代码
}
```

流程图描述如图 3-18 所示。

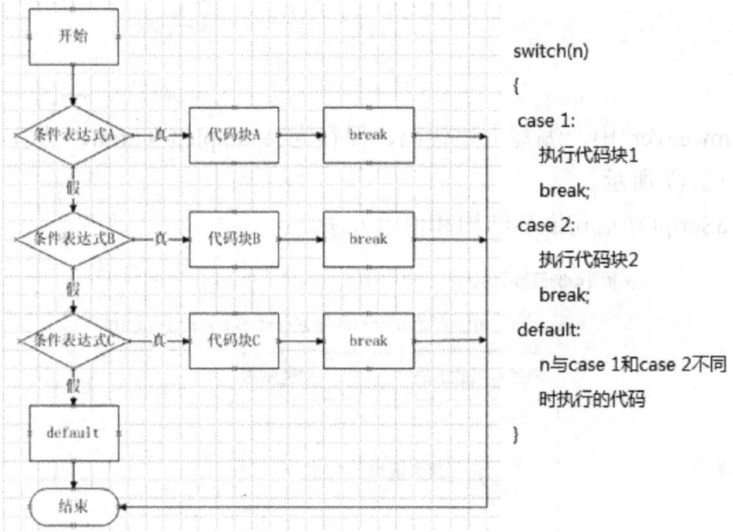

图 3-18　switch 语句流程图

例 3-10　switch 语句示例：输出今天星期几？

```
<!DOCTYPE html PUBLIC "-//W3C//DTD XHTML 1.0 Transitional//EN" "http://
www.w3.org/TR/xhtml1/DTD/xhtml1-transitional.dtd">
<html>
<head>
    <meta http-equiv="Content-Type" content="text/html; charset=utf-8" />
    <title> switch 语句示例</title>
</head>
<body>
    <script>
        var day = new Date().getDay();
        var x;
```

```
        switch (day)  //day 的值将是 0-6
        {
            case 0:
                x = "Today is Sunday";
                break;
            case 1:
                x = "Today is Monday";
                break;
            case 2:
                x = "Today is Tuesday";
                break;
            case 3:
                x = "Today is Wednesday";
                break;
            case 4:
                x = "Today is Thursday";
                break;
            case 5:
                x = "Today is Friday";
                break;
            default:
                x = "Today is Saturday";
                break;
        }
        alert(x);
    </script>
</body>
</html>
```

操作提示

● 在 Dreamweaver 中，编写上述代码，保存为 example3-10.html，然后在浏览器中浏览该网页，如图 3-19 所示。

● 掌握 switch 语句语法结构和使用方法。

图 3-19　switch 语句示例

知识点

- JavaScript switch 语句的流程图。
- JavaScript switch 语句的语法规则。
- JavaScript switch 语句的使用方法。

5. 小实例

例 3-11 使用 JavaScript 的分支结构完成一个用户登录界面的设计。

```
<!DOCTYPE html PUBLIC "-//W3C//DTD XHTML 1.0 Transitional//EN" "http://
www.w3.org/TR/xhtml1/DTD/xhtml1-transitional.dtd">
<html>
<head>
    <meta http-equiv="Content-Type" content="text/html; charset=utf-8" />
    <title> 分支结构程序示例</title>
    <script>
         function Login()
         {
              var name = login.username.value;
              var password = login.password.value;
              if (name == "" || password == "")
              {
                    alert("请输入用户名和密码！");
                    return false;
              }
              if (name != "csmzxy" || password != "123456")
              {
                    alert("用户名和密码不正确，请重新输入！");
                    return false;
              } else
              {
                    alert("登录成功");
              }
         }
    </script>
</head>
<body>
    <form name="login">
    <table bgcolor="#cccccc" align="center">
             <caption><h3>登录表单</h3></caption>
             <tr>
                 <td align="right">用户名：</td>
                 <td><input type="text" name="username"/></td>
             </tr>
             <tr>
                 <td align="right">密 码：</td>
                 <td><input type="password" name="password"/></td>
             </tr>
             <tr>
```

```
                <td  align="center"  colspan="2"><input  type="submit"
value="登录" onclick="Login()"/></td>
              </tr>
      </table>
      </form>
   </body>
   </html>
```

操作提示

- 在 Dreamweaver 中，编写上述代码，保存为 example3-11.html，然后在浏览器中浏览该网页，如图 3-20 所示，然后输入用户名和密码，如果出现用户名或者密码输入错误则弹出如图 3-21 所示对话框，如果用户名和密码输入正确，则弹出如图 3-22 所示对话框。
- 掌握分支结构和使用方法。

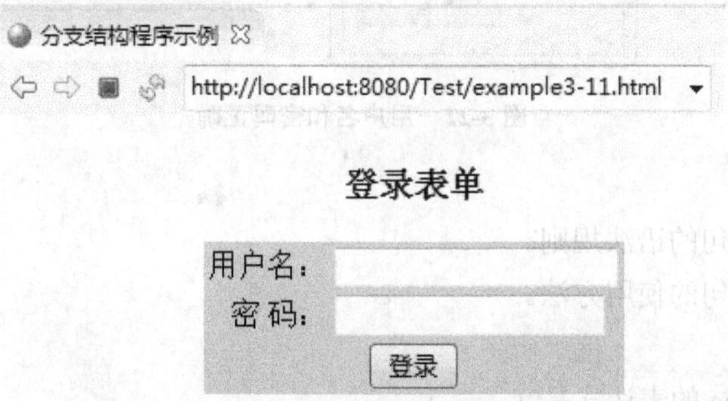

图 3-20　用户登录界面

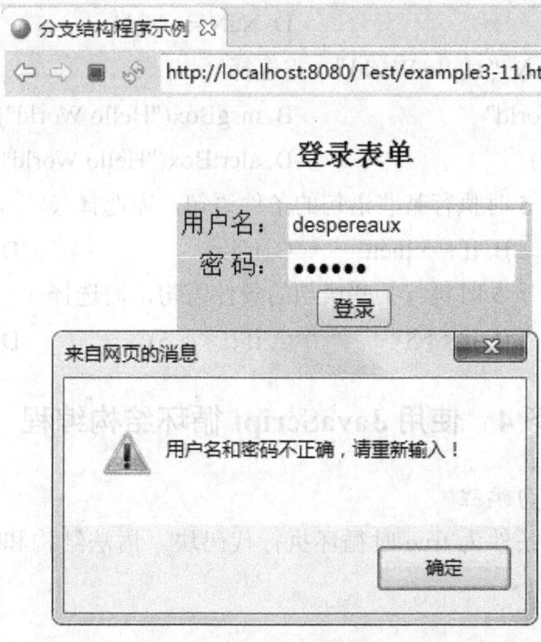

图 3-21　用户名或者密码不正确

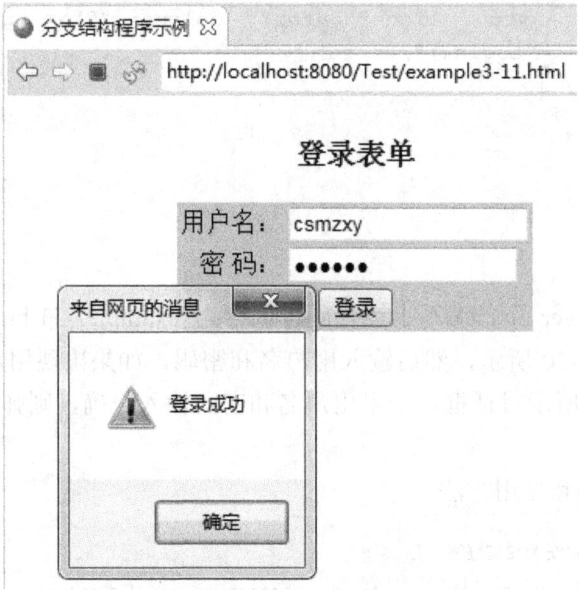

图 3-22　用户名和密码正确

知识点

- 分支结构语句的语法规则。
- 分支结构语句的使用方法。

6. 练一练

（1）结果为 true 的表达式是（　　）。

A. null instanceof Object　　B. null === undefined

C. null == undefined　　D. NaN == NaN

（2）要在警告框中写入“Hello World”，需选择（　　）。

A. alertBox="Hello World"　　B. msgBox("Hello World")

C. alert("Hello World")　　D. alertBox("Hello World")

（3）要编写当 i 等于 5 时执行某些语句的条件语句，需选择（　　）。

A. if (i==5)　　B. if i=5 then　　C. if i=5　　D. if i==5 then

（4）要编写当 i 不等于 5 时执行某些语句的条件语句，需选择（　　）。

A. if =! 5 then　　B. if < >5　　C. if (i < > 5)　　D. if (i != 5)

任务 4　使用 JavaScript 循环结构编程

1. 使用 while 循环语句编程

while 循环会在指定条件为 true 时循环执行代码块。语法结构和执行流程如图 3-23 所示。

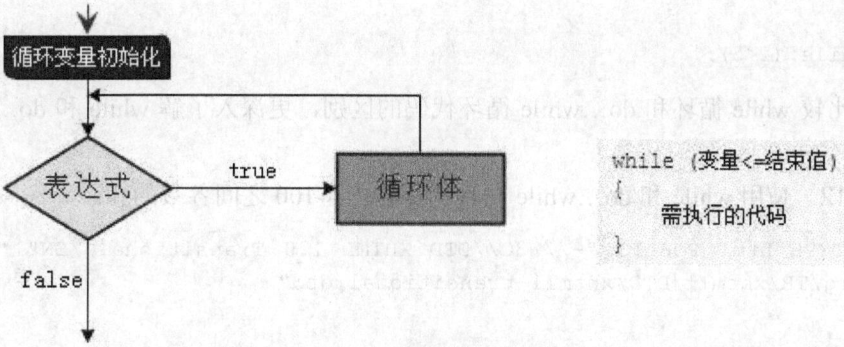

图 3-23　while 循环语句流程图

例如，以下代码使用 while 循环来判断当 i 小于 5 时，将 The number is i
循环链接起来并赋值给变量 x。

```
while (i<5)
{
  x = x + "The number is " + i + "<br>";
  i++;
}
```

2. 使用 do…while 循环语句编程

do…while 循环是 while 循环的变体。该循环会先执行一次代码块，然后如果条件为 true 的话，就会重复这个循环。逻辑运算符的结果也为逻辑值：true 或者 false，在逻辑语句中使用。语法结构和执行流程如图 3-24 所示。

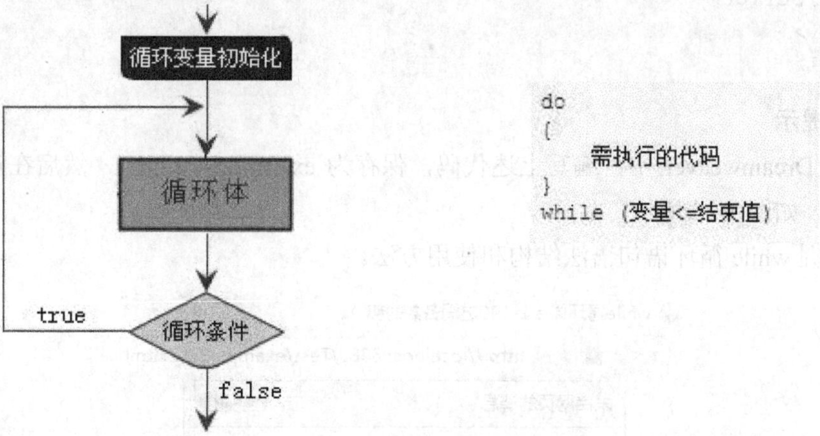

图 3-24　do…while 循环语句流程图

例如，以下代码使用 do…while 循环来判断当 i 小于 5 时，将 The number is i
循环链接起来并赋值给变量 x。

```
do
    {
      x=x + "The number is " + i + "<br>";
      i++;
```

```
    }
    while (i<5);
```

通过比较 while 循环和 do…while 循环代码的区别，更深入了解 while 和 do…while 的区别。

例 3-12　使用 while 和 do…while 两种循环输出 1-100 之间各数的和。

```
<!DOCTYPE html PUBLIC "-//W3C//DTD XHTML 1.0 Transitional//EN" "http://
www.w3.org/TR/xhtml1/DTD/xhtml1-transitional.dtd">
<html>
<head>
    <meta http-equiv="Content-Type" content="text/html; charset=utf-8" />
    <title> while 循环输出 1-100 之间各数的和</title>
</head>
<body>
    <script>
        //sum=1+2+...+100
        //while 循环实现
        var i = 1;   //初始化
        var sum = 0;
        while (i <= 100)
        {
            sum = sum + i;
            i++;
        }
        alert("使用 while 循环计算结果: " + sum);
    </script>
</body>
</html>
```

操作提示

● 在 Dreamweaver 中，编写上述代码，保存为 example3-12.html，然后在浏览器中浏览该网页，如图 3-25 所示。

● 掌握 while 循环语句语法结构和使用方法。

图 3-25　while 循环计算 1-100 之间各数的和

```
<!DOCTYPE html PUBLIC "-//W3C//DTD XHTML 1.0 Transitional//EN" "http://www.w3.org/TR/xhtml1/DTD/xhtml1-transitional.dtd">
<html>
<head>
    <meta http-equiv="Content-Type" content="text/html; charset=utf-8" />
    <title> do...while 循环输出 1—100 之间各数的和</title>
</head>
<body>
    <script>
        //sum=1+2+...+100
        //do...while 循环实现
        var i = 1;   //初始化
        var sum = 0;
        do
        {
            sum = sum + i;
            i++;
        }while (i <= 100);
        alert(sum);
        alert("使用 do...while 循环计算结果: " + sum);
    </script>
</body>
</html>
```

操作提示

- 在 Dreamweaver 中，编写上述代码，保存为 example3-12.html（覆盖之前的文件或保存到不同目录），然后在浏览器中浏览该网页，如图 3-26 所示。
- 掌握 do…while 循环语句语法结构和使用方法。

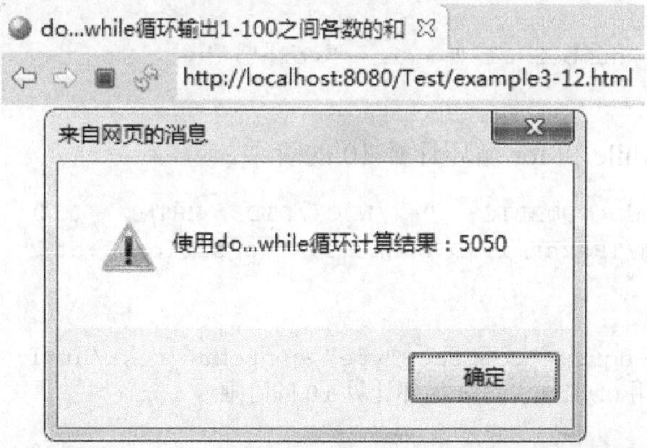

图 3-26　do…while 循环计算 1-100 之间各数的和

知识点

- while 和 do…while 循环语句的流程图。
- while 和 do…while 循环语句的语法规则。
- while 和 do…while 循环语句的使用方法及区别。

3. 使用 for 循环语句编程

for 循环可以将代码块执行指定的次数。语法结构和执行流程如图 3-27 所示。

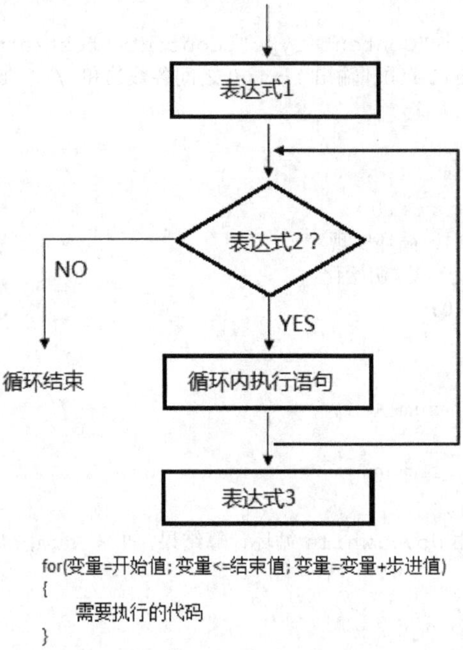

图 3-27　for 循环语句流图

例如，以下代码使用 for 循环来判断 i 从 0 开始，当 i 小于 5 时，将 The number is i
循环链接起来并赋值给变量 x。

```
for (var i = 0; i < 5; i++)
{
  x = x + "The number is " + i + "<br>";
}
```

例 3-13　使用 while 和 for 循环计算 10 的阶乘。

```
<!DOCTYPE html PUBLIC "-//W3C//DTD XHTML 1.0 Transitional//EN"
"http://www.w3.org/TR/xhtml1/DTD/xhtml1-transitional.dtd">
<html>
<head>
    <meta http-equiv="Content-Type" content="text/html; charset=utf-8" />
    <title> 使用 while 和 for 循环计算 10 的阶乘</title>
</head>
<body>
    <script>
        //sum=1*2*...*10
        //while 循环实现
        var i=1;  //初始化
        var s1=1;
        while (i<=10)
        {
```

```
                s1=s1*i;
                i++;
            }
            document.write("while 循环结构计算的结果： " + s1);
            document.write("<br>");
            //for 循环实现
            for (var i=1,s2=1;i<=10;i++)
            {
                s2=s2*i;
            }
            document.write("for 循环结构计算的结果： " + s2);
        </script>
    </body>
    </html>
```

操作提示

● 在 Dreamweaver 中，编写上述代码，保存为 example3-13.html，然后在浏览器中浏览该网页，如图 3-28 所示。

● 掌握 for 循环语句语法结构和使用方法。

图 3-28　while 和 for 循环计算 10 的阶乘

知识点

● while 和 for 循环语句的流程图。

● while 和 for 循环语句的语法规则。

● while 和 for 循环语句的使用方法及区别。

例 3-14　使用双重循环输出九九乘法表。提示：可以使用 for 嵌套的双重循环或 while 嵌套的双重循环等来完成。

```
<!DOCTYPE html PUBLIC "-//W3C//DTD XHTML 1.0 Transitional//EN" "http://www.w3.org/TR/xhtml1/DTD/xhtml1-transitional.dtd">
<html>
<head>
    <meta http-equiv="Content-Type" content="text/html; charset=utf-8" />
    <title> 使用双重循环输出九九乘法表</title>
</head>
<body>
    <script>
        //九九乘法表
        //1
        //2   4
```

```
            //3   6   9
            //......
            //9   18  27  36  45  54  63  72  81
            //i 循环控制输出行
            for (i=1;i<=9;i++)
            {
                //j 循环控制输出列
                for (j=1;j<=i;j++)
                {
                    document.write(i*j+"  ");
                }
                document.write("<br>");
            }
        </script>
    </body>
</html>
```

操作提示

● 在 Dreamweaver 中，编写上述代码，保存为 example3-14.html，然后在浏览器中浏览该网页，如图 3-29 所示。

● 掌握循环结构的嵌套使用方法。

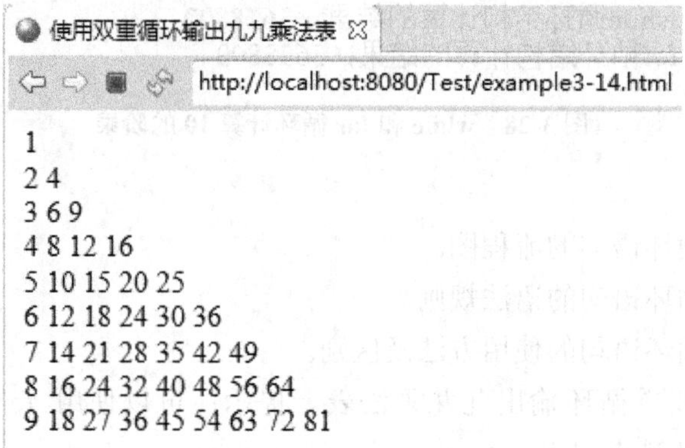

图 3-29　九九乘法表

知识点

● 循环语句的嵌套。

● JavaScript 格式化输出控制。

4. 使用 for/in 循环语句编程

```
JavaScript for/in 语句循环遍历对象的属性，例如：
     var person = {fname : "John", lname : "Doe", age : 25};
     for (x in person)
     {
        txt = txt + person[x];
     }
```

例 3-15　使用 for/in 语句遍历数组。

```
<!DOCTYPE html PUBLIC "-//W3C//DTD XHTML 1.0 Transitional//EN" "http://
www.w3.org/TR/xhtml1/DTD/xhtml1-transitional.dtd">
<html>
<head>
    <meta http-equiv="Content-Type" content="text/html; charset=utf-8" />
    <title> 使用 for/in 语句遍历数组</title>
</head>
<body>
    <script>
         var x;
         var mycars = new Array();
         mycars[0] = "Volkswagen";
         mycars[1] = "Volvo";
         mycars[2] = "BMW";
         for (x in mycars)
         {
               document.write(mycars[x] + "<br>");
         }
    </script>
</body>
</html>
```

操作提示

- 在 Dreamweaver 中，编写上述代码，保存为 example3-15.html，然后在浏览器中浏览该网页，如图 3-30 所示。
- 掌握 for/in 循环的使用方法。

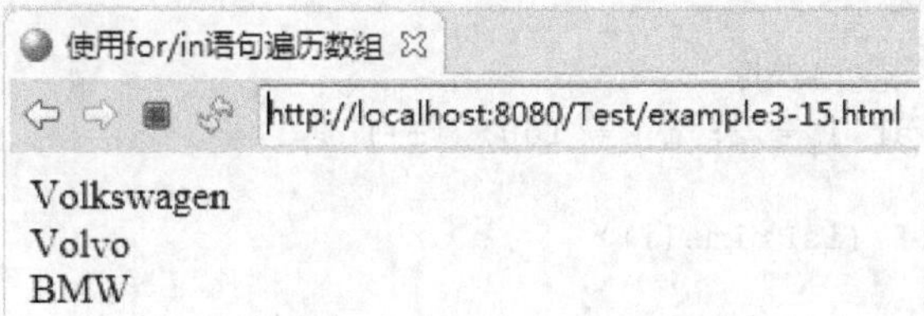

图 3-30　for/in 循环

知识点

- for/in 循环语句的语法结构。
- for/in 循环语句的使用方法。

5. 使用 break 和 continue 语句编程

1）break 语句

在 switch()语句中，break 语句用于跳出该语句。break 语句也可用于跳出循环，跳出循环后，会继续执行该循环之后的代码（如果有的话）。例如：

```
for (i = 0; i < 10; i++)
{
  if (i == 3)
  {
```

```
    break;
  }
  x = x + "The number is " + i + "<br>";
}
```

2）continue 语句

continue 语句中断循环中的迭代，如果出现了指定的条件，然后继续循环中的下一个迭代。例如：

```
for (i = 0; i <= 10; i++)
{
 if (i == 3)
continue;
  x = x + "The number is " + i + "<br>";
}
```

比较以上 break 语句和 continue 语句的示例代码之间的区别，体会 break 语句和 continue 语句的区别。

例 3-16　break 语句和 continue 语句示例。

```
<!DOCTYPE html PUBLIC "-//W3C//DTD XHTML 1.0 Transitional//EN" "http://www.w3.org/TR/xhtml1/DTD/xhtml1-transitional.dtd">
<html>
<head>
    <meta http-equiv="Content-Type" content="text/html; charset=utf-8" />
    <title> break 语句示例</title>
</head>
<body>
    <script>
         var count = 0;
         for (var i = 2; i <= 100; i++)
         {
              if (isPrime(i))
              {
                     document.write(i + "  ");
                     count++;
              }
         }
         document.write("<br>100 以内的素数的个数一共: " + count);
         function isPrime(num)
         {
              var flag = true;
              for (var i = 2; i < num; i++)
              {
                     if (num%i == 0)
                     {
                            flag = false;
                            break;
                     }
              }
              return flag;
```

```
        }
    </script>
</body>
</html>
```

操作提示

- 在 Dreamweaver 中，编写上述代码，保存为 example3-16.html，然后在浏览器中浏览该网页，如图 3-31 所示。
- 掌握 break 语句的使用方法。

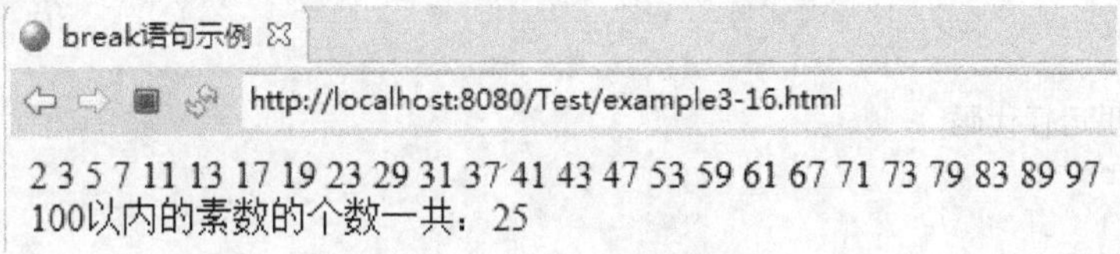

图 3-31　break 语句示例

知识点

- break 语句的语法结构。
- break 语句的使用方法。
- break 语句和 continue 语句的区别。

6. 练一练

（1）在 JavaScript 中，有（　　）种不同类型的循环。

A. 两种。for 循环和 while 循环

B. 四种。for 循环、while 循环、do...while 循环以及 for...in 循环

C. 一种。for 循环

D. 三种。for 循环、while 循环和 foreach 循环

（2）下面（　　）for 循环是正确的。

A. for (i <= 5; i++)　　　　B. for (i = 0; i <= 5; i++)

C. for (i = 0; i <= 5)　　　　D. for i = 1 to 5

（3）定义 JavaScript 数组的正确方法是（　　）。

A. var txt = new Array="tim","kim","jim"

B. var txt = new Array(1:"tim",2:"kim",3:"jim")

C. var txt = new Array("tim","kim","jim")

D. var txt = new Array:1=("tim")2=("kim")3=("jim")

任务 5　了解 JavaScript 的异常、验证及内置对象

1. 异常处理

1）try…catch 测试和捕捉异常

当 JavaScript 引擎执行 JavaScript 代码时，会发生各种错误。

- 可能是语法错误，通常是程序员造成的编码错误或错别字。

- 可能是拼写错误或语言中缺少的功能（可能由于浏览器差异）。
- 可能是由于来自服务器或用户的错误输出而导致的错误。

当然，也可能是由于许多其他不可预知的因素。

当错误（异常）发生时，JavaScript 引擎通常会停止运行，并抛出一个错误（异常）。JavaScript 使用 try...catch 测试和捕捉异常。try 语句允许定义在执行时进行错误测试的代码块。catch 语句允许定义当 try 代码块发生错误时，所执行的代码。try 和 catch 语句是成对出现的。语法如下。

```
try
{
  // 在这里运行代码
} catch(err)
{
  // 在这里处理错误
}
```

例如，在下面的例子中，故意在 try 块的代码中写了一个错字，catch 块会捕捉到 try 块中的错误，并执行代码来处理它。

```
<head>
<script>
var txt="";
function message()
{
try
  {
    adddlert("Welcome guest!");
  } catch(err)
  {
    txt="There was an error on this page.\n\n";
    txt+="Error description: " + err.message + "\n\n";
    txt+="Click OK to continue.\n\n";
    alert(txt);
  }
}
</script>
</head>
<body>
<input type="button" value="View message" onclick="message()">
</body>
```

2）throw 语句

throw 语句允许创建或抛出异常（exception）。如果把 throw 与 try 和 catch 一起使用，那么就能够控制程序流，并生成自定义的错误消息。语法：

```
throw exception
```

异常可以是 JavaScript 字符串、数字、逻辑值或对象。

例如，例中检测输入变量的值。如果值是错误的，会抛出一个异常（错误）。catch 会捕捉到这个错误，并显示一段自定义的错误消息。

```
<script>
function myFunction()
{
try
  {
    var x = document.getElementById("demo").value;
    if(x == "") throw "empty";
    if(isNaN(x)) throw "not a number";
    if(x > 10)  throw "too high";
    if(x < 5)  throw "too low";
  } catch(err)
  {
    var y = document.getElementById("mess");
    y.innerHTML = "Error: " + err + ".";
  }
}
</script>
<h1>My First JavaScript</h1>
<p>Please input a number between 5 and 10:</p>
<input id="demo" type="text">
<button type="button" onclick="myFunction()">Test Input</button>
<p id="mess"></p>
```

例 3-17　try...catch & throw 语句示例。

```
<!DOCTYPE html PUBLIC "-//W3C//DTD XHTML 1.0 Transitional//EN" "http://
www.w3.org/TR/xhtml1/DTD/xhtml1-transitional.dtd">
<html>
<head>
    <meta http-equiv="Content-Type" content="text/html; charset=utf-8" />
    <title> try...catch  &  throw 语句示例</title>
    <script>
        // try...catch 语句示例
        var txt = "";
        function message()
        {
          try
          {
             adddlert("Welcome guest!");
          } catch(err)
          {
                  txt = "There was an error on this page.\n\n";
                  txt += "Error description: " + err.message + "\n\n";
                  txt += "Click OK to continue.\n\n";
                  alert(txt);
          }
        }
        // try...catch  &  throw 语句示例
        function myFunction()
```

```
        {
            try
            {
                    var x = document.getElementById("demo").value;
                    if(x == "")
                        throw "empty";
                    if(isNaN(x))
                        throw "not a number";
                    if(x > 10)
                        throw "too high";
                    if(x < 5)
                        throw "too low";
            } catch(err)
            {
                    var y = document.getElementById("mess");
                    y.innerHTML = "Error: " + err + ".";
            }
        }
    </script>
</head>
<body>
    <input type="button" value="View message" onclick="message()">
    <h1>My First JavaScript</h1>
    <p>Please input a number between 5 and 10:</p>
    <input id="demo" type="text">
    <button type="button" onclick="myFunction()">Test Input</button>
    <p id="mess"></p>
</body>
</html>
```

操作提示

- 在 Dreamweaver 中，编写上述代码，保存为 example3-17.html，然后在浏览器中浏览该网页，如图 3-32 所示；当点击“View message”按钮，弹出对话框如图 3-33 所示；在图 3-32 中的文本框中进行输入，根据不同的输入会有不同的提示，如果输入 11，则显示如图 3-34 所示的界面。
- 掌握 try…catch 语句块的使用方法。

图 3-32　try...catch 语句块示例

图 3-33　**View message**

图 3-34　**Test Input**

知识点

- try…catch 语句块的语法结构。
- try…catch 语句块使用方法。
- throw 语句的语法结构和使用方法。

2. 表单验证

JavaScript 可用来在数据被发送往服务器前对 HTML 表单中的这些输入数据进行验证。被 JavaScript 验证的这些典型的表单数据有：

- 用户是否已填写表单中的必填项目。
- 用户输入的邮件地址是否合法。
- 用户是否已输入合法的日期。
- 用户是否在数据域（numeric field）中输入了文本。

1）必填（或必选）项目

下面的函数用来检查用户是否已填写表单中的必填（或必选）项目。假如必填或必选项为空，那么警告框会弹出，并且函数的返回值为 false，否则函数的返回值则为 true（意味着数据没有问题）。

```
<head>
<script type="text/javascript">
function validate_required(field,alerttxt)
{
  with (field) {
    if (value == null || value == "") {
    alert(alerttxt);
    return false;
}
    else {
    return true;
}
  }
}
function validate_form(thisform)
{
with (thisform) {
    if (validate_required(email,"Email must be filled out!") == false) {
    email.focus();
    return false;
}
  }
}
</script>
</head>
<body>
  <form action="submitpage.htm" onsubmit="return validate_form(this)"
method="post">
  Email: <input type="text" name="email" size="30">
  <input type="submit" value="Submit">
  </form>
</body>
```

2）E-mail 验证

下面的函数检查输入的数据是否符合电子邮件地址的基本语法，输入的数据必须包含@符号和点号（.）。同时，@不可以是邮件地址的首字符，并且@之后需有至少一个点号。

```
<head>
<script type="text/javascript">
function validate_email(field,alerttxt)
{
  with (field)
  {
```

```
        apos=value.indexOf("@")
        dotpos=value.lastIndexOf(".")
        if (apos<1||dotpos-apos<2) {
        alert(alerttxt);
        return false;
   }
        else {
        return true;
   }
     }
   }
   function validate_form(thisform)
   {
   with (thisform)
   {
   if (validate_email(email,"Not a valid e-mail address!")==false)
         {email.focus();return false}
   }
   }
   </script>
   </head>
   <body>
   <form action="submitpage.htm"onsubmit="return validate_form(this);" method=
"post">
   Email: <input type="text" name="email" size="30">
   <input type="submit" value="Submit">
   </form>
   </body>
```

例 3-18 E-mail 验证示例。

```
   <!DOCTYPE html PUBLIC "-//W3C//DTD XHTML 1.0 Transitional//EN" "http://
www.w3.org/TR/xhtml1/DTD/xhtml1-transitional.dtd">
   <html>
   <head>
       <meta http-equiv="Content-Type" content="text/html; charset=utf-8" />
       <title> E-mail 验证示例</title>
       <script type="text/javascript">
           function validate_email(field, alerttxt)
           {
                with (field)
                {
                        //验证是否为空
                        if (value == null || value == "")
                        {
                                alert(alerttxt);
                                return false;
                        }
                        else
                        {
                                //非空时，验证是否 email 格式
                                apos = value.indexOf("@")
```

```
                        dotpos = value.lastIndexOf(".")
                        if (apos < 1 || dotpos - apos < 2)
                        {
                            alert("Not a valid e-mail address!");
                            return false;
                        }
                        else
                        {
                            return true;
                        }
                    }
                }
            }
            function validate_form(thisform)
            {
                with (thisform)
                {
                    if (validate_email(email,"Email must be filled out!") ==
false)
                    {
                        email.focus();
                        return false;
                    }
                    alert("validate successful.");
                }
            }
        </script>
    </head>
    <body>
        <form action="submitpage.htm" onsubmit="return validate_form(this)"
method="post">
            Email: <input type="text" name="email" size="30">
            <input type="submit" value="Submit">
        </form>
    </body>
    </html>
```

操作提示

● 在 Dreamweaver 中，编写上述代码，保存为 example3-18.html，然后在浏览器中浏览该网页，如图 3-35 所示；当文本框中没有填写内容就单击“Submit”按钮，则弹出如图 3-36 所示文本框必填界面；当在文本框中填写正确的 E-mail 内容再单击“Submit”按钮，则弹出如图 3-37 所示验证成功界面。

● 掌握 JavaScript 表单验证的方法。

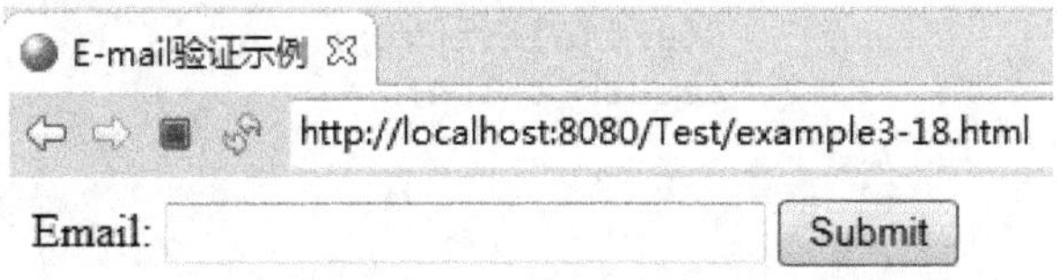

图 3-35　E-mail 验证示例 1

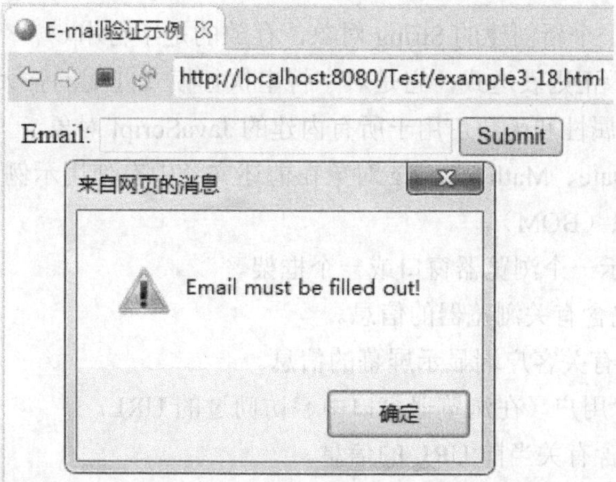

图 3-36　E-mail 验证示例 2

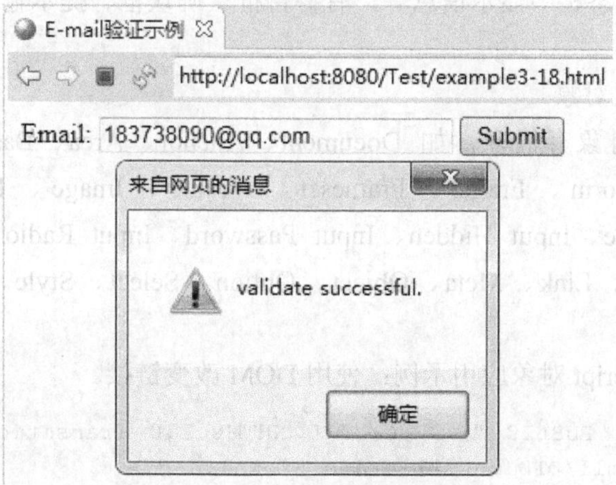

图 3-37　E-mail 验证示例 3

知识点

- JavaScript 表单验证的语法结构。
- JavaScript 表单验证的方法。
- JavaScript 必填项验证的方法。
- JavaScript E-mail 验证的方法。

3. JavaScript 对象

1）JavaScript 本地对象和内置对象

- Array，用于在单个的变量中存储多个值，返回新创建并被初始化了的数组。
- Boolean，表示两个值："true"或"false"。
- Date，用于处理日期和时间，会自动把当前日期和时间保存为其初始值。
- Math，用于执行数学任务，通过把 Math 作为对象使用就可以调用其所有属性和方法。
- Number，是原始数值的包装对象，将把自己的参数转换成一个原始的数值并返回。

- String，返回一个新创建的 String 对象，存放的是字符串。
- RegExp，表示正则表达式，它是对字符串执行模式匹配的强大工具。
- Global，全局属性和函数可用于所有内建的 JavaScript 对象。

其中，Array、Date、Math、String 对象在前述文章中有使用示例。

2）Browser 对象（BOM）

- Window，表示一个浏览器窗口或一个框架。
- Navigator，包含有关浏览器的信息。
- Screen，包含有关客户端显示屏幕的信息。
- History，包含用户（在浏览器窗口中）访问过的 URL。
- Location，包含有关当前 URL 的信息。

其中，Window 对象是一个优先级很高的对象，包含了丰富的属性、方法，可以设置打开新的窗口、在状态栏中显示信息等，有警告框、确认框、提示输入框等前文中使用到的方法。

3）HTML DOM 对象

HTML DOM 对象有很多，如 Document、Anchor、Area、Base、Body、Button、Canvas、Event、Form、Frame、Frameset、IFrame、Image、Input Button、Input Checkbox、Input File、Input Hidden、Input Password、Input Radio、Input Reset、Input Submit、Input Text、Link、Meta、Object、Option、Select、Style、Table、TableCell、TableRow、Textarea。

例 3-19　JavaScript 对象应用示例：使用 DOM 改变链接。

```
<!DOCTYPE html PUBLIC "-//W3C//DTD XHTML 1.0 Transitional//EN" "http://
www.w3.org/TR/xhtml1/DTD/xhtml1-transitional.dtd">
<html>
<head>
    <meta http-equiv="Content-Type" content="text/html; charset=utf-8" />
    <title> JavaScript 对象应用示例：使用 DOM 改变链接</title>
    <script language="javascript">
        //改变链接
        function changeLink()
        {
            var strCont = "";
            strCont = document.getElementById("myAnchor").innerHTML + " " +
                    document.getElementById("myAnchor").href;
            document.getElementById("PrintContent").innerHTML = strCont;
            document.getElementById("myAnchor").innerHTML = "世界大学城";
            document.getElementById("myAnchor").href   =   "http://www.
worlduc.com";
        }
        //全选和反选
        function Setcheckbox(tf)
        {
```

```
                var cbox = document.getElementsByName("ccccccc");
                for( var i = 0; i < cbox.length; i++)
                {
                    cbox[i].checked = tf;
                }
            }
            var Num = 1;
            function Timer()
            {
                //显示日期和时间
                var currentTime = new Date().toLocaleString();
                document.getElementById("PrintTime").innerHTML = currentTime;
                //显示计数
                document.getElementById("PrintCount").innerHTML = "计数开始:
"+Num++;
            }
            var count = setInterval(Timer,100);
            //停止计数
            function stop()
            {
                clearInterval(count);
            }
            //开始计数
            function start()
            {
                count = setInterval(Timer, 100);
            }
        </script>
    </head>
    <body>
        <p>
            <a id="myAnchor" href="http://www.csmzxy.com">长沙民政学院</a>
            <input type="button" onclick="changeLink()" value="使用 DOM 改变链
接" />
        </p>
        <p>
            <input type="button" onclick="Setcheckbox(true)" value="全选" />
            <input type="button" onclick="Setcheckbox(false)" value="反选"
/></p>
        <p>
            <input type="checkbox" name="ccccccc" value="长沙" />长沙<br>
            <input type="checkbox" name="ccccccc" value="上海" />上海<br>
            <input type="checkbox" name="ccccccc" value="北京" />北京<br>
            <input type="checkbox" name="ccccccc" value="杭州" />杭州<br>
        </p>
        <div id="PrintContent"></div>
        <div id="PrintTime"></div><br/>
        <div id="PrintCount"></div>
```

```
    <input type="button" onclick="stop()" value=" 暂停计数 " />
    <input type="button" onclick="start()" value=" 开始计数 " />
</body>
</html>
```

操作提示

● 在 Dreamweaver 中，编写上述代码，保存为 example3-19.html，然后在浏览器中浏览该网页，如图 3-38 所示；当单击“使用 DOM 改变链接”按钮则显示如图 3-39 所示界面，其中原来的超链接文字和链接都显示在时间的上方；当单击“全选”按钮，这会将所有的复选框进行选中，单击“暂停计数”按钮，则计数停止，如图 3-40 所示。

● 掌握 JavaScript 对象的使用方法。

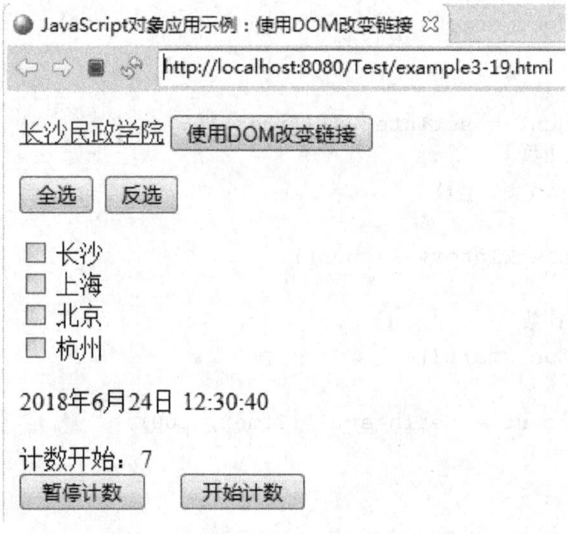

图 3-38　JavaScript 对象应用示例 1

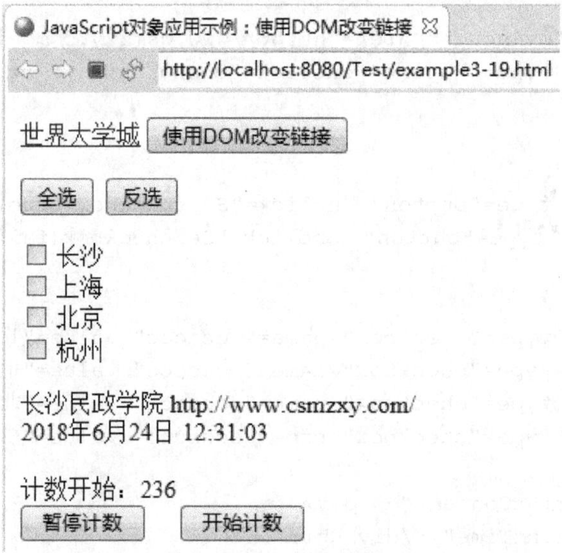

图 3-39　JavaScript 对象应用示例 2

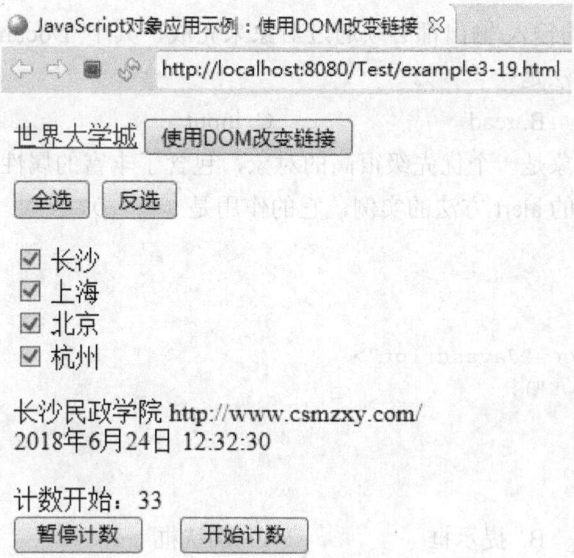

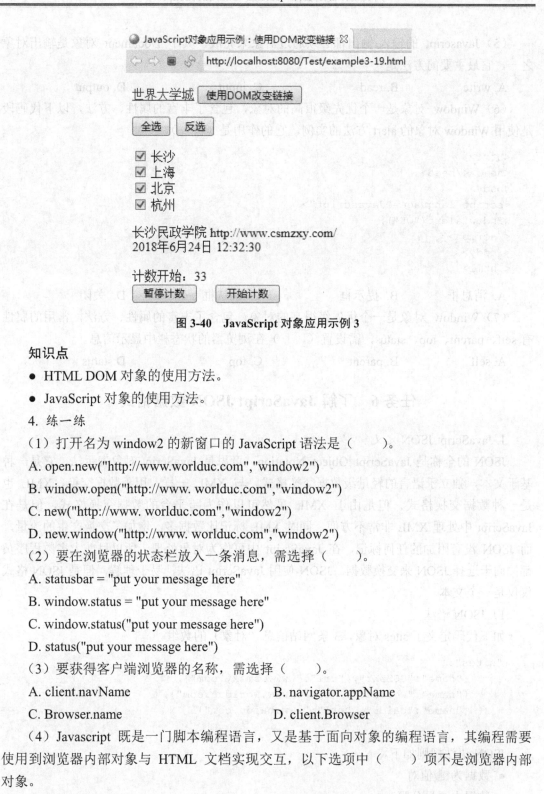

图 3-40　JavaScript 对象应用示例 3

知识点

- HTML DOM 对象的使用方法。
- JavaScript 对象的使用方法。

4. 练一练

（1）打开名为 window2 的新窗口的 JavaScript 语法是（　　）。

A. open.new("http://www.worlduc.com","window2")

B. window.open("http://www. worlduc.com","window2")

C. new("http://www. worlduc.com","window2")

D. new.window("http://www. worlduc.com","window2")

（2）要在浏览器的状态栏放入一条消息，需选择（　　）。

A. statusbar = "put your message here"

B. window.status = "put your message here"

C. window.status("put your message here")

D. status("put your message here")

（3）要获得客户端浏览器的名称，需选择（　　）。

A. client.navName　　　　B. navigator.appName

C. Browser.name　　　　D. client.Browser

（4）Javascript 既是一门脚本编程语言，又是基于面向对象的编程语言，其编程需要使用到浏览器内部对象与 HTML 文档实现交互，以下选项中（　　）项不是浏览器内部对象。

A. Navigator　　B. Window 对象　　C. Document 对象　　D. Page 对象

（5）Javascript 的输入/输出都必须通过对象来完成，其中 Document 对象是输出对象之一，它最主要的方法是（　　）。

A. write　　B. read　　C. input　　D. output

（6）Window 对象是一个优先级很高的对象，包含了丰富的属性、方法，以下代码段是使用 Window 对象的 alert 方法的实例，它的作用是（　　）。

```
<html>
<head></head>
<body>
<script language="Javascript">
window.alert("OK");
</script>
</body>
</html>
```

A. 消息框　　B. 提示框　　C. 确认框　　D. 关闭

（7）Window 对象是一个优先级很高的对象，包含了丰富的属性、方法，常用的属性有 self、parent、top、status，需设置（　　）在浏览器的状态栏中显示信息。

A. self　　B. parent　　C. top　　D.status

任务 6　了解 JavaScript JSON 数据格式

1. JavaScript JSON 定义

JSON 的全称是 JavaScript Object Notation，意思是 JavaScript 对象表示法，它是一种基于文本，独立于语言的轻量级数据交换格式。与 XML 一样，用于数据交换，XML 也是一种数据交换格式，但是由于 XML 虽然可以作为跨平台的数据交换格式，但是在 JavaScript 中处理 XML 非常不方便，同时 XML 标记比数据多，增加了交换产生的流量，而 JSON 没有附加的任何标记，在 JavaScript 中可作为对象处理，所以目前大多数程序员都倾向于选择 JSON 来交换数据。JSON 使用 JavaScript 语法，易于理解，但是 JSON 格式仅仅是一个文本。

1）JSON 语法

如下代码定义了 sites 对象，3 条网站信息（对象）的数组。

```
{"sites":[
      {"name":"CSMZXY", "url":"www.csmzxy.com"},
      {"name":"worlduc", "url":"www.worlduc.com"},
      {"name":"baidu", "url":"www.baidu.com"}
]}
```

JSON 语法规则如下。

- 数据为键/值对。
- 数据由逗号分隔。
- 大括号保存对象。

● 方括号保存数组。

2）JSON 数据

使用 JSON 数据格式时一个名称对应一个值，JSON 数据格式为键/值对，就像 JavaScript 对象属性。键/值对包括字段名称（在双引号中），后面一个冒号，然后是值，如以下代码所示。

```
"name":"baidu"
```

3）JSON 对象

JSON 对象保存在大括号内。就像在 JavaScript 中，对象可以保存多个键/值对，如以下代码所示。

```
{"name":"CSMZXY", "url":"www.csmzxy.com"}
```

（4）JSON 数组

JSON 数组保存在中括号内。就像在 JavaScript 中，数组可以包含对象，如以下代码所示。

```
{"sites":[
      {"name":"CSMZXY", "url":"www.csmzxy.com"},
      {"name":"worlduc", "url":"www.worlduc.com"},
      {"name":"baidu", "url":"www.baidu.com"}
]}
```

2. 如何实现 JavaScript JSON

因为 JSON 使用 JavaScript 语法，所以无需额外的软件就能处理 JavaScript 中的 JSON，具体处理有以下几种。

（1）通过 JavaScript，可以创建一个对象数组，并像这样进行赋值，代码如下所示。

```
var sites = [
{"name":"长沙民政", "url":"www.csmzxy.com"},
{"name":"世界大学城", "url":"www.worlduc.com"},
{"name":"百度", "url":"www.baidu.com"}
];
```

（2）访问 JavaScript 对象数组中的第一项（索引从 0 开始），代码如下所示。

```
sites[0].name;
```

或：

```
sites[0]['name'];
```

上述代码执行之后返回的内容是：长沙民政

（3）修改数据，代码如下所示。

```
sites[0].name="CSMZXY";
```

也可以：

```
sites[0]['name']="CSMZXY";
```

上述代码执行之后，JavaScript 对象数组中的第一项的 name 值是：CSMZXY

（4）JSON 对象嵌套。JSON 对象嵌套就是 JSON 对象中可以包含另外一个 JSON 对象，代码如下所示：

```
var myObj = {
    "name":"webSites",
    "alexa":4,
    "sites": {
        "CSMZXY":"www.csmzxy.com",
        "worlduc":"www.worlduc.com",
        "baidu":"www.baidu.com"
    }
}
```

（5）删除对象属性。可以使用 delete 关键字来删除 JSON 对象的属性，例如，要删除上述代码 myObj 对象中的键为“baidu”的那个属性，代码如下所示。

```
delete myObj.sites[2]
```

也可以：

```
delete myObj.sites["baidu"]
```

3. JavaScript JSON 的相关方法

JSON 通常用于与服务端交换数据。当在接收服务器数据时一般是字符串，可以使用 JSON.parse()方法将数据转换为 JavaScript 对象；而在向服务器发送数据时一般是字符串。

可以使用 JSON.stringify()方法将 JavaScript 对象转换为字符串。

1）JSON.parse()

语法：

```
JSON.parse(text[, reviver])
```

参数说明：

text：必需，一个有效的 JSON 字符串。

reviver：可选，一个转换结果的函数，将为对象的每个成员调用此函数。

以下代码将 name 值为 worlduc，alexa 值为 10000，site 值为 www.worlduc.com 这些数据转换为了一个一个 JSON 对象：

```
var obj = JSON.parse('{ "name":"worlduc", "alexa":10000, "site":"www.worlduc.
com" }');
```

但是由于 JSON 不能存储 Date 对象，如果需要存储 Date 对象，需要将其转换为字符串，然后再将字符串转换为 Date 对象，可以启用 JSON.parse 的第二个参数 reviver，一个转换结果的函数，对象的每个成员调用此函数。

```
var text = '{ "name":"worlduc", "initDate":"2018-5-6", "site":"www.worlduc.
com"}';
var obj = JSON.parse(text, function (key, value) {
```

```
        if (key == "initDate") {
            return new Date(value);
        } else {
            return value;
        }
});
```

2）JSON.stringify()

语法：

```
JSON.stringify(value[, replacer[, space]])
```

参数说明：

value：必需，一个有效的 JSON 对象。

replacer：可选。用于转换结果的函数或数组。

其中，如果 replacer 为函数，则 JSON.stringify 将调用该函数，并传入每个成员的键和值。使用返回值而不是原始值。如果此函数返回 undefined，则排除成员。根对象的键是一个空字符串：""。

如果 replacer 是一个数组，则仅转换该数组中具有键值的成员。成员的转换顺序与键在数组中的顺序一样。当 value 参数也为数组时，将忽略 replacer 数组。

space:可选，文本添加缩进、空格和换行符，如果 space 是一个数字，则返回值文本在每个级别缩进指定数目的空格，如果 space 大于 10，则文本缩进 10 个空格。space 有可以使用非数字，如：\t。

以下代码将一个 JavaScript JSON 对象{ "name":"worlduc", "alexa":4, "site":"www.worlduc.com"}转换为字符串赋值给变量。

```
var obj = { "name":"worlduc", "alexa":4, "site":"www.worlduc.com"};
var myJSON = JSON.stringify(obj);
```

JSON.stringify 函数也可以将 JavaScript 数组转换为 JSON 字符串。

```
var arr = [ "Google", "baidu", "Taobao", "Facebook" ];
var myJSON = JSON.stringify(arr);
```

4. 小实例

例 3-20　为 JSON 字符串创建对象，最终显示页面如图 3-41 所示。

图 3-41　为 JSON 字符串创建对象展示页面

```
<!DOCTYPE html>
<html>
<head>
    <title>为 JSON 字符串创建对象</title>
    <meta charset="utf-8">
</head>
<body>
    <h2>为 JSON 字符串创建对象</h2>
    <p id="demo"></p>
    <script>
        var text = '{"sites" : [' +
                   '{"name" : "长沙民政", "url" : "www.csmzxy.com"},'+
                   '{"name" : "世界大学城", "url" : "www.worlduc.com"},'+
                   '{"name" : "百度", "url" : "www.baidu.com"}]}';
        var obj = JSON.parse(text);
        var demoNode = document.getElementById("demo");
        demoNode.innerHTML = obj.sites[1].name + "网址：<a href=http://"
+ obj.sites[1].url +">" + obj.sites[1].url +"</a>";
    </script>
</body>
</html>
```

操作提示

（1）使用 Dreamwaver 新建一个 HTML 网页文件，添加上述代码，保存为文件名 example6_1.html，然后在浏览器中浏览该网页，效果如图 3-41 所示。

（2）掌握 JavaScript JSON 对象的定义。

（3）掌握 JavaScript JSON 对象的处理。

（4）掌握 JavaScript JSON 的 parse 方法的使用。

知识点

（1）JavaScript JSON 对象的定义的格式。

（2）JavaScript JSON 的实现。

【模块 3 自测】

一、选择题

1. Javascript 的输入/输出都必须通过对象来完成，其中 Document 对象是输出对象之一，它最主要的方法是（　　）。

A. write　　B. read　　C. input　　D. output

2. JavaScript 代码开始和结束的标记是（　　）。

A. 以<java>开始，以</java>结束

B. 以<Script>开始，以</java>结束

C. 以<Script>开始，以</Script>结束

D. 以<style>开始，以</style>结束

3. 引用名为“xxx.js”的外部脚本的正确语法是（　　）。

A. <script src="xxx.js">　　　　B. <script href="xxx.js">

C. <script name="xxx.js">　　　　D. <script target="xxx.js">

4. 要调用名为“myFunction”的函数，需选择（　　）。

A. call function myFunction　　　　B. call myFunction()

C. myFunction()　　　　D. function myFunction

5. 可插入多行注释的 JavaScript 语法是（　　）。

A. /*This comment has more than one line*/

B. //This comment has more than one line//

C. <!--This comment has more than one line-->

D. //This comment has more than one line

6. 要在浏览器的状态栏放入一条消息，需选择（　　）。

A. statusbar = "put your message here"

B. window.status = "put your message here"

C. window.status("put your message here")

D. status("put your message here")

7. 要求得 2 和 4 中最大的数，需选择（　　）。

A. Math.ceil(2,4)　　　　B. Math.max(2,4)

C. ceil(2,4)　　　　D. top(2,4)

8. 结果为真的表达式是（　　）。

A. null instanceof Object　　　　B. null === undefined

C. null == undefined　　　　D. NaN == NaN

9. 要在警告框中写入“Hello World”，需选择（　　）。

A. alertBox="Hello World"　　　　B. msgBox("Hello World")

C. alert("Hello World")　　　　D. alertBox("Hello World")

10. 要编写当 i 不等于 5 时执行某些语句的条件语句，需选择（　　）。

A. if =! 5 then　　B. if <>5　　C. if (i <> 5)　　D. if (i != 5)

11. 在 JavaScript 中，有（　　）种不同类型的循环。

A. 两种。for 循环和 while 循环

B. 四种。for 循环、while 循环、do...while 循环以及 for...in 循环

C. 一种。for 循环

D. 三种。for 循环、while 循环和 foreach 循环

12. 下面（　　）for 循环是正确的。

A. for (i <= 5; i++)　　　　B. for (i = 0; i <= 5; i++)

C. for (i = 0; i <= 5　　　　D. for i = 1 to 5

13. 定义 JavaScript 数组的正确方法是（　　）。

A. var txt = new Array="tim","kim","jim"

B. var txt = new Array(1:"tim",2:"kim",3:"jim")

C. var txt = new Array("tim","kim","jim")

D. var txt = new Array:1=("tim")2=("kim")3=("jim")

二、填空题

1. JavaScript 既是一门脚本的编程语言，又是基于面向对象的编程，它的输入和输出都必须通过对象来完成，Document 就是输出对象之一。Document 对象最主要的方法是______。

2. Window 对象是一个优先级很高的对象，包含了丰富的属性和方法。程序员需要设置在状态栏中输出时间信息，需要用到它的______属性。

3. 在 JavaScript 脚本语言中，程序的结构有：______、______、______。

4. JavaScript 脚本的循环结构的语句有______、______、______。

5. 在警示框中输出 2 个数中最大的数的 JavaScript 语句段是______。

6. 使用 JavaScript 的 switch 语句实现给定一个成绩，输出及格或不及格______。

7. 在结构化程序设计中，将一个大的程序分解为许多小的程序块，即函数，在 JavaScript 脚本语言中，使用______来定义函数。

8. 对象包含______和______。

9. JavaScript 是一门脚本语言，也是一门基于面向对象的编程语言，虽然没有专业面向对象编程语言那样规范的类的继承、封装等，但有面向对象的编程必须有事件驱动，才能执行程序。当用户单击按钮或者提交表单数据时，就发生了一个______事件。

10. ______是一个鼠标单击事件，在当前网页上单击鼠标时，就会发生该事件。

三、判断题

1. JavaScript 语言中逻辑运算符的返回结果值为 0 或 1。

2. JavaScript 语言中可以使用 if、switch 语句实现条件结构。

3. JavaScript 是一种解释性语言。

4. JavaScript 是一种网页的脚本编程语言，同时也是一种基于对象而又可以被看作是页面对象的编程语言。

5. JavaScript 语言的特点有安全性、易用性、动态交互性和跨平台性。

6. JavaScript 语言中循环结构实现方式有很多，如 for、while、do...while、for...each 等。

7. JavaScript 的 Location 对象是浏览器内置的一个静态的对象，它显示一个窗口对象所打开的地址。

8. JavaScript 的 Window 对象是一个优先级很高的对象，它包含了丰富的属性和方法，程序员可以简单地操作它们，对浏览器显示窗口进行控制。

9. JavaScript 的 Document 对象是输出对象之一，它的 read()方法是最常用的方法。

10. JavaScript 是一门脚本语言，也是一门基于面向对象的编程语言，有面向对象编程必须要有的事件的驱动，才能执行程序，如鼠标双击事件 onClick。

11. 在 JavaScript 程序中，使用关键字 variant 声明变量。

12. 在 JavaScript 程序中，使用关键字 procedure 定义函数。

13. JavaScript 的函数分有参函数和无参函数两种。

14. JavaScript 的对象由属性和方法两个基本元素组成。

15. JavaScript 事件编程机制中，当载入一个新的页面文件时，onLoadin 事件调用的程序就会被执行。

四、简答题

1. 请列举 Java 和 JavaScript 之间的区别。

2. 请解释 for/in 循环。

3. 在 JavaScript 中使用 innerHTML 的缺点是什么。

五、操作题

1. 创建一个 HTML 页面，并编写相关 JavaScript 代码，要求文档中放置一个文本框、一个按钮和一张图片，默认图片不显示，当文本框中输入“显示”时，单击按钮后图片便显示；当文本框中输入“隐藏”时，单击按钮后图片便隐藏。

2. 创建一个 HTML 页面，并编写相关 JavaScript 代码，要求文档中放置三个按钮，三个按钮的背景颜色分别为红色、绿色、蓝色，单击红色按钮，网页的背景变为红色；单击绿色按钮，网页的背景变为绿色；单击蓝色按钮，网页的背景变为蓝色。

模块 4　相关软件使用

【项目案例】

案例　在世界大学城空间首页添加 Flash 模块（使用 Flash 设计）

1. 项目综述

世界大学城网站是学习网页设计的一个非常好的实验环境，在模块 1 中可以设计任意的 HTML 网页作为“自定义模块”加载到大学城空间的首页。在模块 2 中可以在“空间代码”中为网页设计有个性特色的样式。在模块 3 中可以为网页添加代码实现网页的动态效果。本模块中可以利用 Flash 软件设计导航或动画，作为“Flash”模块添加到世界大学城个人空间首页。

2. 项目预览

如图 4-1 所示是世界大学城个人空间首页添加 Flash 模块后的效果。

图 4-1　世界大学城个人空间首页添加 Flash 模块示例

3. 操作方法

（1）使用 Flash 软件制作导航或动画效果，导出.swf 格式的文档。

（2）将.swf 格式的文档上传至大学城空间“资源附件管理”中，并获取其 URL 地址。

（3）登录大学城，进入“管理空间”→“装扮空间”→“自定义模块”→“新建 Flash”，将弹出如图 4-2 所示的“创建 Flash 模块”对话框，依次按图中的顺序输入标题、URL 地址、宽度和高度，单击“确定”按钮，在大学城个人首页居中的位置可看到效果。最后需单击右下角“保存”按钮，将自动退出装扮空间状态，进入展示页面状态。

图 4-2　“创建 Flash 模块”对话框

【知识点学习】

任务 1　软件的安装及使用入门

一、Adobe CS5 软件安装

1. 软件准备

下载 Adobe CS5 软件，该软件安装包包含了本模块的 3 个软件（Dreamweaver、Flash、Photoshop）全集，官网下载地址：https://www.adobe.com/cn/，或者也可以去下载每个软件的安装包，进行安装。

2. 软件安装

这 3 个软件的安装步骤相似，现以 Dreamweaver CS5 为例，介绍软件的安装过程。

（1）解压下载的软件包，如图 4-3 所示。

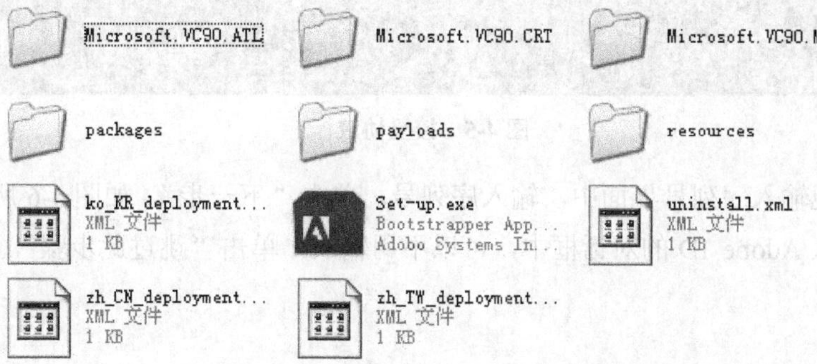

图 4-3　解压 Dreamweaver CS5

（2）双击安装文件 Set-up.exe，运行 Adobe Dreamweaver CS5 安装向导，这时有可能会出现一个提示，如图 4-4 所示，不用管它，单击“忽略并继续”。

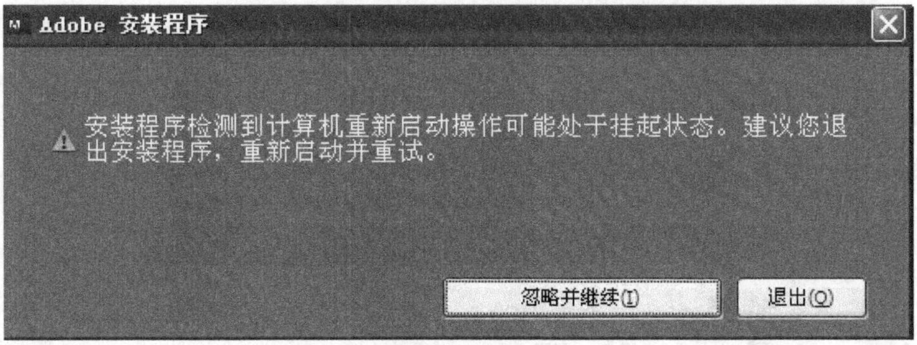

图 4-4　安装提示

（3）此时，会弹出软件许可协议对话框，选择“接受”，如图 4-5 所示。

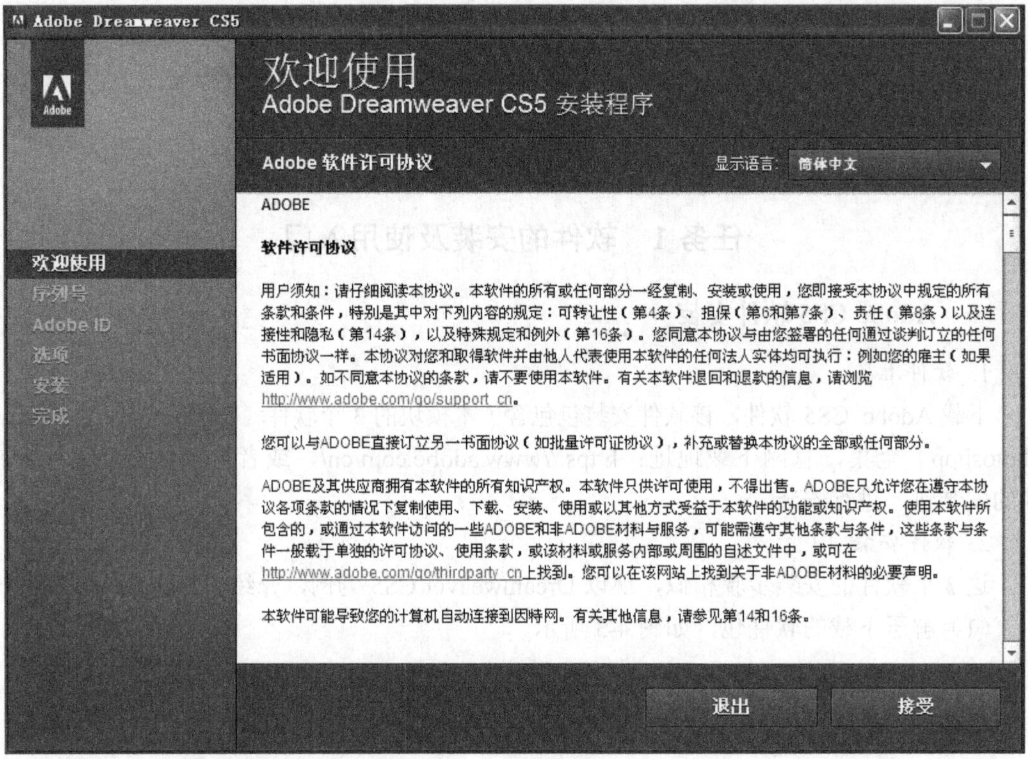

图 4-5　接受协议

（4）在出现输入序列号界面中，输入序列号，单击“下一步”，如图 4-6 所示。

（5）在输入 Adobe ID 的对话框中，可以不用输入，单击“跳过此步骤”，直接跳过，如图 4-7 所示。

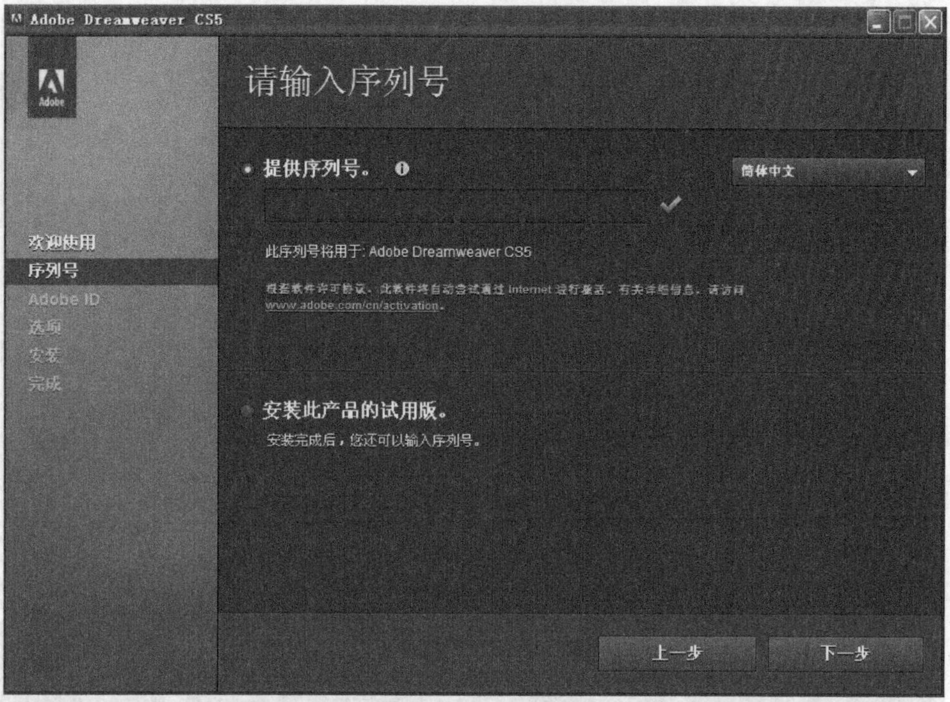

图 4-6　输入序列号

图 4-7　输入 Adobe ID

（6）选择要安装的组件，可根据自己的需要进行选择，然后单击“安装”，如图 4-8 所示。

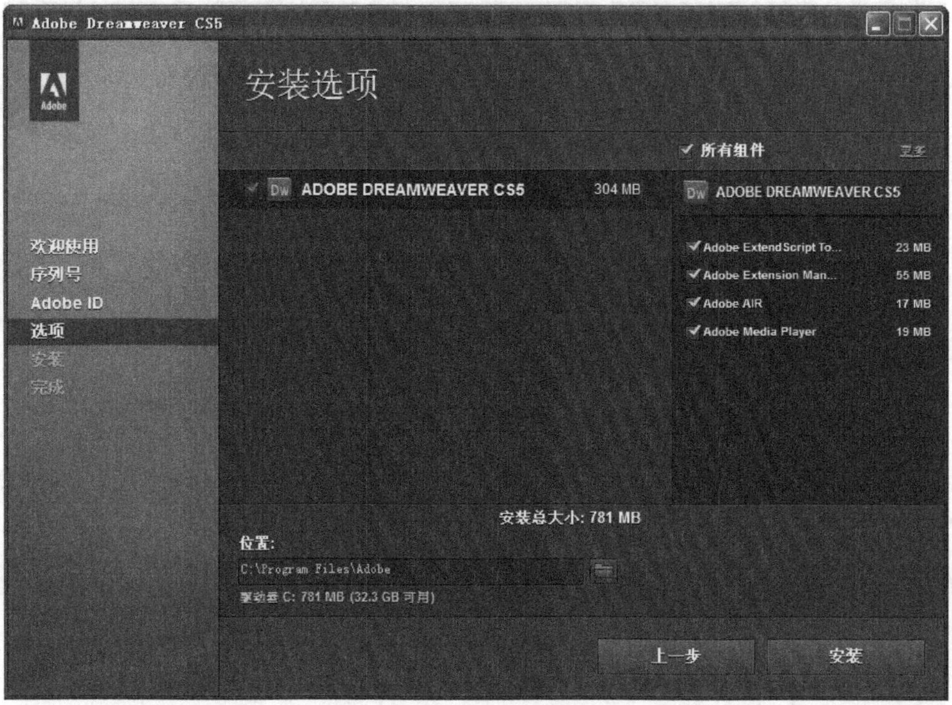

图 4-8　选择组件

（7）开始安装，安装时间比较长，如图 4-9 所示。安装完成之后，单击“完成”，如图 4-10 所示。

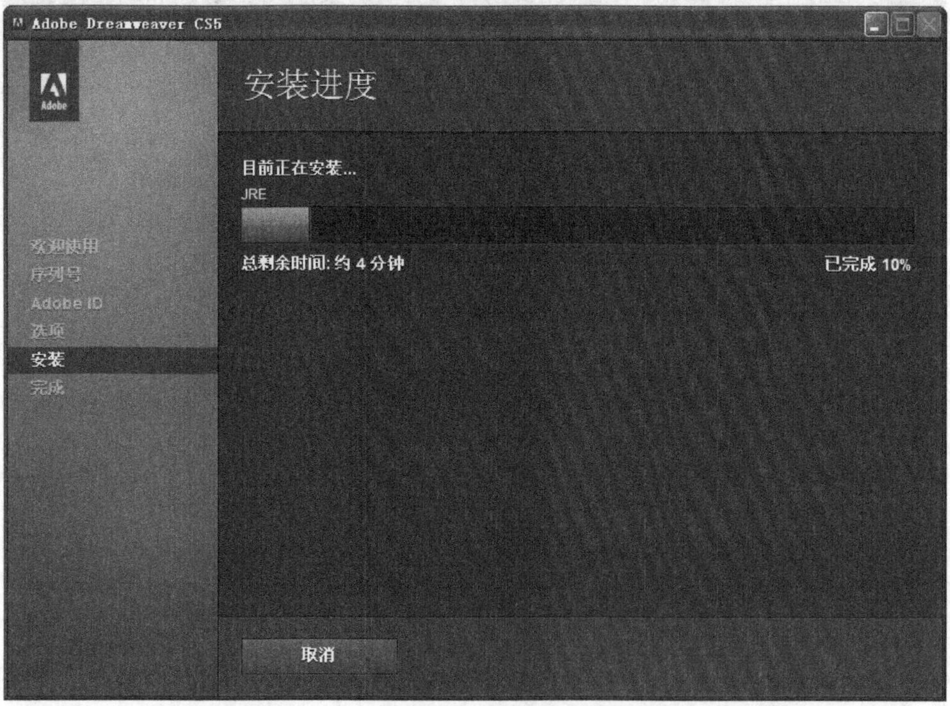

图 4-9　安装中

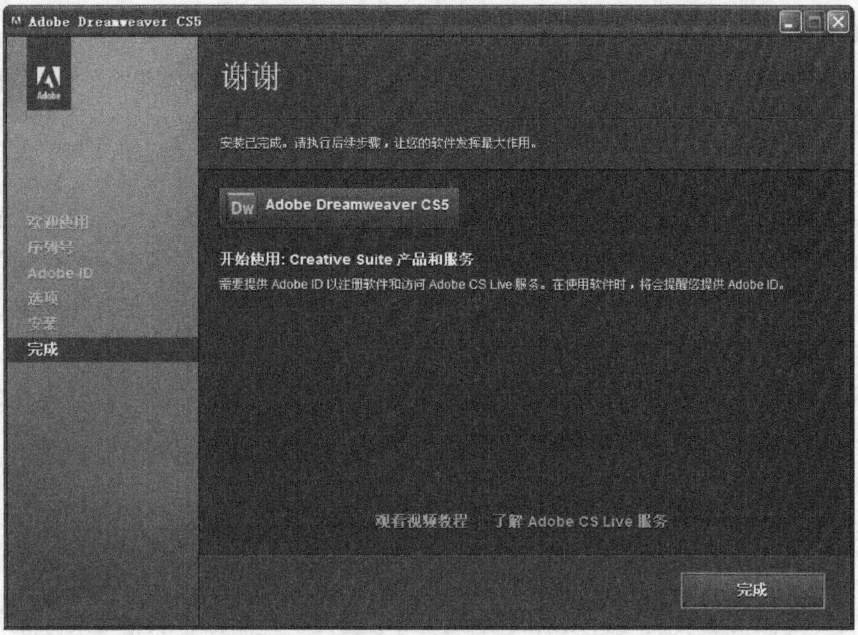

图 4-10　安装完成

二、Dreamweaver 软件界面介绍

Adobe Dreamweaver，简称“DW”，中文名称“梦想编织者”，是美国 Adobe 公司开发的集网页制作和管理网站于一身的所见即所得网页编辑器，它是第一套针对专业网页设计师特别开发的可视化网页编辑工具，利用它可以轻而易举地制作出跨越平台限制和跨越浏览器限制的充满动感的网页。Dreamweaver CS5 的工作界面由以下几部分组成，如图 4-11 所示。

图 4-11　Dreamweaver 软件界面

1. 菜单栏

菜单栏中提供了“文件”“编辑”“查看”“插入”“修改”“文本”“命令”“站点”“窗口”“帮助”10 个菜单项，几乎囊括了 Dreamweaver CS5 的所有命令。

2. 工具栏

工具栏位于菜单栏的下方，默认情况下显示的是“插入”工具栏。选择“窗口”→“插入”命令，即可显示“插入”工具栏。“插入”工具栏包括“常用”“布局”“表单”“数据”“文本”以及“收藏夹”几个部分，单击需要的工具栏名称可打开相应的工具栏。

3. 文档窗口

文档窗口即网页制作的设计区。在此窗口中可以显示当前文档的所有操作效果，是 Dreamweaver CS5 进行可视网页制作的主要区域。

4. 状态栏

状态栏位于文档窗口的下方，主要用于显示当前文档的相关信息。

5. “属性”面板

“属性”面板用于设置网页元素的属性，如设置文本、图像、表格等对象的属性。对象不同，“属性”面板中显示的属性也不同。

6. 面板组

面板组就是组合在同一标题下的相关面板的集合，是进行站点管理事件添加等操作的场所。正是因为面板组的存在，Dreamweaver CS5 的工作界面才显得更简洁、美观，用户可以获得更大的操作空间。在各个面板名称（或称之为标签）上单击，可以折叠或展开面板。

例 4-1　使用 Dreamweaver 修复失效导航的超链接。

如图 4-12 所示的图片为阿里妈妈中制作的导航，但是超链接全部失效了，现在使用 Dreamweaver 软件来为它添加超链接。

图 4-12　超链接失效的导航

操作提示

（1）打开 Dreamweaver，新建一个 html 网页文件，在设计视图下，单击菜单“插入”→“图像”，将附件中的图像素材插入到 Dreamweaver 中。

（2）在 Dreamweaver 中相应的超链接处“绘制矩形热点”，在属性窗口设置超链接，设置过程如图 4-13 所示。

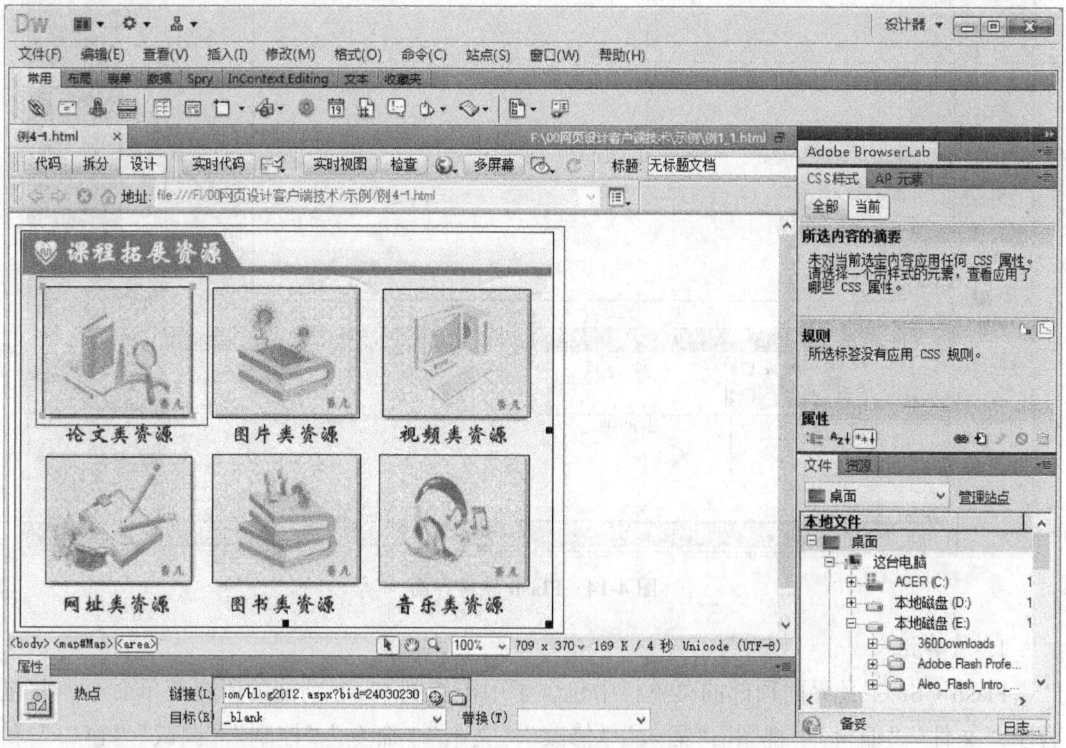

图 4-13　设置超链接

（3）在大学城空间首页点击“我的管理空间”→“装扮空间”→“自定义模块”，选择“新建 Html 模块”，将 Dreamweaver 中的代码复制到代码窗口，“保存”即完成。

知识点

（1）需要用 Dreamweaver，新建一个网页，将图片插入到页面中。再单击图片，在软件下方的属性面板就会有图片相关的属性，用热点工具可以绘制出不同形状的热点区域，如方块、圆形、多边形。

（2）选择一个热区按钮，然后在图像上需要创建热区的位置拖动鼠标，即可创建热区。此时，选中的部分被称为图像热点，选中这个图像热点，在属性面板上可以给这个图像热点设置超链接。

三、Flash 软件界面介绍

Flash 又被称之为闪客，是由 Macromedia 公司推出的交互式矢量图和 Web 动画的标准，后被 Adobe 公司收购。网页设计者使用 Flash 可创作出既漂亮又可改变尺寸的导航界面以及其他奇特的动画效果。

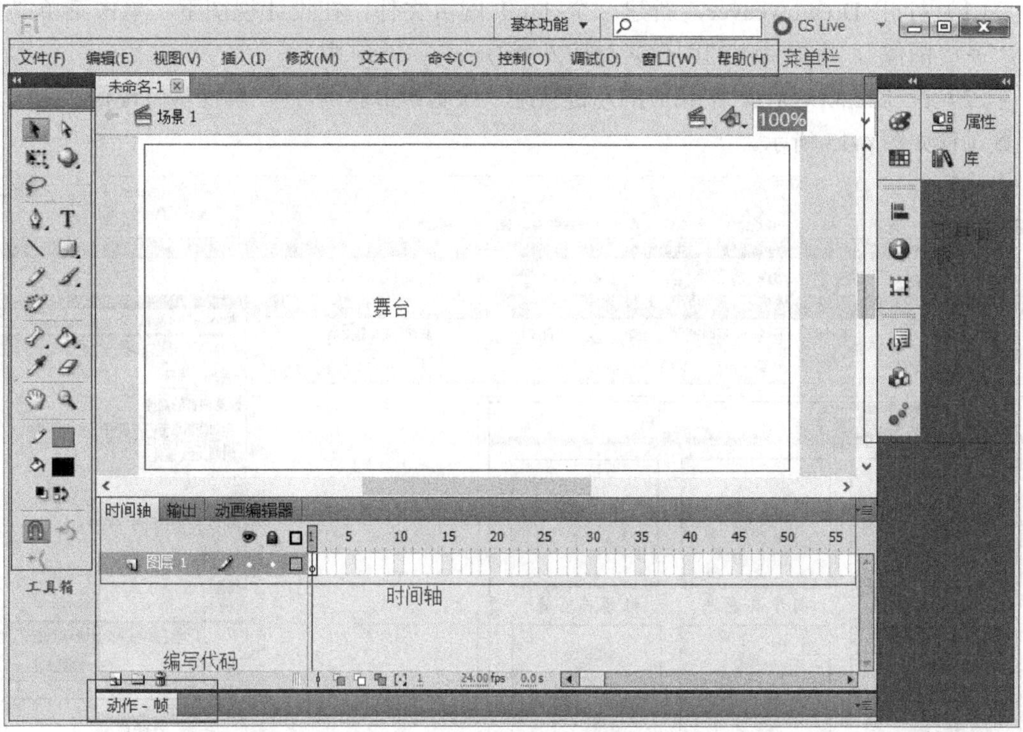

图 4-14　Flash 软件界面

1. 菜单栏

Flash CS5 工具界面顶部的菜单栏中包含了用于控制 Flash 功能的所有菜单命令，共包含了“文件”“编辑”“视图”“插入”“修改”“文本”“命令”“控制”“调试”“窗口”和“帮助”这 11 种功能的菜单命令。

2. 舞台

舞台是用户在创建 Flash 文件时放置图形内容的区域，这些图形内容包括矢量插图、文本框、按钮、导入的位置或者视频等。如果需要在舞台中定位项目，可以借助网格、辅助线和标尺。舞台相当于 Flash Player 或 Web 浏览器窗口中在播放 Flash 动画时显示 Flash 文件的矩形空间，可以任意放大或缩小视图，以更改舞台中的视图。

3. 时间轴

对于 Flash 来说，“时间轴”面板很重要，可以说，“时间轴”面板是动画的灵魂。只有熟悉了“时间轴”面板的操作使用方法，才能够在制作 Flash 动画时得心应用。时间轴用于组织和控制文档内容在一定时间内播放的图层数和帧数。与胶片一样，Flash 文件也将时长分为帧。图层就像是堆叠在一起的多张幻灯片，每个图层都包含一个显示在舞台中的不同图像。时间轴的主要组件就是图层、帧和播放头。

4. 工具箱

工具箱中包含有较多工具，每个工具都能实现不同的效果，熟悉各个工具的功能特性是 Flash 学习的重点之一。Flash 默认工具箱中，由于工具太多，一些工具被隐藏起来，在工具箱中，如果工具按钮右下角含有黑色小箭头，则表示该工具中还有其他隐藏工具。

5.“属性”面板和其他面板

Flash CS5 提供了许多自定义工作区的方式，可以满足用户的需要。使用“属性”面板和其他面板，可以查看、组织、更改媒体和资源及其属性，可以显示、隐藏面板和调整面板的大小，还可以将面板组合在一起保存自定义面板设置，以使工作区符合用户的个人偏好。

（1）“属性”面板。使用“属性”面板，可以很容易地访问舞台或时间轴上当前选定项的常用属性，从而简化文档的创建过程。用户可以在“属性”面板中更改对象或文档的属性，而不必访问用于控制这些属性的菜单或者面板。根据当前选定的内容，“属性”面板可以显示当前文档、文本、元件、形状、位图、视频、组、帧或工具的信息和设置。当选定了两个或多个不同类型的对象时，“属性”面板会显示选定对象的总数。

（2）“库”面板。“库”面板是存储和组织在 Flash 中创建的各种元件的地方，它还用于存储和组织导入的文件，包括位图、声音文件和视频剪辑等。执行“窗口”→“库”命令，可以打开“库”面板。单击“库”面板右上方的“新建库面板”按钮，可以新建多个库，便于在设计开发工作中对多个文档或一个文档含大量库资源时进行操作。

（3）“动作”面板。用户使用“动作”面板，可创建和编辑对象或帧的 ActionScript 代码。执行“窗口”→“动作”命令，或按快捷键 F9，可以打开“动作”面板。选择关键帧、按钮或影片剪辑实例，可以激活“动作”面板。

（4）“动画编辑器”面板。创建一个补间动画的一般做法是编辑不同帧上的元件后创建相应的补间，而“动画编辑器”面板就是用于控制补间的，选中一个补间或补间动画的元件可以看到“动画编辑器”面板中显示的信息，右侧显示对应项目的曲线，如“alpha”曲线和“缓动”曲线表示元件的透明度和运动变化曲线，该曲线是可编辑的。

（5）“颜色”面板。执行“窗口”→“颜色”命令，打开“颜色”面板。“颜色”面板可用于设置笔触、填充的颜色和类型、alpha 值，还可对 Flash 整个工作环境进行取样等操作。

（6）“样本”面板。执行“窗口”→“样本”命令，打开“样本”面板。“样本”面板用于样本的管理，单击“样本”面板右上角的下三角按钮，可以弹出面板菜单，菜单包含“添加颜色”“删除样本”“替换颜色”“保存颜色”等命令。

（7）“对齐”面板。执行“窗口”→“对齐”命令，打开“对齐”面板。选中多个对象后，可以在“对齐”面板中对所选对象进行左对齐、垂直居中等对齐方式的设置。

（8）“信息”面板。执行“窗口”→“信息”命令，打开“信息”面板。它用于显示当前对象的“宽”“高”原点所在的 X/Y 值，及鼠标的坐标和所在区域的颜色状态。

（9）“变形”面板。执行“窗口”→“变形”命令，打开“变形”面板。“变形”面板可以执行各种作用于舞台上对象的变形操作，如“旋转”“3D 旋转”等操作，其中“3D

旋转”只适用于“影片剪辑”元件，“变形”面板还提供了“重制选区和变换”操作，以提高重复使用同一变换的效率。

（10）“代码片断”面板。执行“窗口”→“代码片断”命令，打开“代码片断”面板。在该面板中含有 Flash 为用户提供的多组常用事件，选择一个元件后，在“代码片断”面板中双击一个所需要的代码片断，Flash 就会将该代码插入到动画中，这个过程可能需要用户根据个人需要手动修改少数代码，但在弹出的“动作”面板中都会有详细的修改说明。在“代码片断”面板中还可以自行添加、编辑，或者删除代码片断。

（11）“组件”面板。执行“窗口”→“组件”命令，打开“组件”面板。Flash 在“组件”面板中为 ActionScript 新手提供了多款可重用的预置组件，用户可以向文档中添加一个组件并在“属性”面板或“组件检查器”中设置它的参数，然后使用“行为”面板处理该事件。

（12）“动画预设”面板。执行“窗口”→“动画预设”命令，打开“动画预设”面板。该面板可以将其预设中的动画作为样式应用在其他元件上。只需要选中要应用预设动画的元件，打开“动画预设”面板，在列表中选择一款喜欢的动画预设并单击“应用”按钮即可。在“动画预设”面板中除了系统提供的预设外，还可以创建个人的预设，以减少重复性的工作。

例 4-2　使用 Flash 修复失效导航的超链接。

如图 4-15 所示的图片为阿里妈妈中制作的导航，但是超链接全部失效了，现在使用 Flash 软件来为它添加超链接。

图 4-15　超链接失效的导航

操作提示

（1）打开 Flash CS5，新建一个 ActionScription 2.0 文档，利用“修改”菜单下的“文档”功能或者使用“属性”面板，设置舞台为 481×350 像素，如图 4-16 所示。

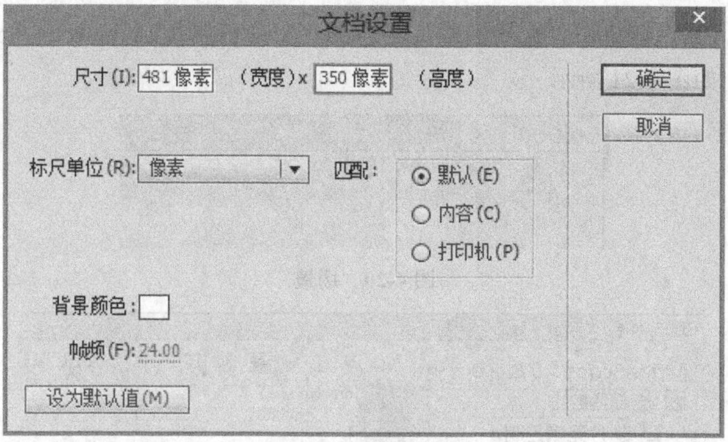

图 4-16　设置舞台

（2）“文件”菜单中的“导入”→“导入到舞台”功能，将附件中的背景图片导入到舞台，将背景图片与舞台左上角对齐。

（3）在时间轴中新建一个图层，在论文类资源上方的图片上画一个矩形，矩形大小和图片大小一致，双击矩形框确保边线一起选中（如果画矩形时画了边线），右击选择“转换为元件”，类型选择“按钮”，如图 4-17 所示，单击“确定”按钮。

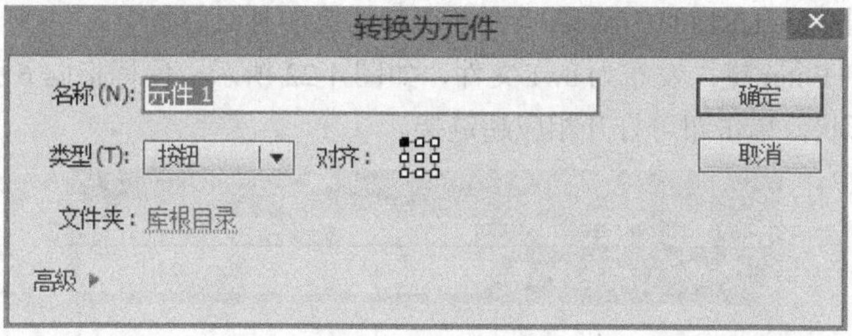

图 4-17　转换元件

（4）双击刚刚创建的元件（即矩形框），进入按钮的编辑状态（注意观察时间轴），对于按钮来说，有 4 帧，分别为按钮的 4 个状态：弹起、指针指向、按下、点击，如图 4-18 所示。现在的操作是将鼠标单击“点击”下方，然后按 F6 键，创建一个关键帧，再将鼠标点到其他 3 个状态的任一个位置，按 Delete 键，将关键帧删除，也就是说只留下点击下方的关键帧（时间轴上的实心圆点表示关键帧，空心圆点表示没有内容），如图 4-19 所示。

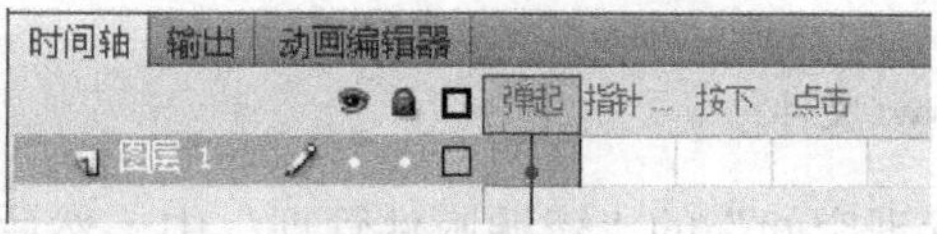

图 4-18　弹起

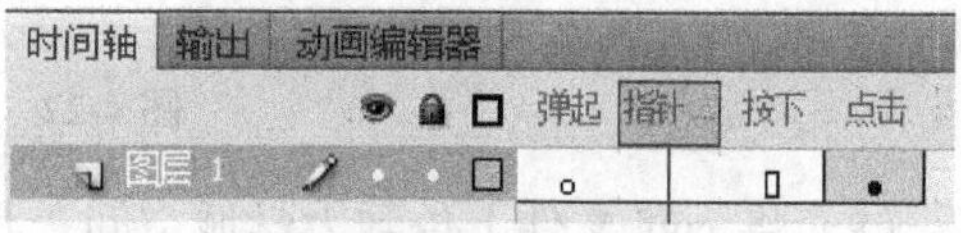

图 4-19　指针

（5）如图 4-20 所示，点击舞台上方的“场景 1”返回舞台，此时，可看到矩形按钮呈透明状态，可以透过按钮看到下方的图片。接下来右击这个透明的按钮，选择“动作”，

弹出编程窗口，在左侧单击“全局函数”下方的“影片剪辑控制”，双击“on”，在弹窗中选择“press”，如图 4-21 所示。

图 4-20　场景

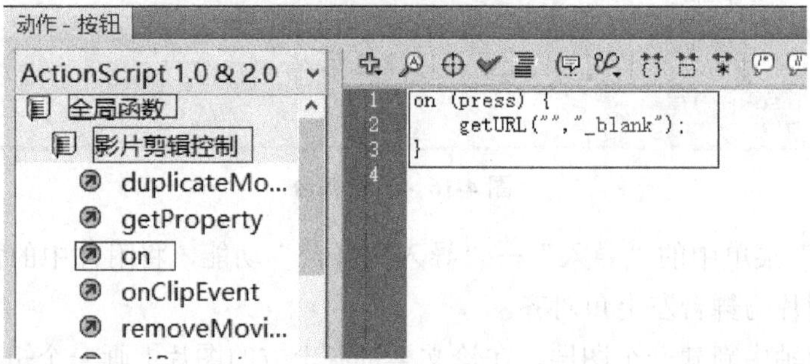

图 4-21　动作

（6）复制刚刚制作的这个按钮 5 次，分别放在其他 5 张图片的上方。然后将每个图片的链接地址复制进 getURL("","_blank");这条语句的第一对双引号中。

（7）按 Ctrl+Enter 键，发布为 swf 文件，如图 4-22 所示，鼠标指向 6 张图片的时候，都会变成指针形状，单击即可打开相应超链接。

图 4-22　发布 swf 文件

（8）将 swf 文件上传到大学城空间“我的管理空间”的“资源附件管理”中，然后在“装扮空间”下方“自定义模块”单击“新建 Flash 模块”，将 swf 的地址填入对话框的第二栏中，第一栏填标题，宽度为 481，高度为 350 像素。单击“保存”按钮，在大学城空间首页就可以看到刚刚制作的这个导航了。

知识点

（1）在超链接失效的图片上添加超链接，实际就是在其上面添加一个透明的按钮，所以要新建一个图层，在和图片关键帧相同位置处，创建一个同样大小的图形并转换为元件，将色彩效果-样式选择为 Alpha 并将值调为 0。

（2）按钮只设计“点击”帧，当鼠标指向按钮区域，指针变成手形，点击实现页面跳转。

（3）添加点击按钮跳转页面的代码：

```
on(release){
    getURL(" ","_blank");
}
```

on（release）指的是在用户按下按钮并松开后，发生跳转，getURL 就是从 Flash 里面跳转到 URL 的具体页面。

四、练一练

（1）Dreamweaver 是一个（　　）。

A. 聊天软件　　B. 图像处理软件　　C. 动画制作软件　　D. 网页制作软件

（2）Dreamweaver 中，页面的视图模式有设计视图、代码视图和（　　）视图。

A. 局部　　B. 全局　　C. 拆分　　D. 显示

（3）Flash 发布的动画文档格式是（　　）。

A. FLV　　B. SWF　　C. AS　　D. FLP

（4）Flash 中，图层上的空心圆点表示（　　）。

A. 关键帧　　B. 普通帧　　C. 空白关键帧　　D. 行为帧

（5）Flash 的时间轴是用（　　）记录画面的。

A. 帧　　B. 图层　　C. 场景　　D. 元件

（6）Flash 中，按下（　　）快捷键可以插入关键帧。

A. F6　　B. F5　　C. F2　　D. F1

任务 2　使用 Flash 软件制作导航及简单动画

一、使用 Flash 软件制作导航

1. 使用 Flash 制作图片热点导航

使用 Flash 制作图片热点导航的关键技巧就是在热点处绘制一个矩形框并将其转换为按钮，再对其进行编程。编程的代码如下。

```
on (press) {
   getURL("URL","_blank");
}
```

说明：其中的 URL 表示要链接到的页面的链接地址，"_blank"表示在新窗口打开链接页面。

例 4-3　使用 Flash 制作图片热点导航。

使用 Flash 软件为图 4-23 所示的图片添加超链接，本例中的方法和任务 1 中例 4-2 的方法稍有不同。

图 4-23　超链接失效的导航

操作提示

（1）打开 Flash CS5，新建一个 ActionScription 2.0 文档，如图 4-24 所示，单击舞台，设置舞台为的尺寸为 481×350 像素，如图 4-25 所示。

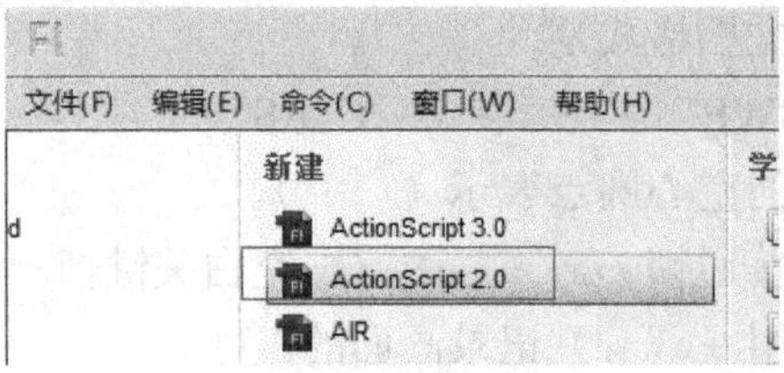

图 4-24　选择脚本类型

图 4-25　设置舞台大小

（2）单击菜单“文件”→“导入”→“导入到舞台”，选项应路径中的图片，如图 4-26 所示。将附件中的背景图片导入到舞台，将背景图片与舞台左上角对齐，如图 4-27 所示。

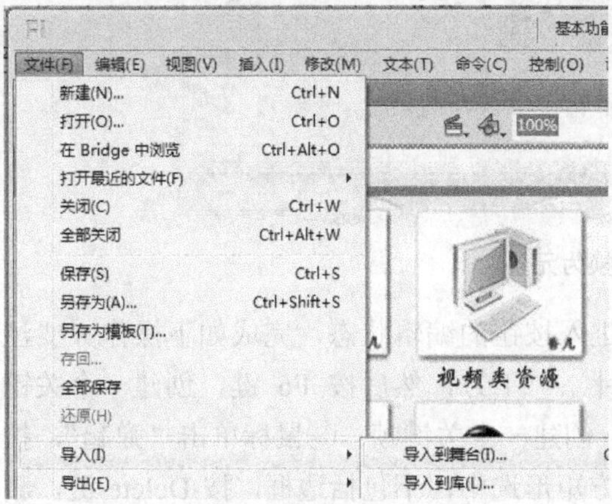

图 4-26　导入舞台

图 4-27　导入到舞台

（3）在时间轴中，右击图层 1，单击“插入图层”，选中新的图层，选择矩形绘制工具，设置边框颜色和填充 Alpha 值为 0，如图 4-28 所示，在“论文类资源”上方的图片上画一个矩形，绘制时确保绘制了边框，矩形大小和图片大小一致，双击矩形框确保连边线一起选中（如果画矩形时画了边线），右击选择“转换为元件”，类型选择“按钮”，单击“确定”按钮，如图 4-29 所示。

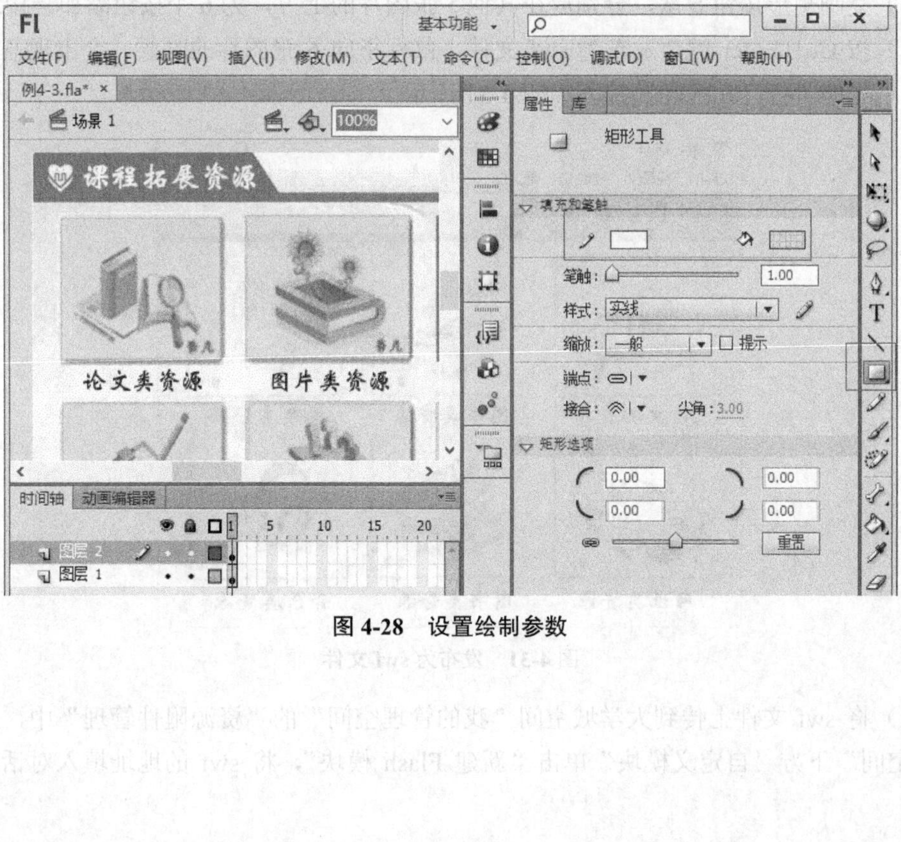

图 4-28　设置绘制参数

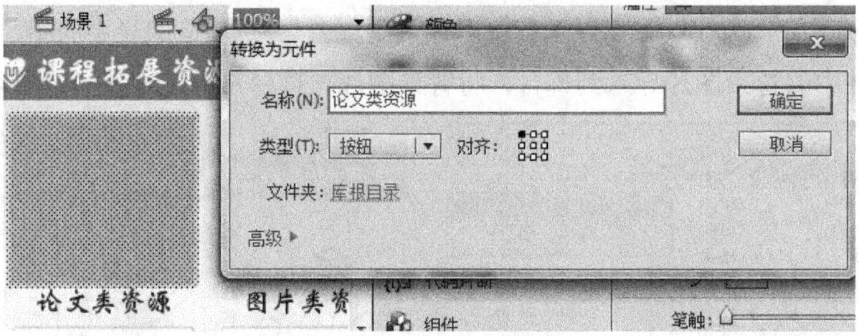

图 4-29　转换为元件

（4）双击刚刚创建的元件（即矩形框），进入按钮的编辑状态，完成如下操作（要注意按以下的操作顺序完成）。①鼠标单击“指针…”下方，然后按 F6 键，创建一个关键帧；②鼠标单击“点击”下方，然后按 F6 键，创建一个关键帧；③鼠标单击“弹起”，按 Delete 键；④鼠标单击“指针…”下方，将上方矩形选中，不包括边框，按 Delete 键，删除矩形但留下边框，在属性面板中设置边框粗细为 3，颜色为蓝色，如图 4-30 所示。

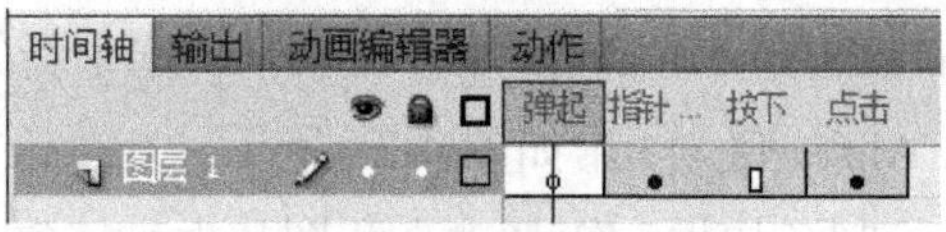

图 4-30　设置关键帧动作

（5）单击舞台上方的“场景 1”返回舞台，右击矩形按钮，选择“动作”，编写代码。

（6）复制矩形按钮 5 次，分别放在其他 5 张图片的上方，为 6 个按钮添加链接地址。

（7）按 Ctrl+Enter 键，发布为 swf 文件，鼠标指向 6 张图片的时候，会出现蓝色的矩形框，单击即可打开相应超链接，如图 4-31 所示。

图 4-31　发布为 swf 文件

（8）将 swf 文件上传到大学城空间“我的管理空间”的“资源附件管理”中，然后在“装扮空间”下方“自定义模块”单击“新建 Flash 模块”，将 swf 的地址填入对话框的第二栏中，第一栏填标题，宽度为 481，高度为 350 像素。单击“保存”，在大学城空间首页就可以看到刚刚制作的这个导航了。

知识点

按钮 4 个帧的编辑（即鼠标操作的 4 个状态：弹起、指针经过、按下、点击），当鼠标经过按钮、按下按钮、弹起按钮以及按钮的正常状态，按钮都会呈现出不同的状态。和示例 4-2 相比较，本例中按钮制作较为复杂，但是效果更佳。

2. 使用 Flash 制作文字热点导航

制作文字热点导航和制作图片热点导航相似，只是在文字的下方加一条横线，而非加一个矩形框，因此，操作方法和示例 4-3 非常相似。

例 4-4　使用 Flash 制作文字热点导航。

使用 Flash 软件为图 4-32 所示的图片中的文字添加超链接，本示例中的方法和例 4-3 的方法略有不同。

图 4-32　待添加超链接的文字

操作提示

（1）打开 Flash CS5，新建一个 ActionScription 2.0 文档，设置舞台为 481×280 像素。

（2）将附件中的背景图片导入到舞台，将背景图片与舞台左上角对齐。

（3）在时间轴中新建一个图层，在“空间装扮”文字上画一个矩形，将文字盖住，绘制时确保绘制了边框，双击矩形框确保连边线一起选中（如果画矩形时画了边线），右击选择“转换为元件”，类型选择“按钮”，单击“确定”按钮。

（4）双击刚刚创建的元件（即矩形框），进入按钮的编辑状态，完成如下操作（要确保按以下的操作顺序完成）。①鼠标单击“指针…”下方，然后按 F6 键，创建一个关键帧；②鼠标单击“点击”下方，然后按 F6 键，创建一个关键帧；③鼠标单击“弹起”帧，按 Delete 键；④鼠标单击“指针…”下方，将上方矩形以及上、左、右边框选中，按 Delete 键，留下下边框，在属性面板中设置边框粗细为 2，颜色为蓝色。

（5）单击舞台上方的“场景 1”返回舞台，右击矩形按钮，选择“动作”，编写代码。

（6）复制矩形按钮 5 次，分别放在其他 5 个文字标题上方，右边按钮可使用“任意变形工具”将其拉宽以适合文字的宽度，为 6 个按钮添加链接地址。

（7）按 Ctrl+Enter 键，发布为 swf 文件，效果如图 4-33 所示，鼠标指向 6 个文字标题的时候，会出现蓝色的下画线，单击即可打开相应超链接。

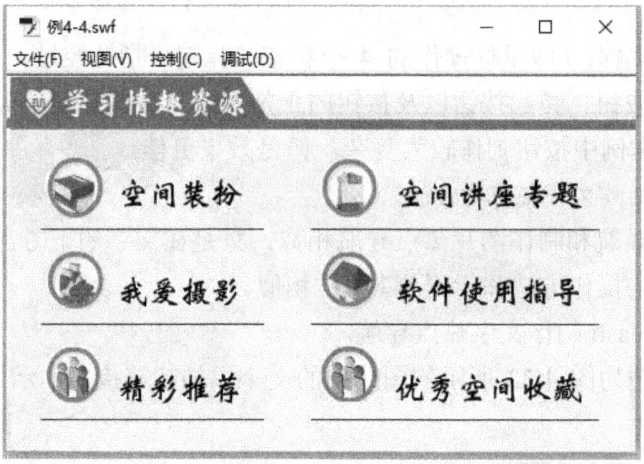

图 4-33　文字热点导航

（8）将 swf 文件上传到大学城空间“我的管理空间”的“资源附件管理”中，然后在“装扮空间”下方“自定义模块”单击“新建 Flash 模块”，将 swf 的地址填入对话框的第二栏中，第一栏填标题，宽度为 481，高度为 280 像素。单击“保存”按钮，在大学城空间首页就可以看到刚刚制作的这个导航了。

知识点

制作特殊效果的文字导航，需要右击文字将其转换为元件，类型为“按钮”，进入按钮的编辑状态，编辑“弹起”“指针…”“按下”“点击”4 个状态，当鼠标指针指向按钮区域时，文字将出现下画线。

3. 使用 Flash 制作文字导航

制作文字导航和前文中的 2 个例题操作方法有所不同，稍微复杂些。关键区别是文字导航可以有更为丰富的链接效果，如可以设置：正常状态、鼠标指向、鼠标单击等状态下的不同文字效果（如，文字颜色不同，或者文字下方背景不同等）。

例 4-5　使用 Flash 制作文字导航。

使用 Flash 软件为图 4-34 的图片添加文字导航。

图 4-34　待制作文字导航的图

操作提示

（1）打开 Flash CS5，新建一个 ActionScription 2.0 文档，设置舞台为 481×280 像素。将附件中的背景图片导入到舞台，将背景图片与舞台左上角对齐。

（2）在时间轴中新建一个图层，添加文字“空间装扮”，右击文字“转换为元件”，类型选择“按钮”，单击“确定”按钮。

（3）双击刚刚创建的元件（文字），进入按钮的编辑状态，完成如下操作：①鼠标单击“指针...”下方，然后按 F6 键，创建一个关键帧；②鼠标单击“按下”下方，然后按 F6 键，创建一个关键帧；③鼠标单击“点击”下方，然后按 F6 键，创建一个关键帧；④鼠标单击“指针...”，改变文字颜色为红色；⑤鼠标单击“按下”，改变文字颜色为蓝色。

（4）重复（2）～（3），制作余下 5 个文字按钮。特别注意，此时不能复制按钮。

（5）为 6 个按钮编程，添加链接地址。

（6）按 Ctrl+Enter 组合键，发布为 swf 文件，效果如图 4-35 所示，鼠标指向 6 个文字标题的时候，文字变为红色，按下去的时候，文字变为蓝色，同时打开相应超链接。

图 4-35　文字导航

（7）将 swf 文件上传到大学城空间“我的管理空间”的“资源附件管理”中，然后在“装扮空间”下方“自定义模块”单击“新建 Flash 模块”，将 swf 的地址填入对话框的第二栏中，第一栏填标题，宽度为 481，高度为 280 像素。单击“保存”按钮，在大学城空间首页就可以看到刚刚制作的这个导航了。

知识点

文字按钮的制作也是设计按钮的弹起、指针经过、按下、点击 4 个状态。不同的状态下，文字可以呈现不同的文字颜色、不同的文字字体/字号等。

二、使用 Flash 软件制作动画

Flash 软件可以制作非常丰富的动画效果，创建动画时，可以创建：传统补间动画、补间动画和补间形状动画。

例 4-6　使用 Flash 制作文字移动动画效果。

操作提示

（1）打开 Flash CS5，新建一个 ActionScription 2.0 文档，设置舞台为 250×50 像素。将附件中的背景图片导入到舞台，将背景图片与舞台左上角对齐。

（2）在时间轴中新建一个图层，添加文字“自创栏目”，在第 120 帧和第 240 帧处按 F6 键，插入关键帧，右击第 1 帧到第 120 帧之间的任一帧，创建传统补间动画，再右击第 121 帧到第 240 帧之间的任一帧，创建传统补间动画。调整第 1 帧的文字至最左侧，第 120 帧的文字至最右侧，第 240 帧文字至最左侧。小技巧提示：在移动的时候按住 Shift 键，使文字保持在同一水平位置。

（3）在“图层 1”的第 240 帧处按 F5 键添加延伸帧。按组合键 Ctrl+Enter，发布 swf 文件，如图 4-36 所示。

图 4-36　文字移动动画

（4）将 swf 文件上传到大学城空间“管理空间”的“资源附件管理”中，然后在“装扮空间”下方“自定义模块”单击“新建 Flash 模块”，将 swf 的地址填入对话框的第二栏中，第一栏填标题，宽度为 250，高度为 50 像素，单击“保存”按钮。

知识点

（1）Flash 传统补间动画的制作。

（2）在世界大学城首页添加 Flash 模块。

三、练一练

（1）李明用 Flash 设计一个由一片绿叶变成标题文字的片头，（　　）动画方式最易实现。

A. 逐帧动画　　B. 引导线动画　　C. 动作补间　　D. 形状补间

（2）Flash 的帧有三种，分别是（　　）。

A. 特殊帧、关键帧、空白关键帧　　B. 普通帧、关键帧、黑色关键帧

C. 普通帧、关键帧、空白关键帧　　D. 特殊帧、关键帧、黑色关键帧

（3）用 Flash 创建 30 帧小球下落的动画。操作步骤有：

① 在第 1 帧和第 30 帧之间创建补间动画

② 新建一个 Flash 文件

③ 把第 30 帧处的小球竖直下拉一段距离

④ 在第 30 帧处插入关键帧

⑤ 测试并保存

⑥ 用椭圆工具在第 1 帧处画一个小球，并将其转换为“图形元件”

其正确顺序的是（　）。

A. ②⑥①③④⑤　　B. ②⑥③④①⑤

C. ②⑥③①④⑤　　D. ②⑥④③①⑤

（4）下列不是 Flash 文件导出的文件格式是（　　）。

A. PPT　　B. HTML　　C. EXE　　D. SWF

（5）（　　）不是 Flash 专业术语。

A. 关键帧　　B. 引导层　　C. 补间动画　　D. 滤镜

任务 3　使用 Dreamweaver 软件设计静态网页

Dreamweaver 文档窗口有三种视图模式：代码视图、拆分视图和设计视图。可以在代码视图窗口通过手写代码来设计网页，也可以在设计视图中使用 Dreamweaver 工具的菜单、工具栏在可视化的方式下设计网页，拆分视图则同时提供了代码视图和可视化视图。下文给出了在 Dreamweaver 中使用表格和 DIV+CSS 设计静态网页的示例。

例 4-7　使用表格设计静态网页。

1. 创建站点

（1）创建文件夹，在任意一个根目录下创建好一个文件夹，如取名为 D:/MyWebSite（注：网站中所用的文件都要用英文名）。

（2）创建站点，打开 Dreamweaver，选择“站点”→“新建站点”，打开对话框。在站点名称中输入网站的名称（例如，MyWebSite），在本地站点文件夹中选择刚才创建的文件夹（D:/MyWebSite）。然后单击“保存”即可，如图 4-37 所示。

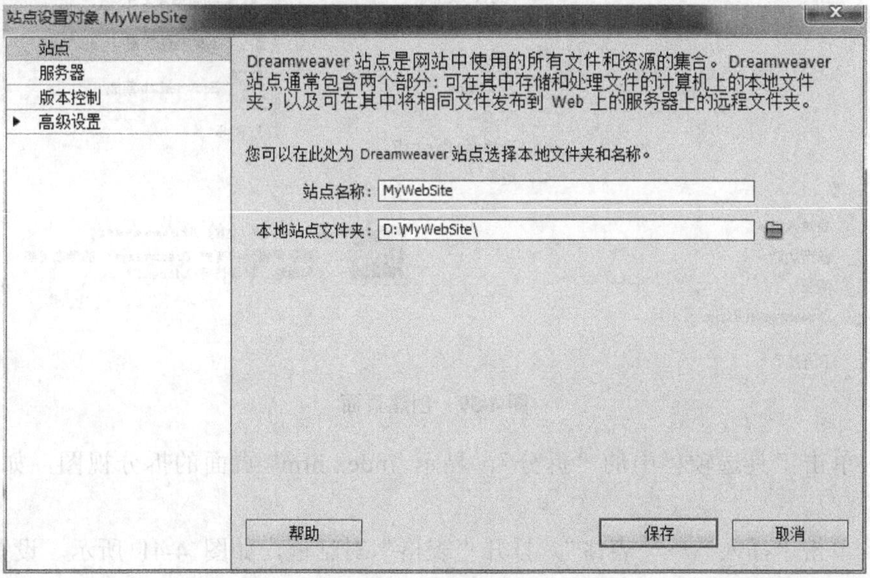

图 4-37　新建站点

（3）在 D:/MyWebSite 文件夹中创建子文件夹 images，用于保存图片资源，并将准备好的 banner 图片 banner.jpg 和底部图片 bottom.jpg 放于该文件夹中，如图 4-38 所示。

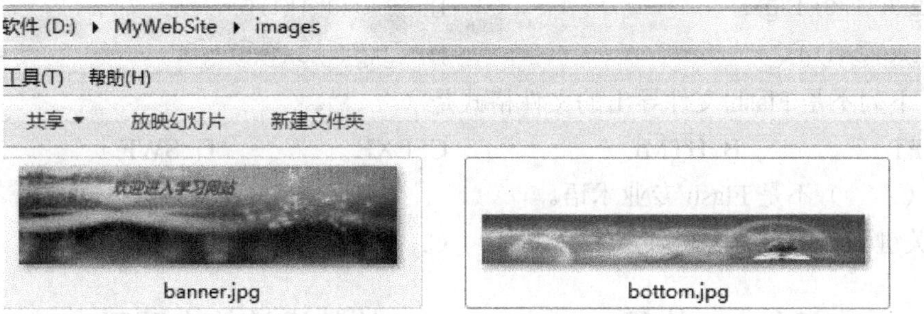

图 4-38　准备图片资源

2. 创建页面

（1）在 DreamWeaver 开始页界面中，单击“新建”下面的 HTML 类型，创建一个 HTML 页面，如图 4-39 所示，将此文件保存到 D:/MyWebSite 文件夹中，并命名为 index.html。

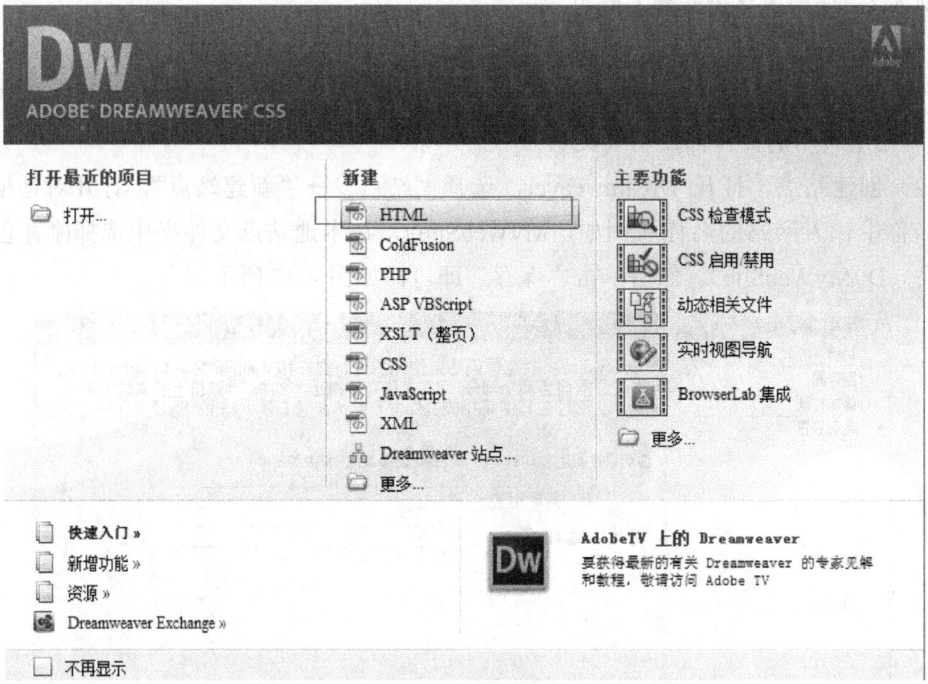

图 4-39　创建页面

（2）单击工具选项栏中的“拆分”，显示 index.html 页面的拆分视图，如图 4-40 所示。

（3）单击“插入”→“表格”，打开“表格”对话框，如图 4-41 所示。设置行数为 5、列数为 2、宽度为 800，单位为像素，如图 4-42 所示。

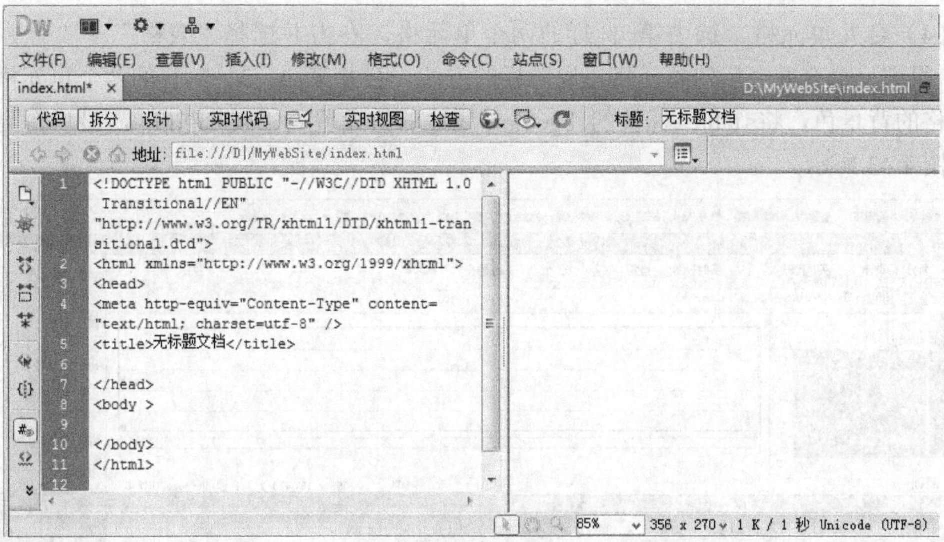

图 4-40　拆分视图

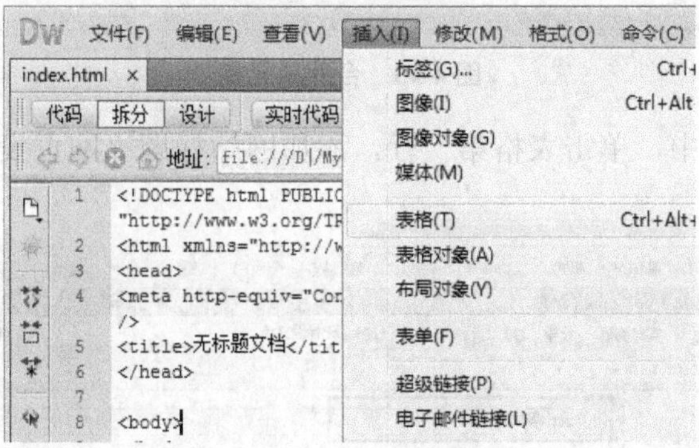

图 4-41　插入表格

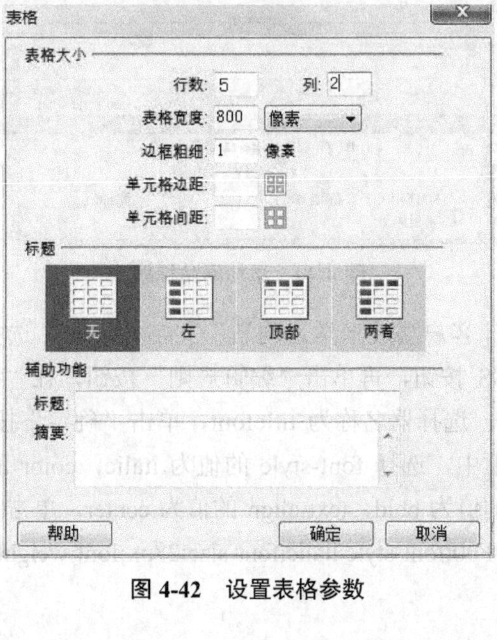

图 4-42　设置表格参数

（4）合并单元格。选中第 1 行的两个单元格，右击并选择“表格”→“合并单元格”，得到一个合并之后的单元格。用同样的方法，合并第 2、3、5 行的两个单元格。设置表格的背景色，将<table>标签的 bgcolor 属性的值设置为“#CCFFFF”，最后得到的表格如图 4-43 所示。

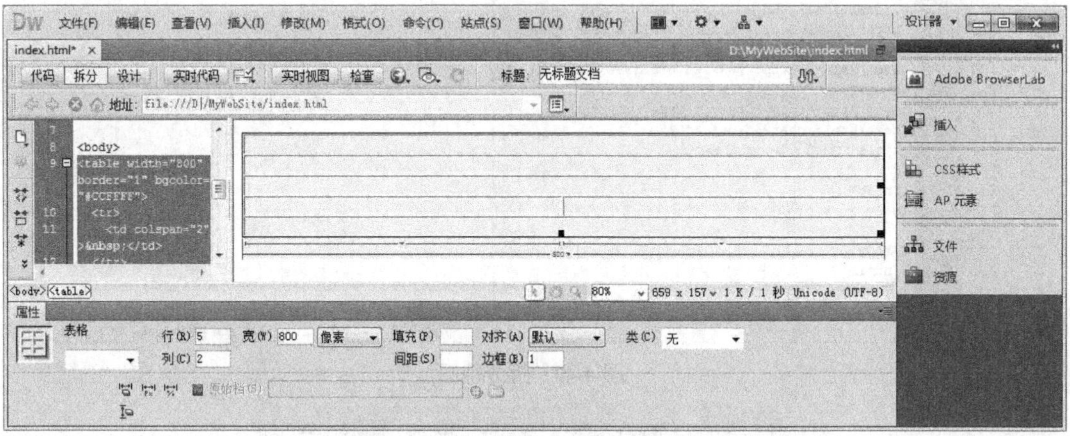

图 4-43　合并单元格

（5）在设计视图中，单击表格第一行，添加网站标题“网页设计客户端技术学习网站”，如图 4-44 所示。

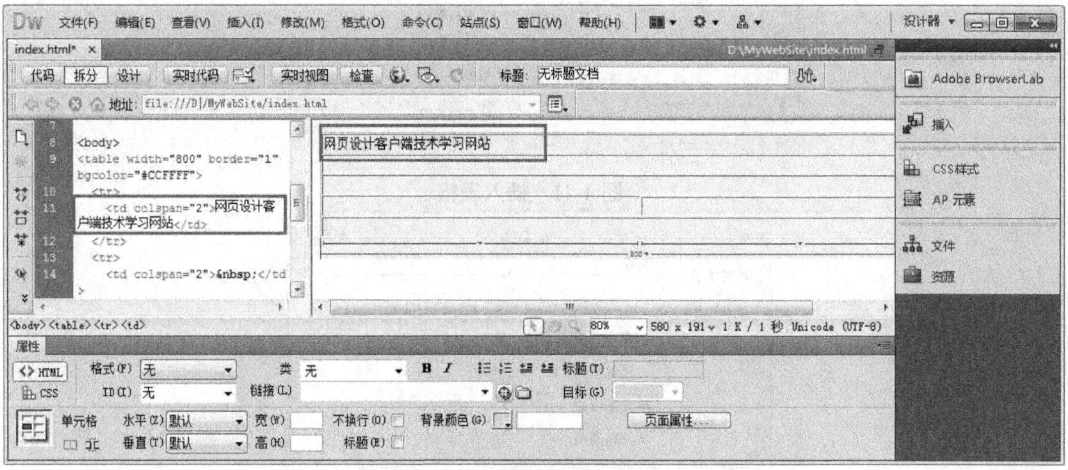

图 4-44　添加网站标题

（6）选中“网页设计客户端技术学习网站”文字并右击，选择“属性”，在“属性”面板中，单击左侧的 CSS 按钮，再单击“编辑规则”按钮，在“新建 CSS 规则”对话框中，选择器类型选取 ID，选择器名称为 titlefont，单击“确定”按钮，弹出“CSS 规则定义”对话框，在该对话框中，选择 font-style 的值为 italic，color 的值为#F00，font-size 的值为 28px，font-weight 的值为 bold，text-align 的值为 center，单击“确定”按钮，得到一个新的样式.titlefont{color:#F00;font-style:italic;font-size:28px;font-weight:bold;text-align:center;}，如图 4-45 所示。

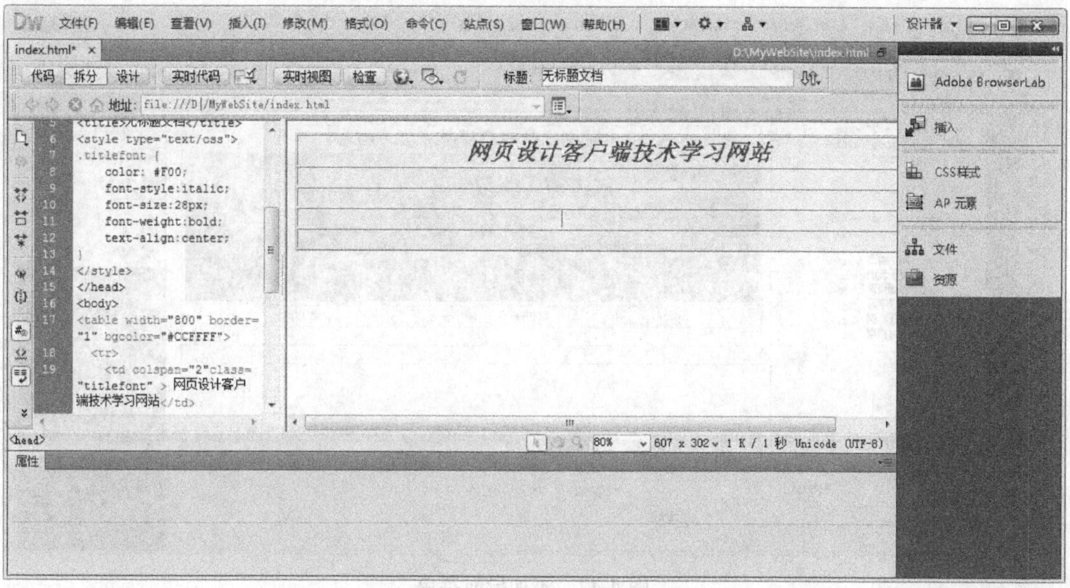

图 4-45 创建标题字体样式

（7）添加网站 banner。将光标停放在第二个单元格中，单击菜单“插入”→“图像”，选择 D:/MyWebSite/images/中的图片 banner.jpg，单击“确定”按钮，将该图片插入到第 2 行的单元格中，如图 4-46 所示。

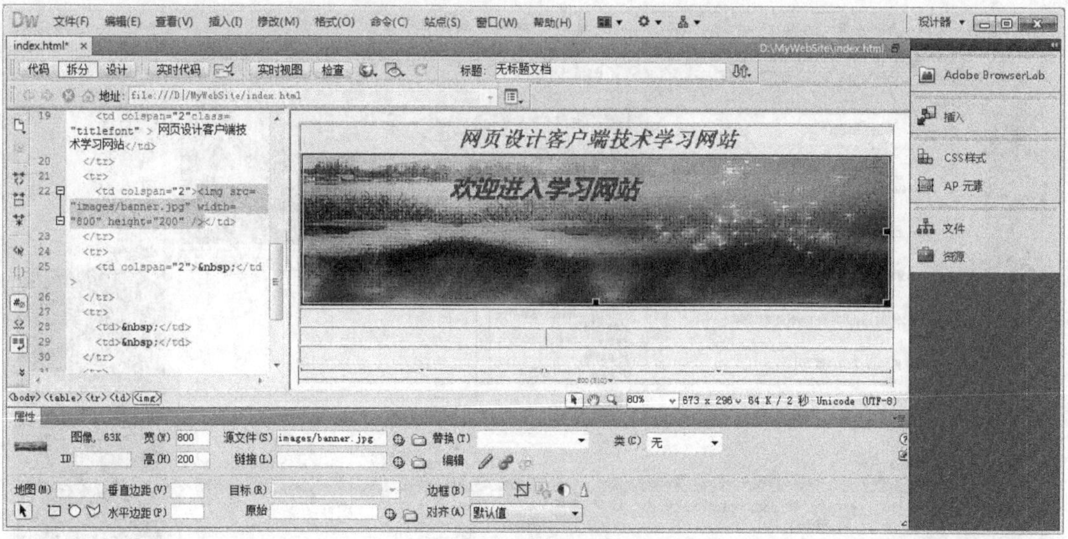

图 4-46 添加网站 banner

（8）选中第 3 行的单元格，单击菜单“插入”→“表格”，插入一个 1 行 6 列的表格。并在表格的各单元格中依次添加如下的导航链接文字：“网站首页”“关于我们”“新闻资讯”“课程学习”“工程案例”“人才指南”，参照步骤（6）创建一个样式.navcol{color: #C30; }，并应用到导航的表格中，如图 4-47 所示。

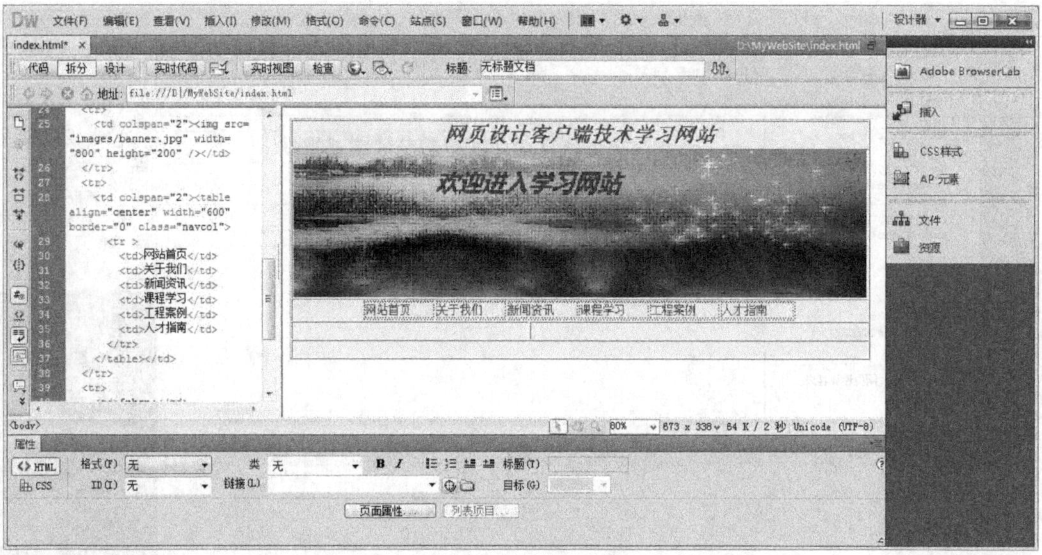

图 4-47　添加导航菜单

（9）在网页中部的左边单元格中插入一个 6 行 1 列的表格，表格边框宽度为 0，并在表格中添加相应的文字，参照步骤（6）创建一个样式.bodyfontcol{ font-family: Georgia, "Times New Roman", Times, serif; font-size: 16px; color: #00F; }，并应用到整个表格的内容行中（即第 4 行），如图 4-48 所示。

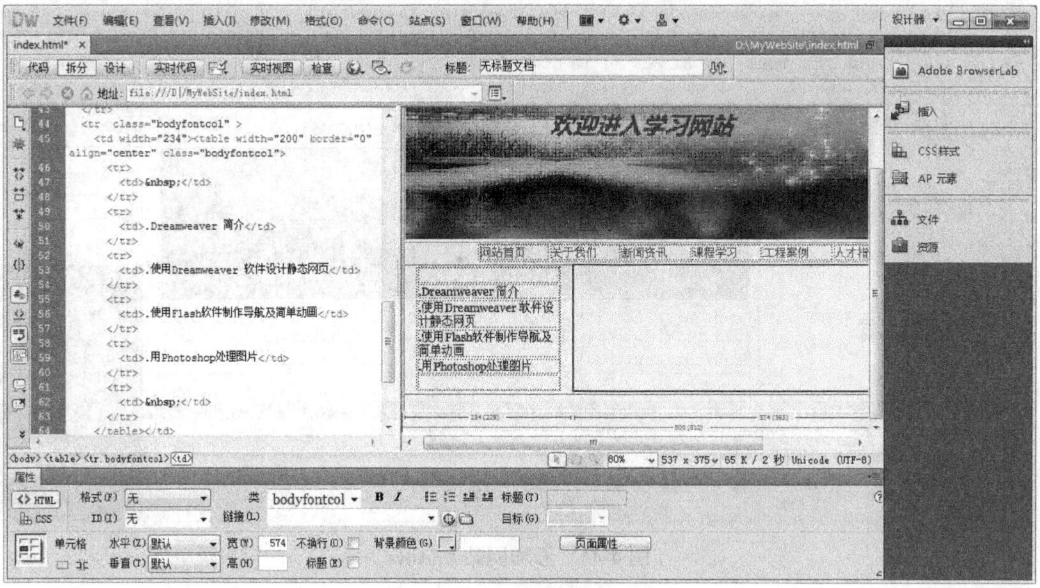

图 4-48　添加左侧内容导航栏

（10）在网页中部的右边单元格中添加相应的内容文字，如图 4-49 所示。

（11）右击底部单元格，选择“属性”，在“属性”面板中，单击右侧的“CSS”按钮，选择“目标规则”为“新建规则”，单击“编辑规则”按钮，在弹出的“CSS 规则定义”对话框中，设置背景的 Background_image 的值为 images/bottom.jpg，再次单击底部单元格，单击菜单“插入”→“表格”，插入一个 3 行 1 列的表格，表格的边框宽度为 0，在表格的各行中依次添加“友情链接”“通讯地址”“联系方式”，完成之后的网页底部如图 4-50 所示。

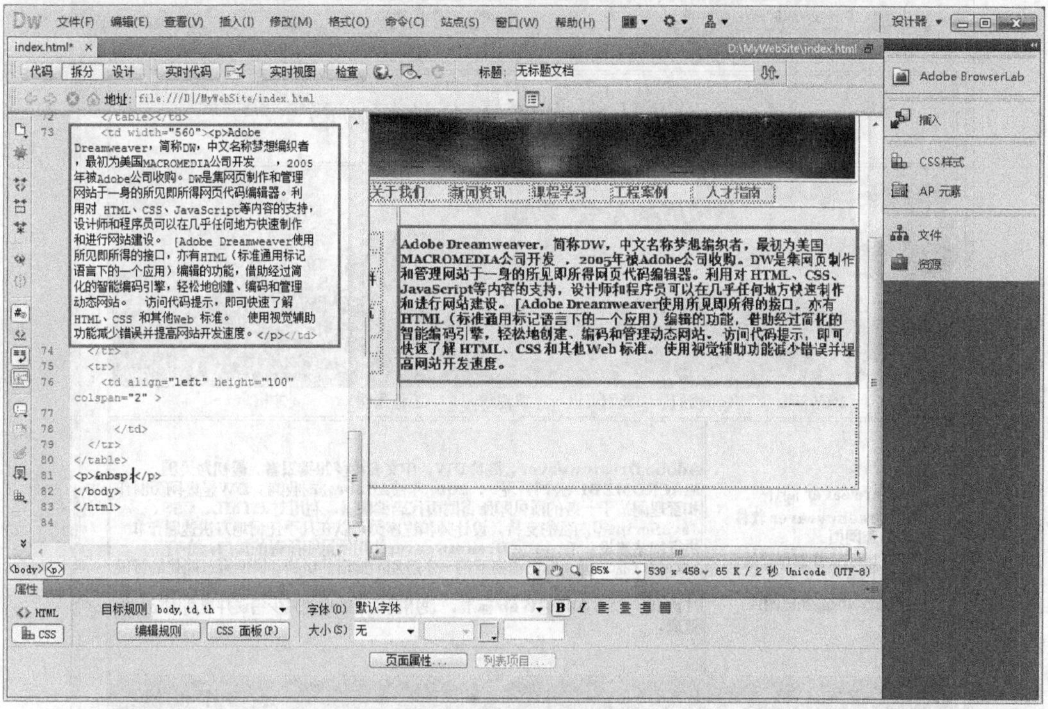

图 4-49　添加右侧内容栏

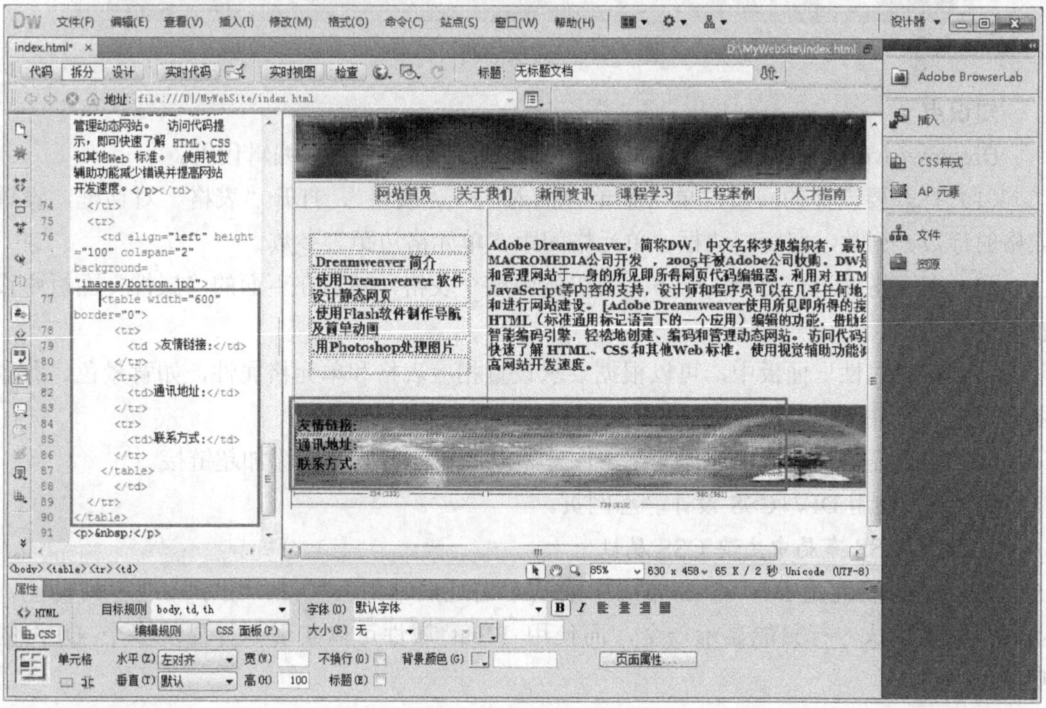

图 4-50　添加底部内容

（12）完成页面设计，在浏览器中打开 index.html，如图 4-51 所示。

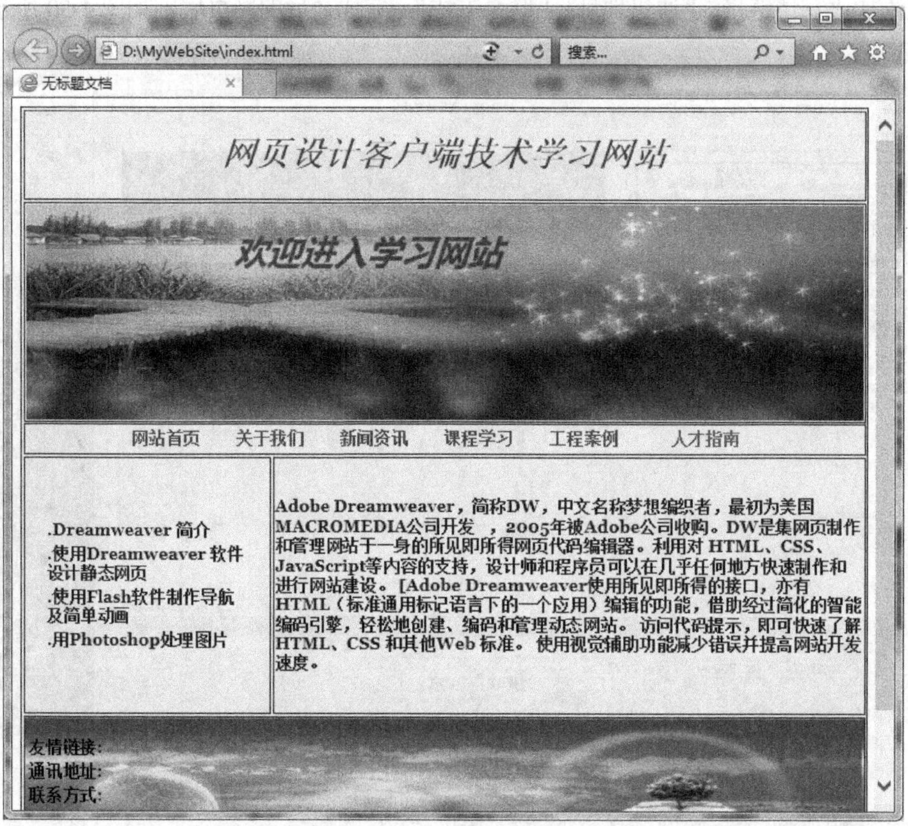

图 4-51　完成的网页页面

知识点

Dreamweaver 可在设计窗口快速布局网页，几乎不需要自己编辑代码。

（1）打开要设计的网页，单击菜单“插入”→“表格”，打开“表格”对话框，设置表格的行数、列数、宽度、边框、单元格间距、单元格边距等参数。

（2）在表格的边框上单击一下，可以选中整个表格，然后在下面的“属性”面板中设置表格样式。

（3）在“属性”面板中，可以根据要求设置相应表格和单元格属性，如背景色、背景图、边框、合并、拆分等。

（4）根据需要在表格中添加文字、图片、动画等，并为它们添加超链接。

例 4-8　使用 DIV+CSS 设计静态网页。

1. DIV+CSS 布局中主要 CSS 属性

Float：该属性是 DIV+CSS 布局中最基本也是最常用的属性，用于实现多列功能，<DIV>标签默认一行只能显示一个，而使用 Float 属性可以实现一行显示多个 DIV 的功能。

Margin：该属性用于设置两个元素之间的距离。

Padding：该属性用于设置一个元素的边框与其内容的距离。

Clear：使用 Float 属性设置一行有多个 DIV 后（多列），最好在下一行开始之前使用 Clear 属性清除一下浮动，否则上面的布局会影响到下面。

2. 创建文件夹和站点

（1）创建文件夹，在任意一个根目录下创建好一个文件夹，如取名为 D:/MyWebSite，在 D:/MyWebSite 文件夹中创建子文件夹 images，用于保存图片资源，将准备好的 banner 图片 banner.jpg 和底部图片 bottom.jpg 放到该文件夹中。

（2）创建站点，打开 Dreamweaver，选择“站点”→“新建站点”，打开站点设置对话框。在站点名称中输入网站的名称（例如，MyWebSite），在本地站点文件夹中选择刚才创建的文件夹（D:/MyWebSite）。然后单击“保存”按钮，如图 4-52 所示。

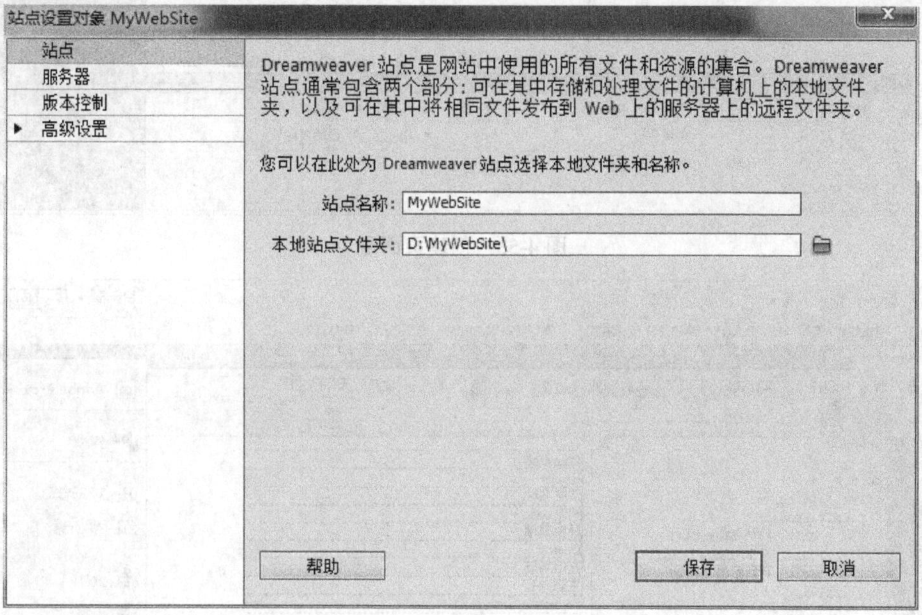

图 4-52　创建站点

3. 创建页面

（1）在 DreamWeaver 中新建一个 HTML 页面，将此文件保存到 D:/MyWebSite 文件夹中，并将它命名为 index.html。

（2）创建整个网页容器，在 DreamWeaver 的拆分窗口中，单击右侧设计窗口，单击菜“插入”→“布局对象”→“Div 标签”，创建出一个页面层 Container，如图 4-53 所示。

按照同样的方法，在设计页面页 Container 中添加 Header 层、Content 层、Footer 层。在 Header 层中，添加“网站名称”“网站 banner”“导航菜单”三个子层，在 Content 层中添加“左侧导航”“主题内容”两个子层，并对每个 div 指定相应的样式名称，如图 4-54 所示。

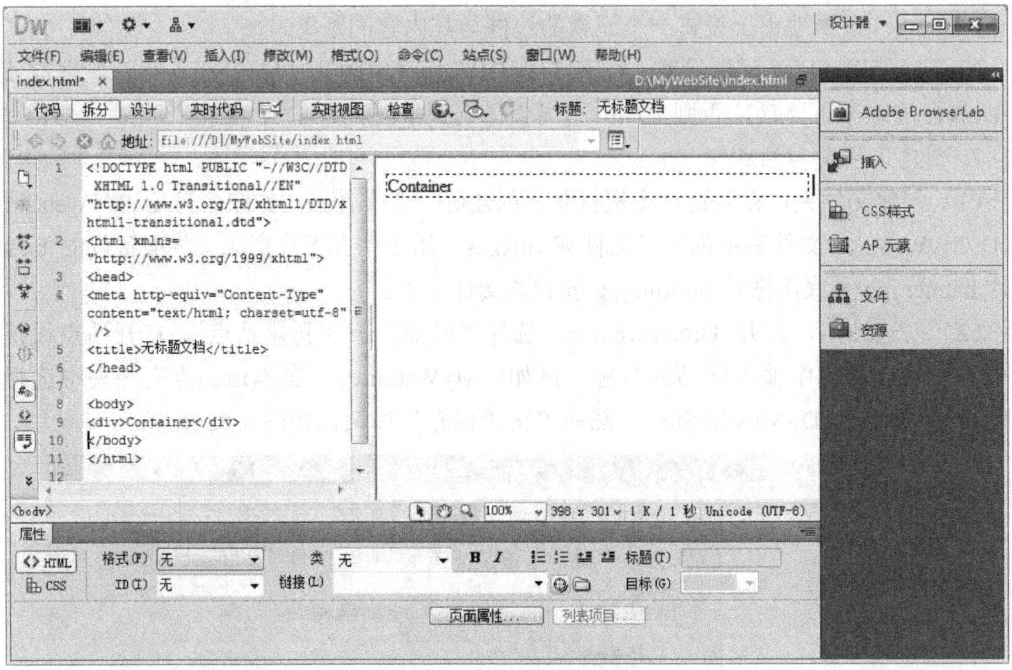

图 4-53　创建页面层

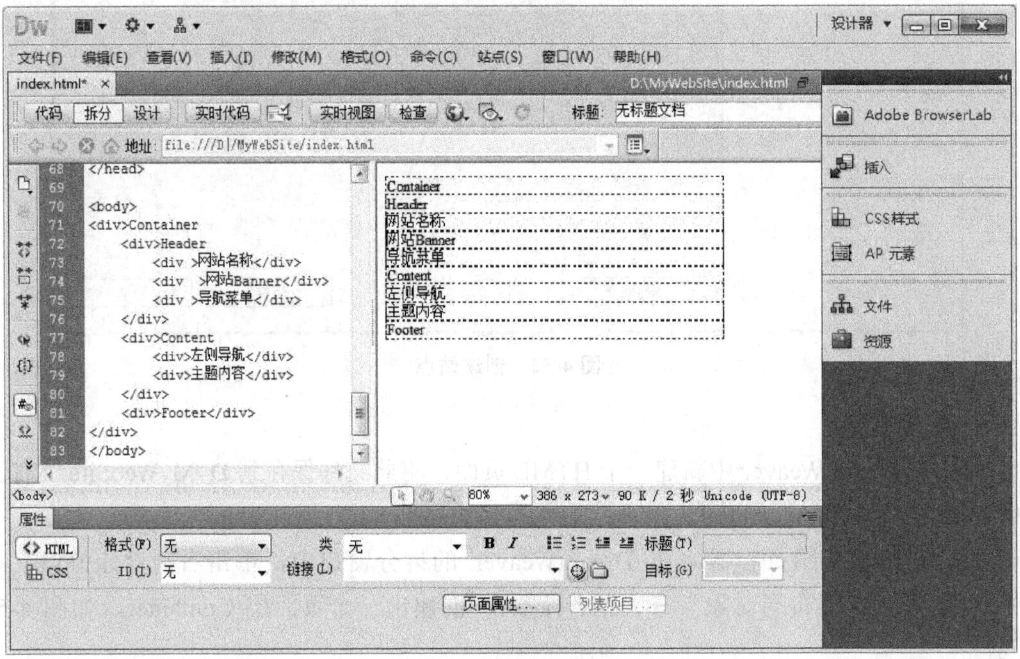

图 4-54　添加其他层

（3）设置一个类选择器样式 Clear，设置其 Clear 属性的值为 both，该样式用于在设置一行有多个 DIV 后（多列）之后清除一下浮动，否则上面的布局会影响到下。设置用于页面层的类选择器样式 Container，设置属性值，即在浏览器中水平居中，宽度 800 像素，背景颜色值为#FCF，如图 4-55 所示。

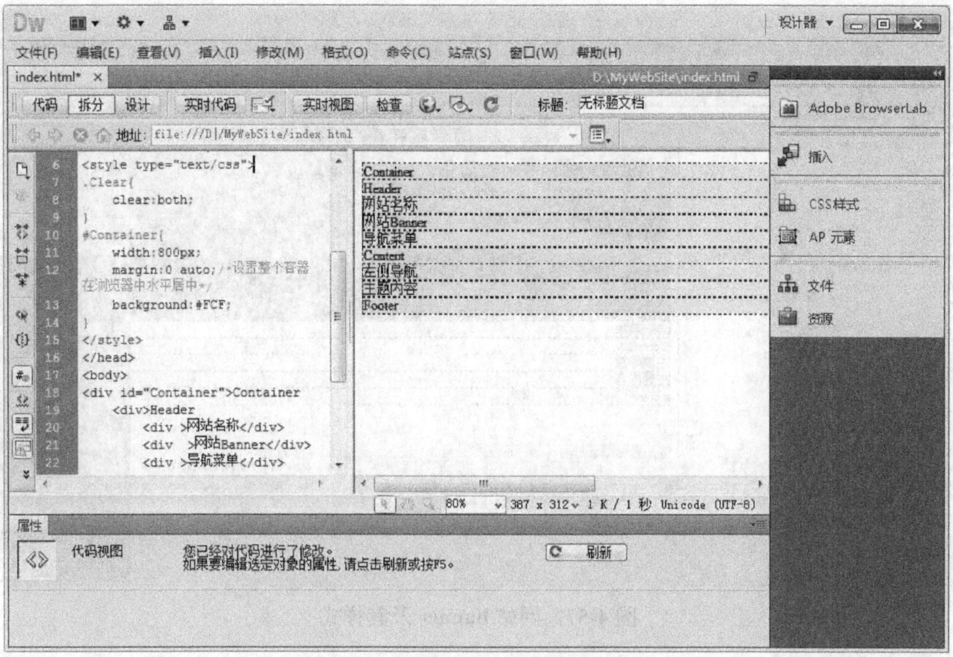

图 4-55　样式#Clear 和#Container

（4）添加网站标题，设置其样式#name：属性 height 的值为 30px，属性 background 的值为#FCF，属性 font-style 的值为 italic，属性 font-size 的值为 24px，属性 text-align 的值为 center，属性 font-weight 的值为 bold，属性 color 的值为#F00，如图 4-56 所示。

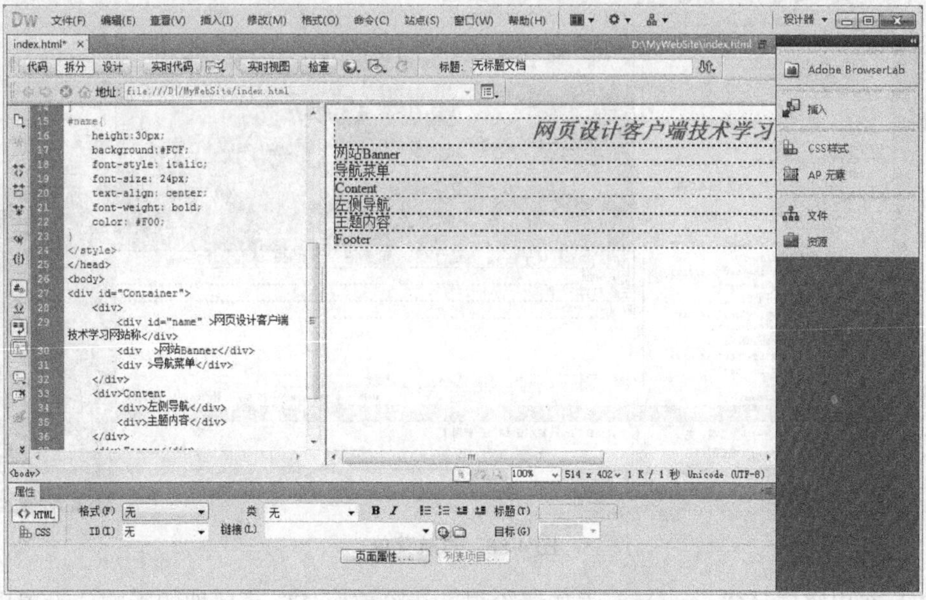

图 4-56　添加网站标题

（5）添加网站 banner，设置其样式#logo：属性 height 的值为 200px，属性 font-weight 的值为 bold，属性 background-image 的值为 url(images/banner.jpg)，如图 4-57 所示。

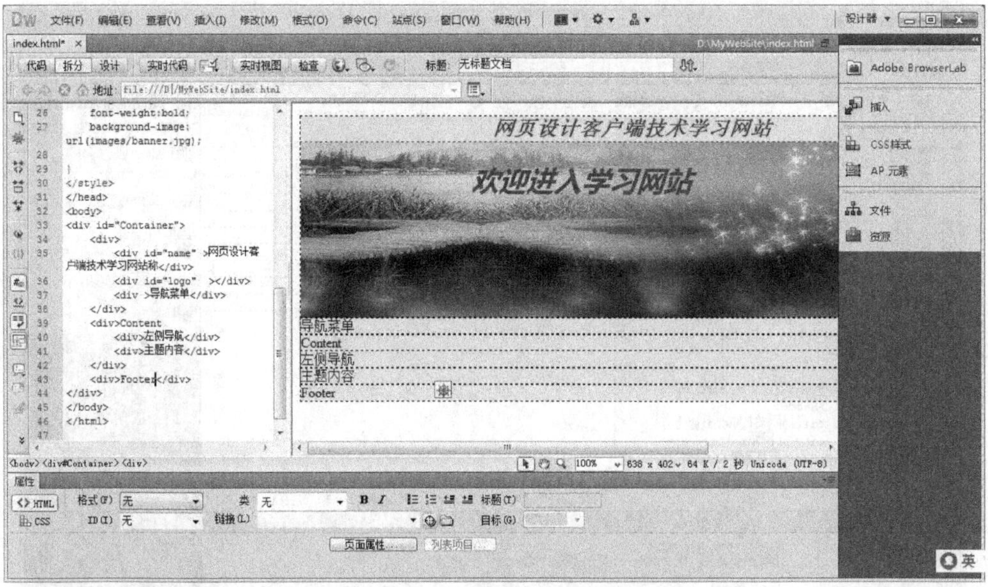

图 4-57　网站 banner 及其样式

（6）在“导航菜单”层中，添加 6 个导航菜单：“网站首页”“关于我们”“新闻资讯”“工程案例”“人才指南”“课程学习”，并设置其样式#nav，属性 float 的值为 left，属性 font-weight 的值为 bold，属性 color 的值为#F00，如图 4-58 所示。

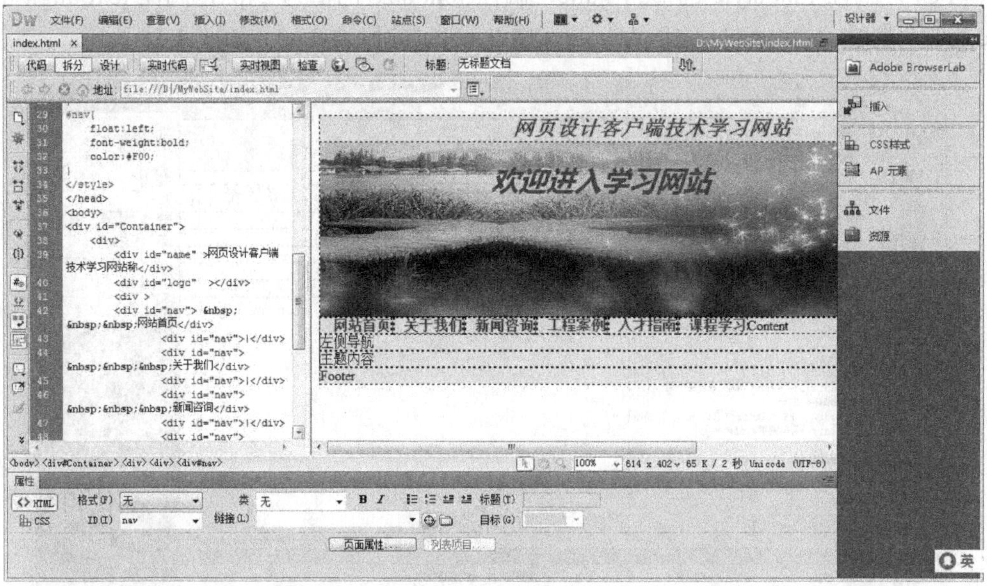

图 4-58　导航菜单

（7）在内容层（Content）前添加清除层，清除前面 Float 属性的影响，设置内容层（Content）样式#Content：属性 height 的值为 300px，属性 margin-top 的值为 20px，属性 background 的值为#0FF，设置左侧导航层（Content-Left）的样式#Content-Left，属性 height 的值为 200px，属性 width 的值为 200px，属性 margin 的值为 20px，属性 float 的值

为 left，属性 background 的值为#6FF，并添加内容，如图 4-59 所示。

图 4-59　左侧导航层

（8）设置主题内容层（Content-Main）的样式#Content-Main：属性 height 的值为 200px，属性 width 的值为 500px，属性 margin 的值为 20px，属性 float 的值为 left，属性 background 的值为#6FF，添加主题内容层（Content-Main）的内容，如图 4-60 所示。

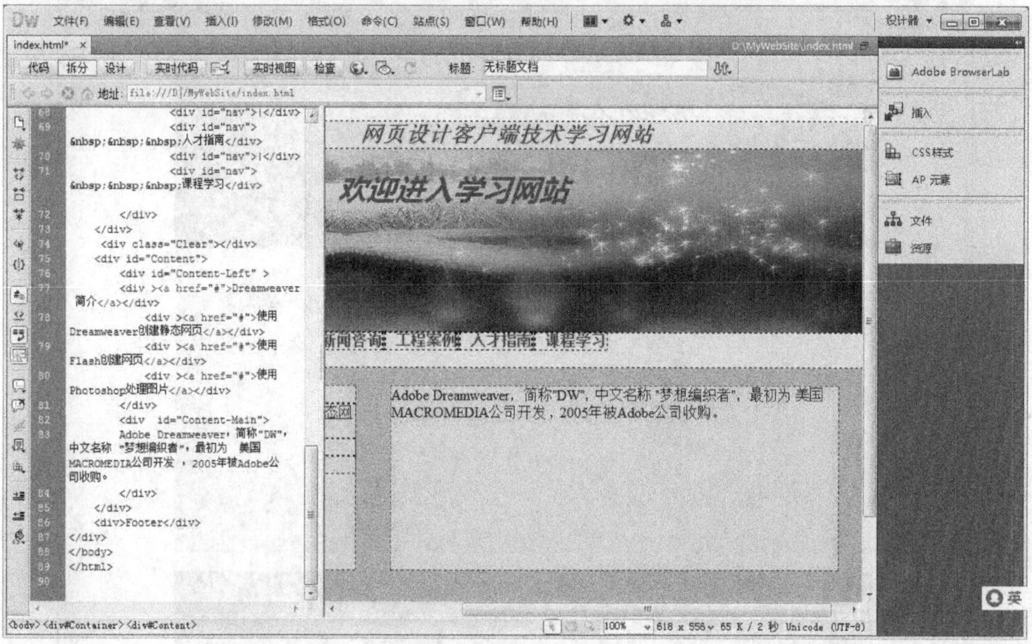

图 4-60　主题内容层

（9）在页脚内容层（Footer）前添加清除层，清除前面 Float 属性的影响，在页脚内容层（Footer）中添加 3 个 div 标签，其内容分别为："友情链接""通讯地址""联系方式"。设置页脚内容（Footer）样式#Footer：属性 color 的值为#F00，属性 font-weight 的值为 bold，属性 height 的值为 100px，属性 background 的值为#90C；属性 margin-top 的值为 20px；属性 background-image 的值为 url(images/bottom.jpg)，如图 4-61 所示。

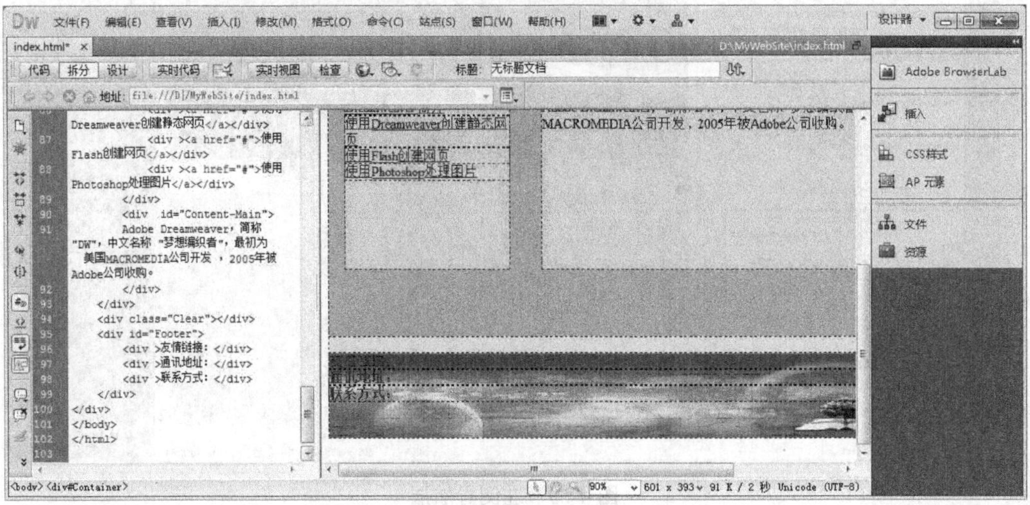

图 4-61　页脚内容层

（10）在浏览器中打开 index.html，如图 4-62 所示。

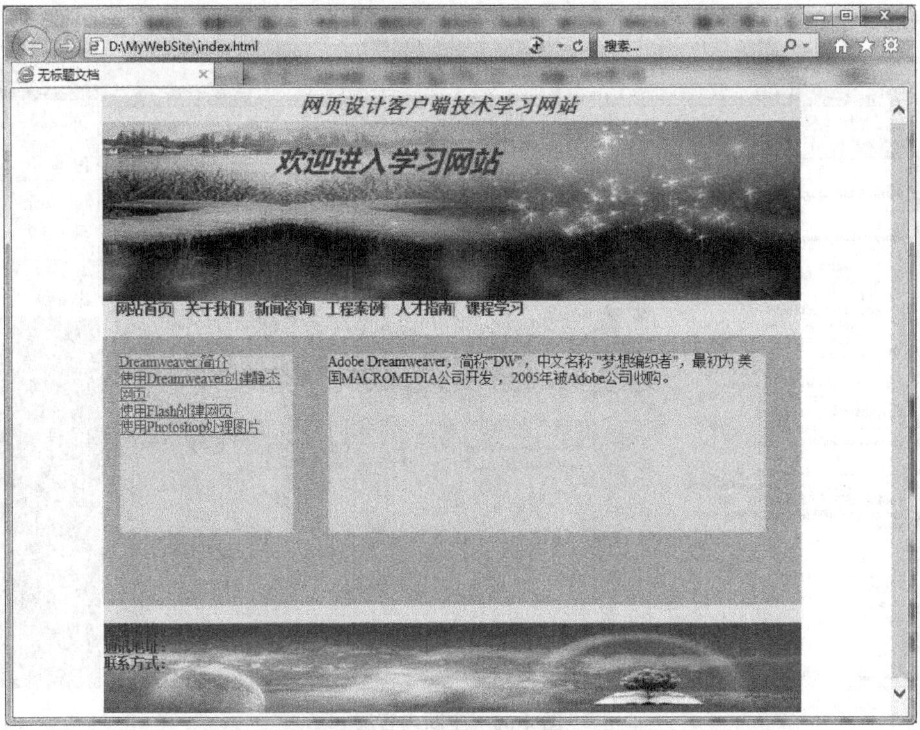

图 4-62　完成的页面

知识点

（1）CSS 就是通过找到事先在代码中做好的标记，在 CSS 上对应进行统一的布局修改，CSS 一般由选择符（selector）、属性（property）、属性值（value）三部分组成。CSS 的基本语法结构：selector {property1:value;property2:value;...}，选择符的作用是在文档中选择使用样式的元素和内容，简单说就是对应 HTML 中相应的标记，选择符主要分为通配选择符（*）、类型选择符（p）、ID 选择符（#）和类选择符（.）等。CSS 的属性包括字体属性、文本属性、背景属性、边框属性等。

（2）通过<div>将不同的元素移动到页面的任意位置，实现简单粗略的规划和布局，而且也可以创建多个<div>，这些<div>可以并列，也可以嵌套，甚至可以重叠。<div>的用法也比较简单：<div>内容</div>，以此实现分层，为了区分不同的<div>，这里又引入了<div>的属性：①标记属性：id；②标题属性：title；③类属性：class；④制定语言属性：lang；⑤文本显示方向属性：dir；⑥定义级联样式属性：style；⑦对齐属性：align；⑧取消自动换行属性 nowrap。

（3）由于<div>中控制元素呈现的属性很少，而且不能定义<div>的宽度和高度，所以依赖于 div 与 css 的联用来实现网页布局的呈现，而不是引入 div+css 就可以做好页面的布局。对于一个静态网页的布局，一定要在书写代码前勾勒出所制作的网页实际的大体布局，做好框架、分好模块、列出条理、理清思路，然后再开始写代码，进而利用 div+css 辅助，这样才会使静态网页的制作更简洁高效。

二、练一练

（1）Dreamweaver 的插入（Insert）菜单中，Script 表示（　　）。

A. 显示插入备注对话框　　B. 显示插入脚本对话框
C. 插入换行标志　　D. 插入一个空格

（2）所有的脚本文件都从（　　）开始执行。

A. do　　B. main　　C. star　　D. action

（3）表单是网页上的一个特定的区域，在 HTML 语言中定义表单的标记是（　　）。

A. <form>　　B. <frame>　　C. <frameset>　　D. <table>

（4）在 HTML 语言中，<body alink=#ff0000>表示（　　）。

A. 设置链接颜色为红色　　B. 设置访问过链接颜色为红色
C. 设置活动链接颜色为红色　　D. "#00FF00"

（5）在 CSS 语言中下列（　　）是“文本缩进”的允许值。

A. auto　　B. 背景颜色　　C. 百分比　　D. 统一资源定位 URLs

【模块 4 自测】

一、选择题

（1）a：hover 表示超链接的文字在（　　）状态。

A. 鼠标经过 B. 鼠标按下 C. 鼠标未经过 D. 访问过后

（2）站点地图所描述的站点结构，是以（ ）为开始点。

A. 站点根目录 B. 主页 C. 任意网页 D. 站点名称

（3）在 Dreamweaver CS5 中，通过（ ）实现对网页内容的精确定位。

A. 表单 B. 层 C. 表格 D. 文本域

（4）在（ ）中选择层是最准确的，特别是在页面有很多的层或嵌套的层。

A. 工作区 B. 编辑区 C. 库面板 D. 层管理面板

（5）在客户端网页脚本语言中最为通用的是（ ）。

A. JavaScript B. VB C. Perl D. ASP

（6）在 Flash 软件中，某关键帧上的脚本为"gotoAndStop(10);"，下列动作命令能产生与该脚本相同效果的是（ ）。

A. gotoAndPlay(10);stop(); C. play(10);stop();

B. stop(10); D. gotoAndPlay(10);stop(10);

（7）下列关于 Flash 软件的说法正确的是（ ）。

A. Flash 源文件格式是 FLA，导出的格式只能是 swf。

B. Flash 元件有图形、按钮、影片剪辑 3 种类型，且只有这 3 种。

C. 动画（动作）补间的对象必须是分离的。

D. 元件实例都为分离状态。

（8）下列不是 Flash 专业术语的是（ ）。

A. 关键帧 B. 引导层 C. 补间动画 D. 滤镜

二、填空题

（1）设置背景图片的属性是（ ）。

（2）导航条是指一组分别指向不同（ ）的按钮，用于在一系列具有相同级别的网页间进行跳转。

（3）网页中支持的图像格式有（ ）、（ ）、（ ）三种。

（4）表格格式设置的优先顺序为（ ）、（ ）、（ ）。

（5）框架由两部分组成，这两部分是（ ）和（ ）两个主要部分组成。

（6）动作脚本可以添加在（ ），也可以添加在（ ）和（ ）实例上。

（7）Flash 中三种文本类型分别是：静态文本、（ ）和输入文本。

（8）根据图像显示原理的不同，图形可以分为（ ）和（ ）。

（9）设置帧频就是设置动画的播放速度，帧频越大，播放速度越（ ），帧频越小，播放速度越（ ）。

（10）帧的类型有 3 种：（ ）、（ ）和关键帧。

三、判断题

（1）可以在不设置 Dreamweaver 站点的情况下编辑网页文件。（ ）

（2）图像可以用于充当网页内容，但不能作为网页背景。（　　）

（3）网页一般分为静态网页和链接网页。（　　）

（4）选中表格后，Dreamweaver 中即可显示表格属性，即可对表格的对齐方式、高度、宽度、边框样式等进行设置。（　　）

（5）在 Dreamweaver 中，可以导入外部的数据文件，还可以将网页中的数据表格导出为纯文本的数据文件。（　　）

（6）使用颜料桶工具可以填充渐变线条。（　　）

（7）在任何清况下，只能有一个图层处于当前为模式。（　　）

（8）电影剪辑元件可以创建重复使用，并依赖于主时间轴的动画片段。（　　）

（9）在 Flash 中默认情况下，使用发布命令可以创建 swf 文件，并创建所需的 HTML 文档。（　　）

（10）用 Flash 制作动画时，选择要分布到不同层中的对象，对象可以位于若干层中，但是一定要是相邻的层。（　　）

四、问答题

（1）简述一个 HTML 文档的基本结构。

（2）简述超级链接分为哪几种类型?

（3）Flash 的动作脚本主要分为两种，它们有什么区别？主要用于什么情况？

五、上机操作题

设计用户注册表单，要求如下。

（1）表单中插入表格，使网页布局美观。

（2）网页中要有可以提供给用户填写个人资料及意见的表单域。

（3）关键步骤要写完整、清晰，为便于说明，可以加图示。

模块 5　美工基础知识

【项目案例】

案例　世界大学城空间 banner 设计（使用 Photoshop 设计）

1. 项目综述

网站的美工设计是企业形象的化身，它展现出了企业文化和企业精神，是企业在互联网中的一张名片。绝大部分客户对网站程序代码并不了解，打开网站映入眼帘的首先是美工界面，所以网站美工设计就成为了搭建企业与客户之间的桥梁。一个好的企业网站，不仅可以给客户提供公司简介、产品展示和订购、客服交流等基本功能，而且拥有美观的美工设计，为客户带来视觉上享受。本项目以大学城空间首页 banner（即标题栏）的设计为例，简单介绍一些实用的美工设计方法和理念，供初学者学习和参考。

2. 项目预览

世界大学城空间的 banner 可以设计成一个宽 1004 像素，高为任意像素的图片，banner 的设计要求颜色简单有力，加载清晰快速。对于 banner 的视觉传达很重要，只要让用户一目了然，目的就达到了。图 5-1 所示设计了一个 1004×250 像素的图片。

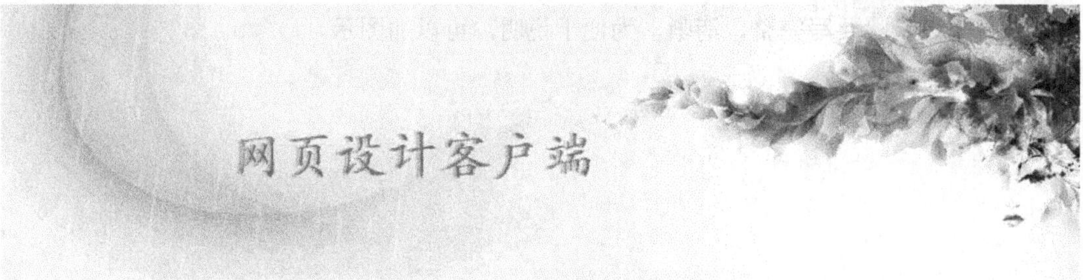

图 5-1　banner 设计示例

3. 操作方法

世界大学城的标题栏可以使用 jpg、png、gif 等格式的图片，或者 Flash 动画。本例使用的图片是 png 格式，操作步骤如下。

登录世界大学城后，进入“管理空间”→“装扮空间”→“高级设置”→“标题栏设置”，界面如图 5-2 所示。单击“本地上传”，上传上面设计好的图片，设置高度像素值，单击下方的“保存”，效果即生效，在上方的窗口即可看到设计的效果。

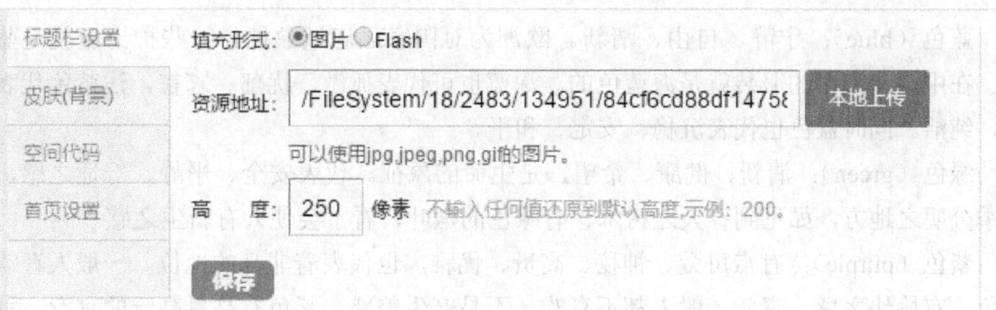

图 5-2　世界大学城标题栏设置

banner 设置成功后的界面如图 5-3 所示。如果不想要显示姓名和欢迎的文字，单击图 5-2 中“首页设置”，去掉空间名称及欢迎标语中的文字，单击“保存”即可。

图 5-3　banner 设置成功的界面

【知识点学习】

任务 1　认识颜色

在网页设计中色彩的使用非常重要，色彩使用得当的网页能让用户有美好的体验。通常网页设计项目都有专业的美工人员对版面、主题颜色、图片等进行专业设计。这个模块主要是让初学者对颜色的基本知识有一个初步的认识。

1. *颜色的定义*

色彩在生活中无处不在，正因为这些丰富多彩的颜色，让我们的生活绚丽多彩。那么各种颜色又分别代表什么寓意呢？会带给人们什么样的感受呢？下面一起来看一看。

红色（red）：热情、活泼、张扬。容易鼓舞勇气，同时也很容易生气，情绪波动较大，东方则代表吉祥、乐观、喜庆之意，红色也有警示的意思。

橙色（orange）：时尚、青春、动感，有种让人活力四射的感觉。炽烈之生命，太阳光也是橙色。

蓝色（blue）：宁静、自由、清新。欧洲为对国家之忠诚象征。一些护士服就是蓝色的。在中国，海军的服装就是海蓝色的。深蓝也可代表孤傲、忧郁、寡言，浅蓝色代表天真、纯洁。同时蓝色也代表沉稳、安定、和平。

绿色（green）：清新、健康、希望，是生命的象征。代表安全、平静、舒适之感，在四季分明之地方，如见到春天之树木、有绿色的嫩叶，看了会使人有新生之感。

紫色（purple）：有点可爱、神秘、高贵、优雅，也代表着非凡的地位。一般人喜欢淡紫色，有愉快之感，青紫一般人都不喜欢，不易产生美感。紫色有高贵高雅的寓意，神秘感十足。紫色也是西方帝王的服色。

黑色（black）：深沉、压迫、庄重、神秘、无情色，是白色的对比色。有一种让人感到黑暗的感觉，如和其他颜色相配合含有集中和重心感。在西方用于正式场合。

灰色（gray）：高雅、朴素、沉稳。代表寂寞、冷淡、拜金主义，灰色使人有现实感，也给人以稳重安定的感觉。

白色（white）：清爽、无瑕、冰雪、简单。无情色，是黑色的对比色。表纯洁之感，及轻松、愉悦，浓厚之白色会有壮大之感觉，有种冬天的气息。在东方也象征着死亡与不祥之意。

粉红（pink）：可爱、温馨、娇嫩、青春、明快、浪漫、愉快。但对以不同的人感觉也不同，有些房间如果搭配好的话，会让人感到温馨，没有搭配好的话，会让人感到压抑。建议最好不要用粉色来装修客厅。

黄色（yellow）：黄色的灿烂、辉煌，有着太阳般的光辉，象征着照亮黑暗的智慧之光。黄色有着金色的光芒，象征着财富和权利，它是骄傲的色彩。东方代表尊贵、优雅，是帝王御用颜色；是一种可以让人增强食欲的颜色。西方基督教以黄色为耻辱象征。

棕色（brown）：代表健壮，与其他色不发生冲突。有耐劳、沉稳、暗淡之情，因与土地颜色相近，更给人可靠、朴实的感觉。

银色（silver）：代表尊贵、纯洁、安全、永恒，体现品牌的核心价值。代表尊贵、高贵、神秘、冷酷，给人尊崇感，也代表着未来感。

2. 三原色原理

三原色光模式（英语：RGB color model），又称 RGB 颜色模型或红绿蓝颜色模型，是一种加色模型，将红（Red）、绿（Green）、蓝（Blue）三原色的色光以不同的比例相加，以产生多种多样的色光。RGB 颜色模型如图 5-4 所示（见彩插）。

RGB 颜色模型的主要目的是在电子系统中检测，表示和显示图像，比如电视和电脑，在传统摄影中也有应用。在电子时代之前，基于人类对颜色的感知，RGB 颜色模型已经有了坚实的理论支撑。RGB 是一种依赖于设备的颜色空间：不同设备对特定 RGB 值的检测和重现都不一样，因为颜色物质（荧光剂或者染料）和它们对红、绿和蓝的单独响应水平随着制造商的不同而不同，甚至是同样的设备不同的时间也不同。

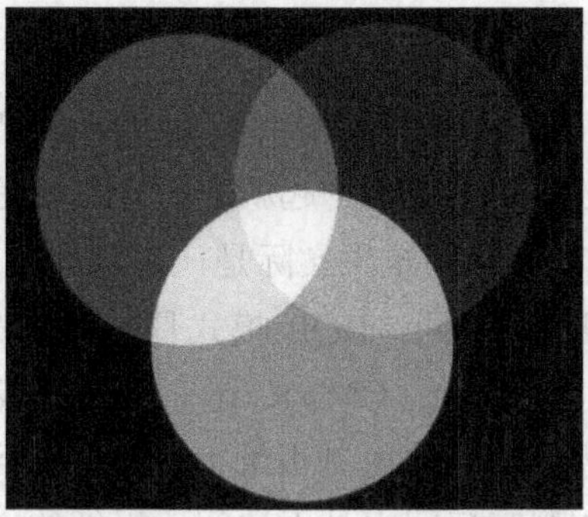

图 5-4　RGB 颜色模型

传统美术色彩三原色为红，黄，蓝，如图 5-5 所示（见彩插）。因为美术教科书中讲的是绘画颜料的使用，色彩调色中红、黄、蓝为三原色；而一般电视光色则是红、绿、蓝，在美术实践和生产操作中说的三原色是科学上精确的三原色。

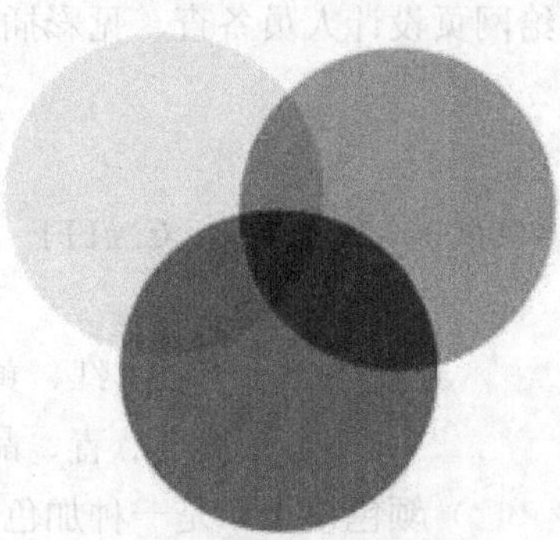

图 5-5　色彩三原色模型

3. RGB 颜色表示

RGB 色彩模式是工业界的一种颜色标准，是通过对红（R）、绿（G）、蓝（B）三个颜色通道的变化以及它们相互之间的叠加来得到各式各样的颜色的，RGB 即是代表红、绿、蓝三个通道的颜色，这个标准几乎包括了人类视力所能感知的所有颜色，是目前运用最广的颜色系统之一。

RGB 色彩模式使用 RGB 模型为图像中每一个像素的 RGB 分量分配一个 0～255 范围内的强度值。RGB 图像只使用三种颜色，就可以使它们按照不同的比例混合，在屏幕上呈现 16, 777, 216（256×256×256）种颜色。如 rgb（255, 0, 0）表示红色，也可以使用十六进制表示，#FF0000 表示红色，也可简记为#F00。

在模块 1 的任务 2 中设置属性颜色值时，使用了设置颜色的 3 种方式：rgb(x,x,x)、#xxxxxx、colorname，这里对其原理加以了说明。模块 1 的表 1-3 列出了常用的 16 种颜色的名称，及其应用的十六进制值。

4. CMYK 颜色表示

CMYK 也称作印刷色彩模式，顾名思义就是用来印刷的，是一种依靠反光的色彩模式，和 RGB 类似，CMY 是 3 种印刷油墨名称的首字母：青色 Cyan、品红色 Magenta、黄色 Yellow。其中 K 是源自一种只使用黑墨的印刷版 Key Plate。从理论上来说，只需要 CMY 三种油墨就足够了，它们三个加在一起就应该得到黑色。但是由于目前制造工艺还不能造出高纯度的油墨，CMY 相加的结果实际是一种暗红色。

它和 RGB 相比有一个很大的不同：RGB 模式是一种发光的色彩模式，你在一间黑暗的房间内仍然可以看见屏幕上的内容；CMYK 是一种依靠反光的色彩模式，我们是怎样阅读报纸的内容呢？是由阳光或灯光照射到报纸上，再反射到我们的眼中，才看到内容。它需要有外界光源，如果你在黑暗房间内是无法阅读报纸的。

只要在屏幕上显示的图像，就是 RGB 模式表现的。只要是在印刷品上看到的图像，就是 CMYK 模式表现的。比如期刊、杂志、报纸、宣传画等，都是印刷出来的，所以它们都是 CMYK 模式的。

5. 色谱表

提供一个常用颜色色谱表给网页设计人员备查，见彩插中色谱表。

6. 练一练

（1）以下（　　）表示白色。

A. #FFFFFF　　B. #000000　　C. #FFF　　D. #00F

（2）美术色彩三原色是指（　　）三种颜色。

A. 红、绿、蓝　　B. 红、黄、蓝

C. 黄、绿、蓝　　D. 青、品红、黄

（3）三原色光模式又称（　　）颜色模型，是一种加色模型。

A. RYB　　B. YGB　　C. RGB　　D. CMYK

（4）（　　）色彩模式是工业界的一种颜色标准，几乎包括了人类视力所能感知的所有颜色，是目前运用最广的颜色系统之一。

A. RYB　　B. YGB　　C. CMYK　　D. RGB

（5）红色的颜色值是（　　）。

A. #FF0000　　B. #00FF00　　C. #0000FF　　D. #FFFFFF

任务 2　网页色彩搭配

俗话说："红配绿看不够，红配蓝招人烦"，就是告诉大家一个颜色搭配的道理。熟练地运用色彩搭配，设计出来的作品必定和谐得体，令人赏心悦目。色彩搭配不合理的网页，也会让人看着不舒服。因此，色彩搭配在网页设计中是至关重要的。

1. 色彩的定义

色彩由无彩色和有彩色组成，白色和黑色，还有在它们之间所产生的全部的灰色段都称为无彩色。无彩色是用明度的差异来区分的，白色是最鲜亮的，黑色是最灰暗的。无彩色是没有色相的种类，只有明度的变化。有彩色是指无彩色以外所有的颜色，有彩色有明度的变化，和纯度的差异。

要学会色彩搭配，首先必须辨识色彩的三个属性素：色相、明度和纯度。色相，是色环色彩中的一个，也叫色名，12 色相环如图 5-6 所示（见彩插）。色相是色彩的首要特征，简单来说就是眼睛对不同光波射线产生不同的感受。明度，是色彩明亮程度，也叫亮度。纯度，是色彩深浅，或者说颜色的纯净度或鲜艳度，也叫彩度。

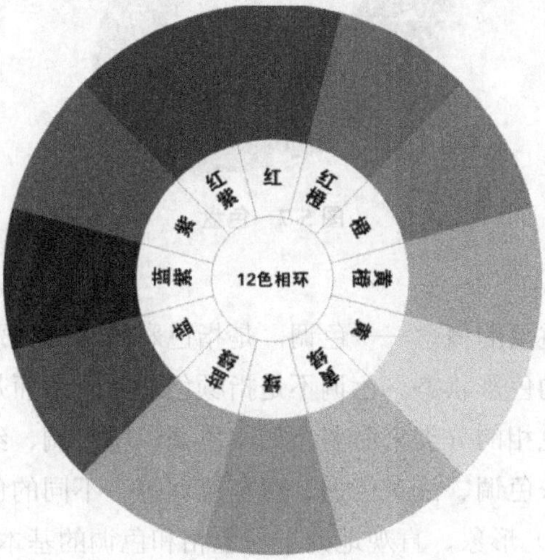

图 5-6　色相环

2. 色彩搭配定义

当不同的色彩搭配在一起时，色相彩度明度作用会使色彩的效果产生变化。两种或者多种浅颜色配在一起不会产生对比效果，同样多种深颜色合在一起效果也不吸引人。但是，当一种浅颜色和一种深颜色混合在一起时，就会使浅色显得更浅，深色显得更深。明度也同样如此。

现在有一个很时髦的岗位——色彩搭配师，是经过一系列的色彩培训，拥有丰富的色彩知识，并且运用这些色彩知识和专业的技能，进行色彩搭配与设计、色彩策划与营销、色彩调查与管理、色彩研究与咨询。色彩搭配师通过色彩测量、色彩咨询、色彩调查、色彩研究与培训等工作为社会提供专业化的色彩服务，提升各领域色彩设计与应用。

3. 色彩搭配原理

我们所说的色彩搭配一般为绘画中的色彩，三原色为红黄蓝。进入 21 世纪，随着科技的发展，色彩不再仅仅局限于绘画上，所以这里说的色彩搭配是指以光的三原色为基础制作的色相环。色彩搭配中要使用到以下几个重要概念：原色、第二色（间色）、第三色（混合色）。

原色，色盘上延伸最长的几段表示出了三种原色——红黄蓝，如图 5-7 所示（见彩插）。它们之所以称为原色是因为其他的颜色都可以通过这三种颜色组合而成。

第二色（间色），将任何两种原色混合起来，你就可以得到间色。如：橙（红加黄）、紫（红加蓝）、绿（蓝加黄）。

第三色（混合色），色盘上另外 6 种颜色称为混合色。它们是原色和一种临近的间接色混合而成的。如：橘黄（黄加橙）、青（黄加绿）、深绿（绿加蓝）、绛（红加橙）。

图 5-7　色盘

4. 色彩搭配技巧

色彩搭配还有一个重要的概念——色调，是指色彩浓淡、强弱程度，是通过色彩的明度和纯度综合表现出来的色彩状态。色调不是指颜色的性质，而是对画面的整体颜色的概括评价。色调可以按照色相的分类来命名，如蓝色调、粉色调、红色调等。色调也可以对无彩进行分类命名，如灰色调、浅灰色调、深灰色调等。不同的色调可以营造不同的氛围和感觉。图 5-8（见彩插）形象、直观地列出了色相和色调的基本概念。

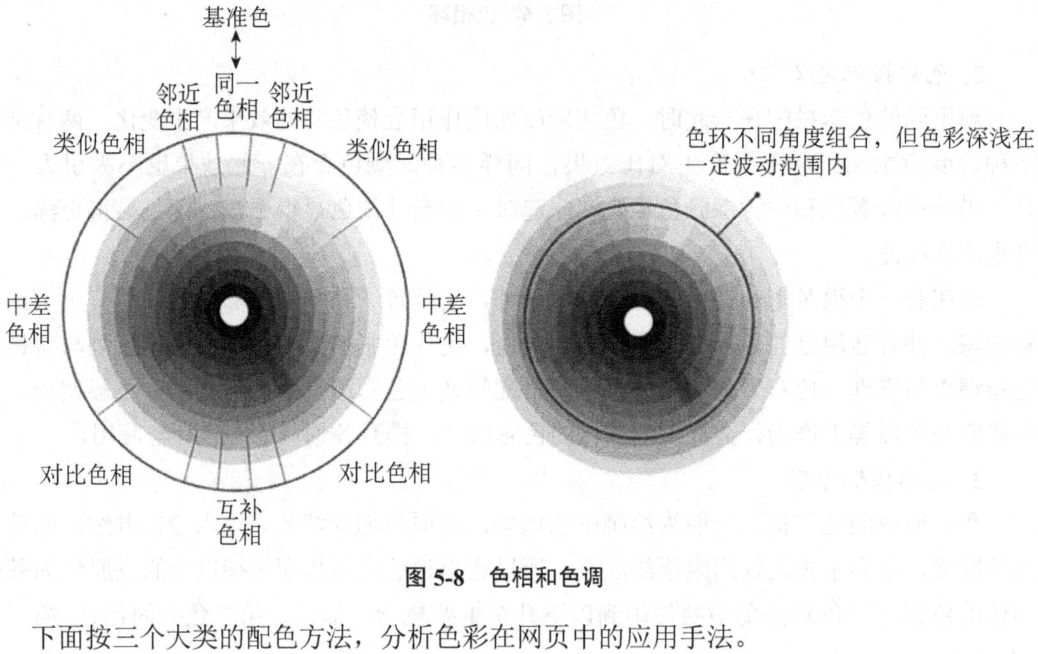

图 5-8　色相和色调

下面按三个大类的配色方法，分析色彩在网页中的应用手法。

1）色相配色

以色相为基础的配色是以色相环为基础进行思考的。用色相环上类似的颜色进行配色，可以得到稳定而统一的感觉。用距离远的颜色进行配色，可以达到一定的对比效果。

这里介绍由色相差而形成的配色方式——主导色彩配色，是一种由色相构成的统一配色，即由某一种色相支配、统一画面的配色，如果不是同一种色相，色环上相邻的类似色也可以形成相近的配色效果。当然，也有一些色相差距较大的做法，比如撞色的对比，或者有无色彩的对比。根据主色与辅色之间的色相差不同，又可以分为以下类型：同色系主导、邻近色主导、类似色主导、中差色主导、对比色主导、中性色主导、多色搭配下的主导等。

图 5-9（见彩插）给出了类似色主导配色的一个案例。红、黄双色主导页面，色彩基本用于不同组控件表现，红色用于导航控件、按钮和图标，同时也作辅助元素的主色。利用偏橙的黄色代替品牌色，用于内容标签和背景搭配。案例特色：基于品牌色的类似色运用，有主次地用到页面各类控件和主体内容中。

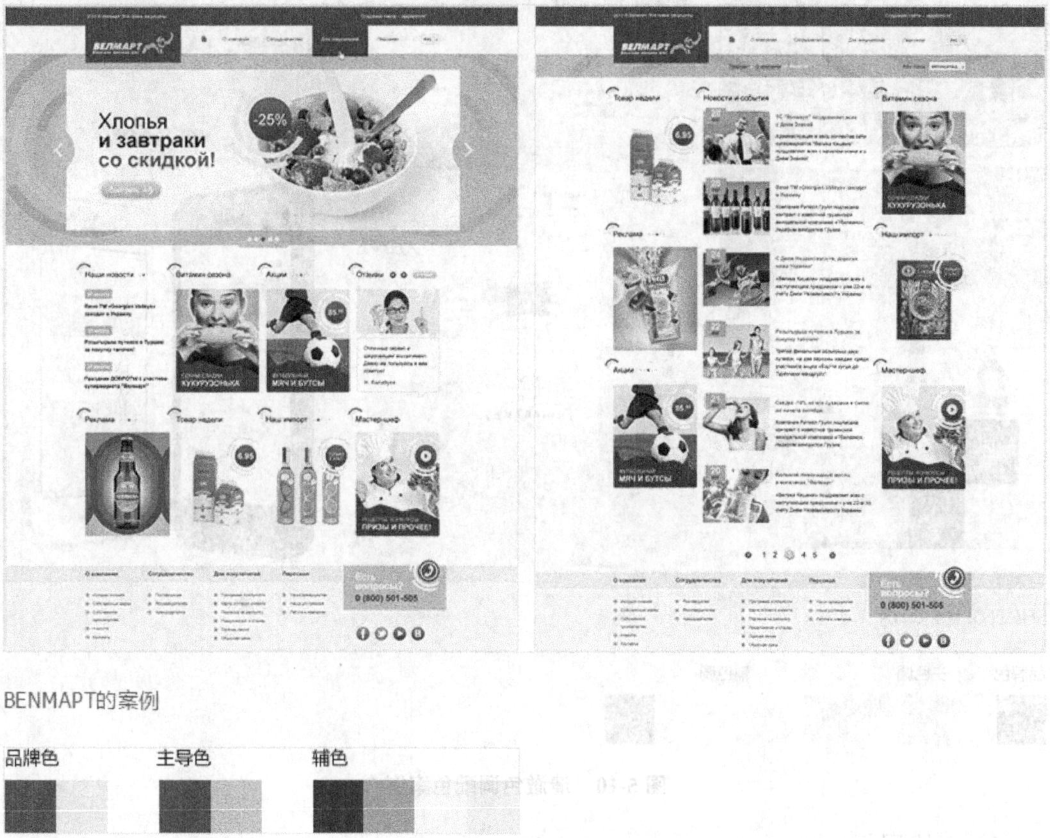

图 5-9　类似色主导配色案例

2）色调配色

色调是指色彩浓淡、强弱程度，是通过色彩的明度和纯度综合表现的色彩状态概念。色调不是指颜色的性质，而是对画面的整体颜色的概括评价。有主导色调配色的色调配色方式，是由同一色调构成的统一性配色。深色调和暗色调等类似色调搭配也可以形成同样的配色效果。即使出现多种色相，只要保持色调一致，画面也能呈现整体统一性。根据色彩的情感，不同的色调会给人不同的感受。主导色调配色方式又可以分为：清澈色调、阴暗色调、明亮色调、深暗色调、雅白色调等配色方式。

图 5-10（见彩插）为清澈色调配色的案例。清澈色调使页面非常和谐，即使是不同色相不同色调的配色能让页面保持较高的协调度。蓝色令页面产生安静冰冷的气氛，茶色让我们想起大地泥土的厚实，给页面增加了稳定踏实感觉。案例特色：互补的色相搭配在一起，通过统一色调的手法，可以缓和色彩之间的对比效果。

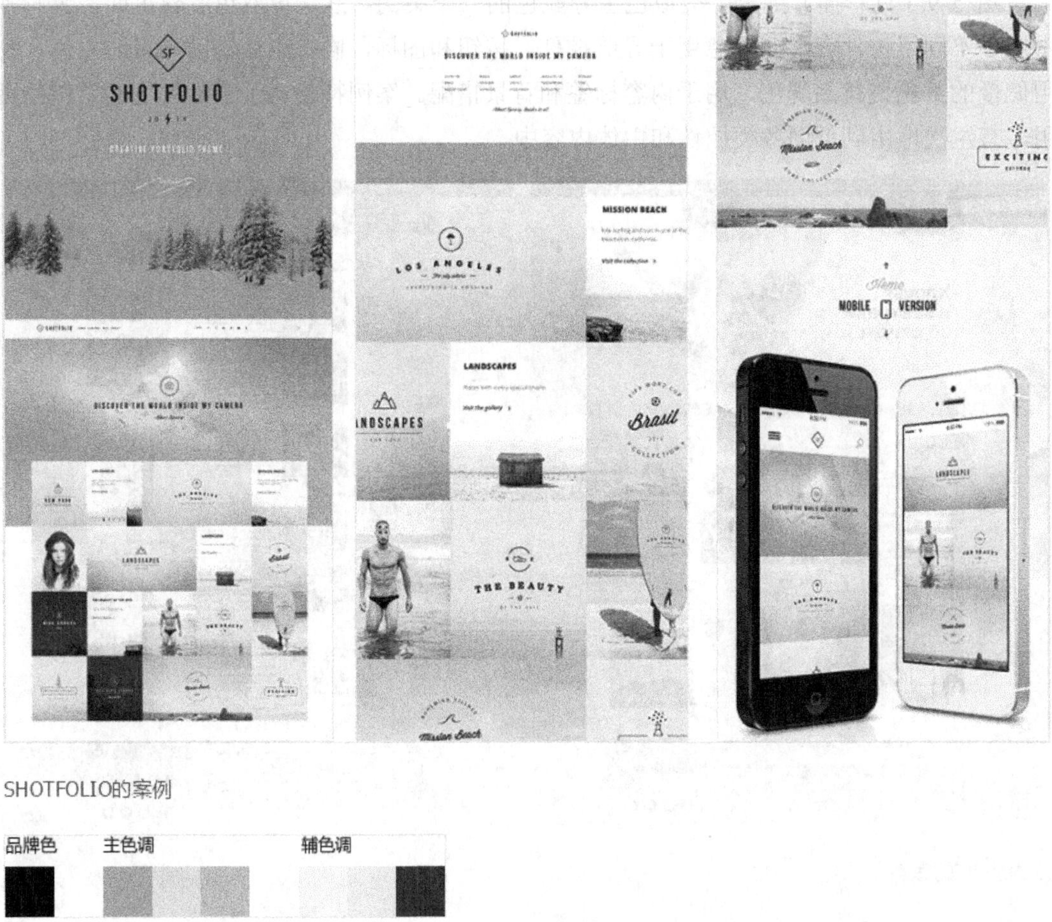

图 5-10　清澈色调配色案例

3）对比配色

对比配色又可以分为色相对比配色、纯度对比配色和明度对比配色。由对比色相构成的配色，可以分为互补色或相反色搭配构成的色相对比效果，由白色、黑色等明度差异构成的明度对比效果。色相对比还可以分为双色对比、三色对比和多色对比。

图 5-11（见彩插）为明度对比的案例。明度对比构成画面的空间纵深层次，呈现远近的对比关系，高明度突出近景主体内容，低明度表现远景的距离。而明度差使人注意力集中在高亮区域，呈现出药瓶的真实写照。案例特色：明度对比使页面显得更单纯、统一，而高低明度差可产生距离关系。

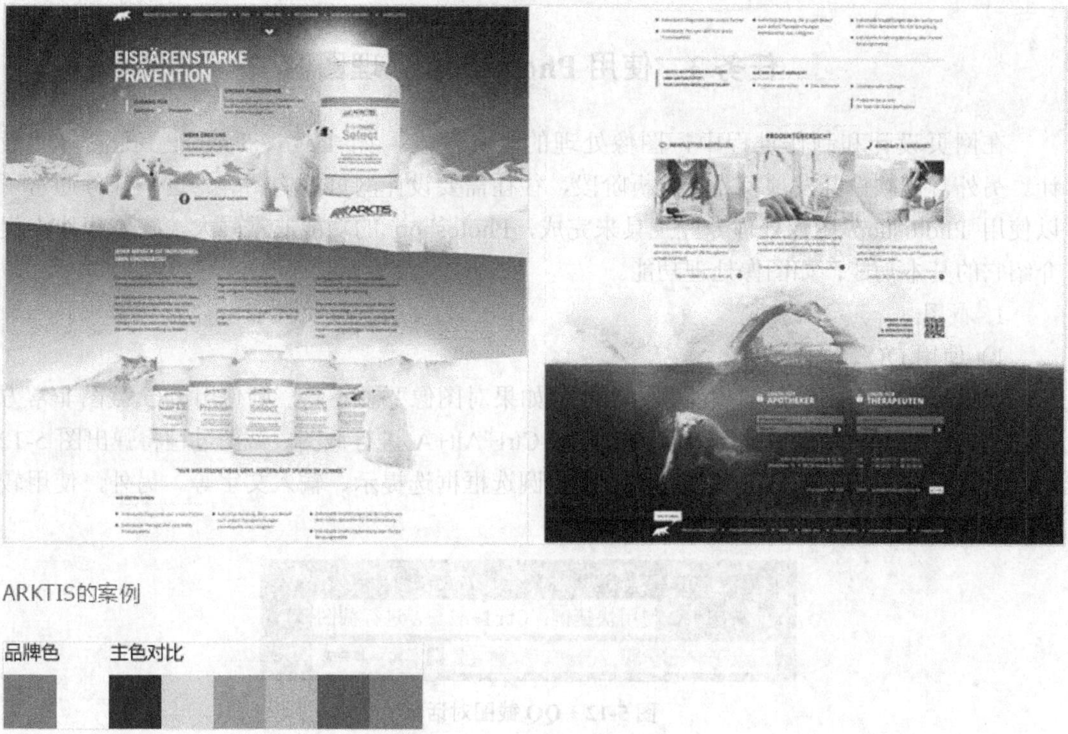

图 5-11 明度对比案例

5. 练一练

（1）下列色相环中（　　）关系对比最强烈，配色能给人饱满、活跃、生动、刺激的强烈感受。

A. 类似色相　　B. 临近色相　　C. 互补色相　　D. 对比色相

（2）（　　）通过色彩的明度和纯度综合表现色彩状态。

A. 色环　　B. 色调　　C. 饱和度　　D. 色彩风格

（3）下列说法正确的是（　　）。

A. 两种或者多种浅颜色配在一起不会产生对比效果

B. 两种或者多种浅颜色配在一起会产生明显对比效果

C. 两种或者多种深颜色配在一起会产生明显对比效果

D. 多种深颜色合在一起效果非常吸引人

（4）以（　　）为基础的配色是以色相环为基础进行思考的。

A. 色调　　B. 对比色　　C. 明度　　D. 色相

（5）对比配色又可以分为色相对比配色、（　　）和明度对比配色。

A. 纯度对比配色　　B. 明暗对比配色

C. 色调对比配色　　D. 色彩对比配色

任务 3　使用 Photoshop 处理图像

在网页设计和制作过程中，图像处理的事务很多，如 Logo、Banner、配图等的设计。另外，在软件开发项目需求分析阶段，往往需要设计网页的构图等。这些任务通常可以使用 Photoshop 图像处理专业工具来完成，Photoshop 的功能非常强大，在本模块中仅介绍它的基本功能，如图像处理功能。

1. 截图

1）使用 QQ 截图

在日常生活当中，截图功能非常常用，如果对图像要求不高，则使用 QQ 截图非常方便。在 QQ 打开的状态下，可以使用快捷键 Ctrl+Alt+A 进行截图，截图过程将弹出图 5-12 所示的对话框，可对所截图片使用矩形或椭圆选框框选提示、输入文字等。另外，使用较新版本的 QQ，还可以打马赛克。

图 5-12　QQ 截图对话框

2）使用键盘上的按键截图

键盘上有一个“PrintScreen”截屏按钮，按下它可以截取全屏，按住 Alt+PrintScreen 组合键，可以截取当前窗口。

3）使用截图工具截图

网络上也有很多专业的截图小工具可供下载使用，如 HyperSnap、ScrToPicc 等。

4）使用 Photoshop 截图

在 Photoshop 中可以对打开的图像进行截图操作，操作步骤如下。

① 使用矩形（或圆形）选框工具，框选图像中一部分，按快捷键 Ctrl+C 复制。

② 新建图像，按快捷键 Ctrl+V 粘贴，可粘贴矩形（或圆形）选区中的图像。

2. 拼图

1）使用画图工具拼图

当想要截取的图片超过一屏时，如何截取呢？可以使用一个小技巧，先截取图片的上半部分，放到画图工具中，将画图工具的画布加高至能放下整个图片的高度，再截取图片的下半部分，粘贴至画图工具，调整一下位置即可。

2）使用 Photoshop 拼图

在 Photoshop 中操作起来更为方便，每次截图保存，打开第一次所截图片，单击菜单“图像”→“画布大小”，增加画布的高度，再打开第二次截图图片，按快捷键 Ctrl+A 全选、按快捷键 Ctrl+C 复制，再按快捷键 Ctrl+V 粘贴进第一幅图像，调整一下位置即可。

3. 图像缩放

1）使用画图工具缩放图像

在画图工具中，打开图像，单击工具栏“重新调整大小”，弹出“调整大小和扭曲”

对话框，可调整图片的大小和倾斜角度，如图 5-13 所示。

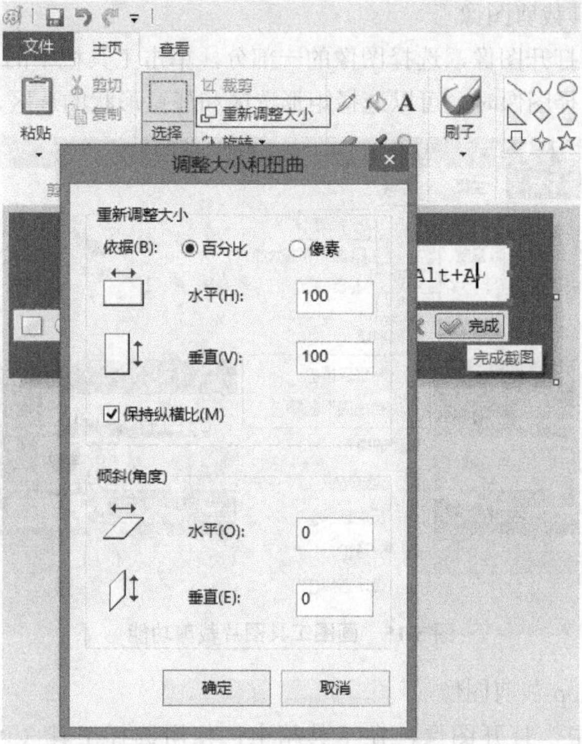

图 5-13　画图工具图片缩放功能

2）使用 Photoshop 缩放图像

在 Photoshop 中，打开图像，单击菜单“图像”→“图像大小”，可调整图像的大小，如图 5-14 所示。此外，选择“图像旋转”子菜单，可以实现图像的旋转。

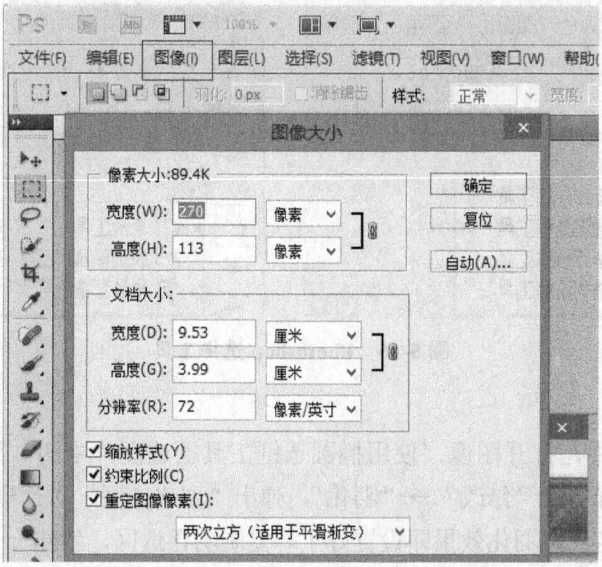

图 5-14　Photoshop 工具图片缩放功能

4. 图像裁剪

1）使用画图工具裁剪图像

在画图工具中，打开图像，选择图像的一部分，单击工具栏中的“裁剪”工具即可裁剪图像的一部分。选择图像时，可以选择矩形选区和任意形状的选区，如图 5-15 所示。

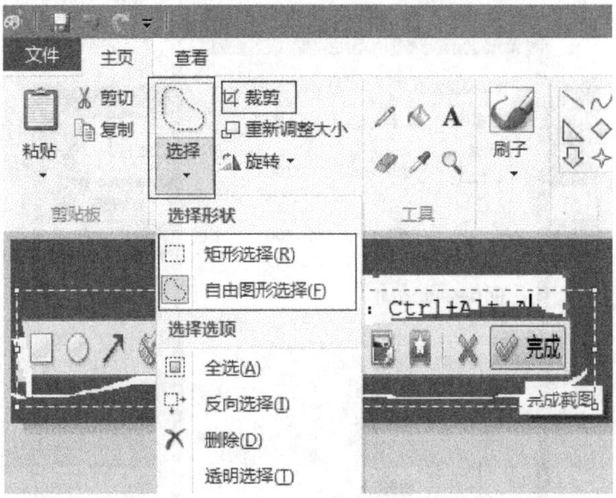

图 5-15　画图工具图片裁剪功能

2）使用 Photoshop 裁剪图像

在 Photoshop 中，打开图像，在工具箱中，使用选择工具（可选择“矩形选框工具”“椭圆选框工具”“单行选框工具”“单列选框”和“多边形套索工具”等）选择图像，如图 5-16 所示。选择好部分图像，然后单击菜单“图像”→“裁剪”即可实现图片的裁剪。

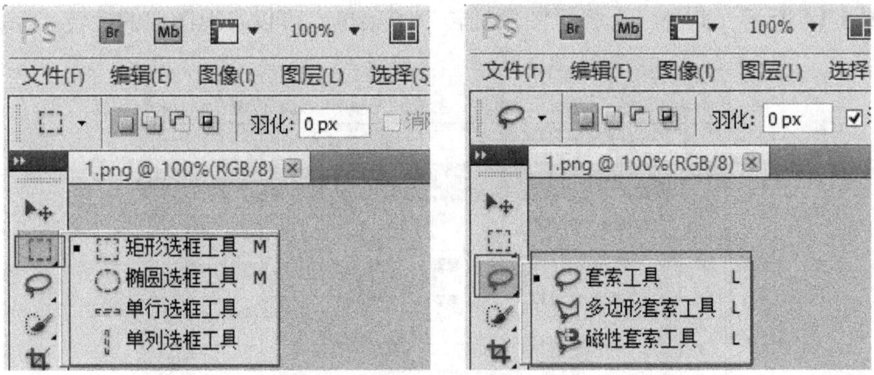

图 5-16　Photoshop 选择工具

5. 图片羽化

在 Photoshop 中，打开图像，使用椭圆选框工具框选图片中的一部分，如图 5-17 所示，单击菜单“选择”→“修改”→“羽化”，弹出“羽化选区”对话框，如图 5-18 所示。输入羽化半径，确定后，羽化效果即设置好了。复制羽化选区，新建一个 Photoshop 文件，背景内容选择“透明”，粘贴即可看到羽化效果，如图 5-19 所示，方格背景表示透明。

图 5-17　Photoshop 椭圆选框

图 5-18　羽化选区

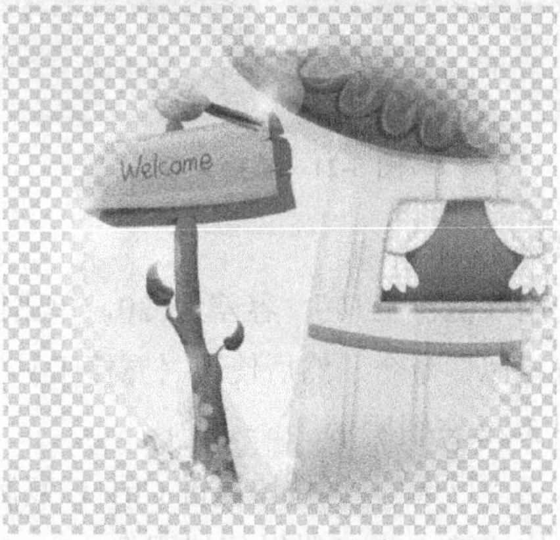

图 5-19　羽化效果

6. 图片处理综合示例

例 5-1　使用贴入技术合并图像。请合并图 5-20 中三幅素材图像，完成古城春意创意效果。

图 5-20　古城、蓝天、绿树

操作提示

第 1 步：置换古城天空。

（1）打开以上三幅图像，按快捷键 Ctrl+A 全选蓝天图像，按快捷键 Ctrl+C 复制。

（2）单击古城图像，按下工具箱中的“魔棒工具”按钮，容差设为 30，然后单击图像的天空部分，再单击“添加到选区”按钮，继续选择没有选中的天空。如图 5-21 左图所示。

（3）选择菜单“编辑”→“选择性粘贴”→“贴入”，将剪贴板中的云图图像粘贴到选区中。然后使用菜单“编辑”→“自由变换”，调整云的大小，再按下工具箱中的移动工具，用鼠标拖曳移动粘贴的云图图像，最后效果如图 5-21 右图所示。

图 5-21　置换天空

第 2 步：种植古城前绿树。

（1）单击绿树图像，使用“魔棒工具”，容差为 30，单击图像的天空部分，再两次单击“选择”菜单下的“选取相似”命令，然后使用“魔棒工具”+Shift 键添加其他未选上的相似选区，创建选区如图 5-22 左图所示。

（2）单击菜单“选择”→“反选”，再按快捷键 Ctrl+C 复制。

（3）返回古城图像，按快捷键 Ctrl+V 粘贴绿树图像。

（4）使用“移动工具”拖曳移动粘贴的图像，单击菜单“编辑”→“自由变换”，或者按快捷键 Ctrl+T，调整绿树的大小和位置。最后的结果如图 5-22 右图所示。

图 5-22　种植古城前绿树

知识点

（1）“魔棒工具”可创建选区、编辑选区和贴入、粘贴。

（2）“移动工具”可移动粘贴的图像，并调整粘贴图像的大小和形状。

例 5-2　使用羽化技术合成图像。使用羽化技术合成图 5-23 中的两幅图像，制作花中泡泡效果。

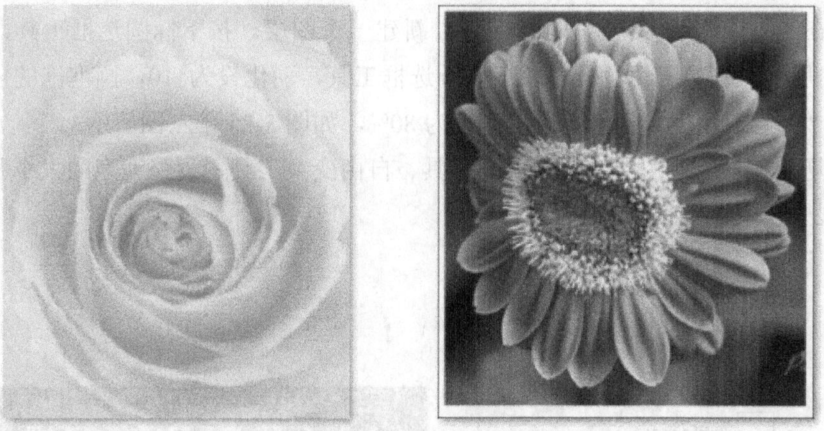

图 5-23　制作花中泡泡的源图

操作提示

第 1 步：合并“花”的图像。

（1）打开图 5-23 中两幅图像。

（2）设置图 5-23 中左图（“花 1”）背景颜色为黑色，如图 5-24 左图所示。在工具箱中选择“椭圆选框工具”，在工具栏“羽化”文本框中输入 50，然后在图像上创建一个椭圆形选区。单击菜单“选择”→“反选”，按 Delete 键，删除选区，使背景朦胧，效果如图 5-24 中间的图所示。

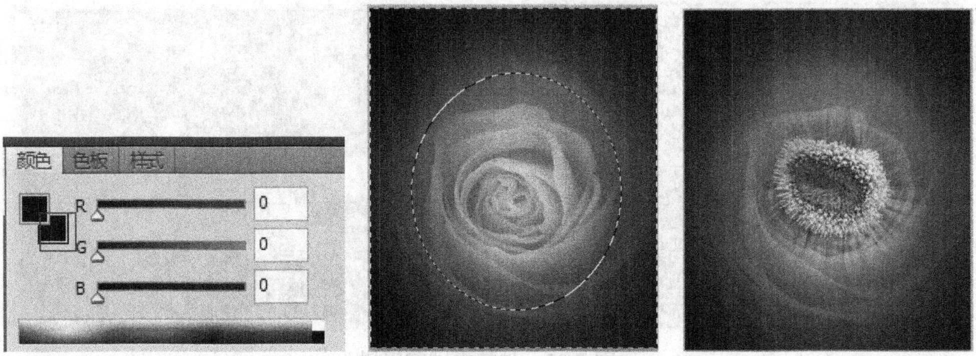

图 5-24　合并“花”的图像

（3）在图 5-23 中右图（“花 2”）中使用椭圆选区工具，设羽化值为 30，创建一个椭圆选区，按快捷键 Ctrl+C 复制该选区。回到“花 1”图像中，使用贴入命令，粘贴花 2 选区到花 1 的选区内。然后使用自由变换工具和移动工具，将粘贴进来的图像调整大小和位置，效果如图 5-24 右图所示。

第 2 步：制作背景泡泡。

（1）在“图层”调板上单击 ▣ 图标，新建一个图层。按下椭圆选框工具，羽化设为 0，画圆，用油漆桶填充白色。再按下椭圆选框工具，羽化设为 10，画泡泡的内圆，填充蓝色，在“图层”调板中将“不透明”设为 80%，如图 5-25 中左图所示。

（2）复制多个泡泡图层，使用移动工具、自由变换工具，调整泡泡的大小和位置，效果如图 5-25 中右图所示。

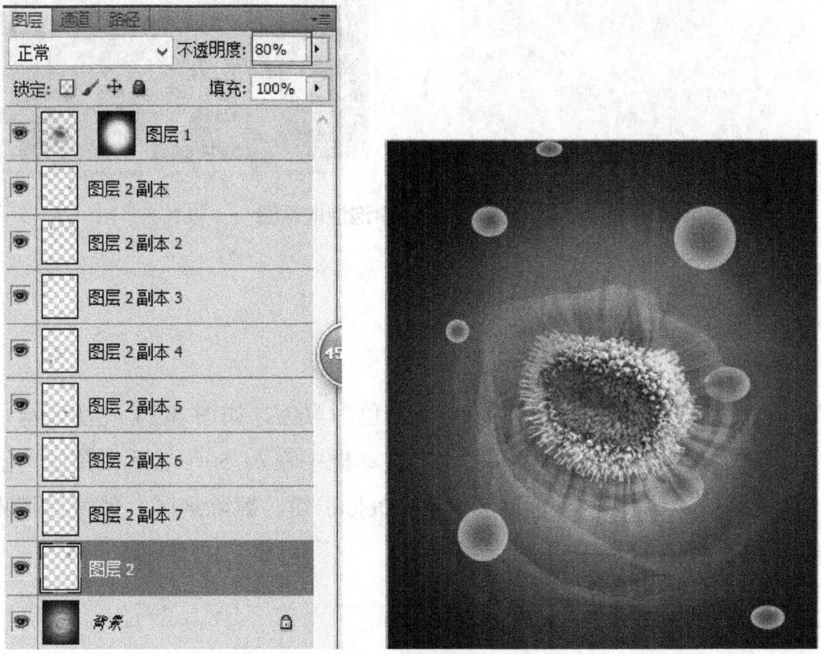

图 5-25　制作背景泡泡

知识点

创建羽化可以直接在选项栏中输入羽化数值，也可以先创建选区，再将它羽化。单击菜单“选择”→“修改”→“羽化”，调出“羽化选区”对话框，输入羽化半径的数值10，再单击“确定”按钮，即可进行选区的羽化。

例 5-3　使用套索工具组合并图像。

使用套索工具组中的“套索工具”“多边形套索工具”和“磁性套索工具”将如图 5-26 中 3 位美女合并到夜幕背景图像中，打造夜幕靓女。

图 5-26　例 5-3 原图

操作提示

第 1 步：用“魔棒工具”选取人物区域

（1）打开题中 4 幅图像。选择“女孩 1”图像，选择魔棒工具，容差设为 20，单击图像中浅蓝色部分，按 Delete 键弹出“填充”对话框，如图 5-27 左图所示，单击“确定”按钮，将选区删除。然后使用“放大工具”放大图像，将剩余没删除的选上删除。再使用“橡皮工具”对杂质进行删除。最后得到女孩的图像。

（2）使用魔棒工具选中女孩外白色部分，单击菜单“选择”→“反选”，得到女孩图像，复制并粘贴到夜幕图像中。使用自由变换，调整女孩大小位置，如图 5-27 右图所示。

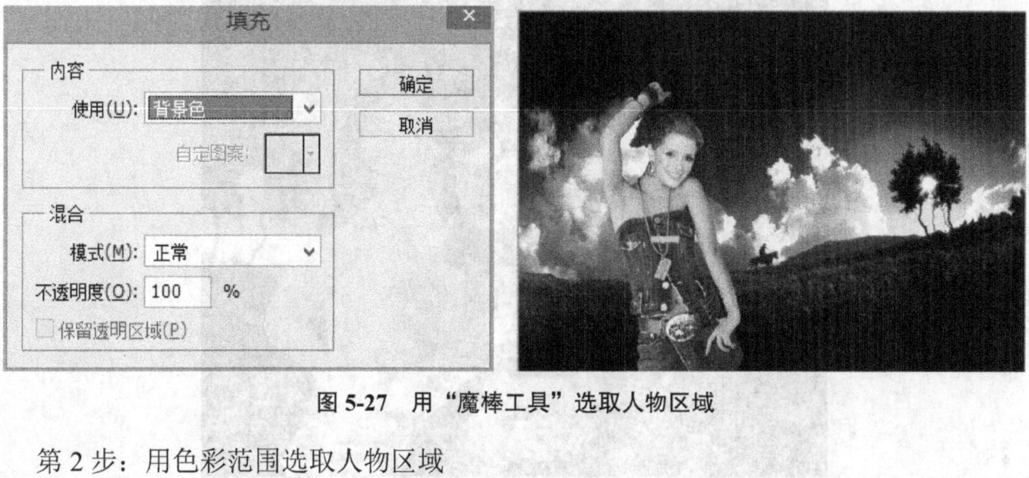

图 5-27　用“魔棒工具”选取人物区域

第 2 步：用色彩范围选取人物区域

（1）选择“女孩 2”图像，单击菜单“选择”→“色彩范围”，弹出“色彩范围”对话框，如图 5-28 左图所示，使用“吸管工具”按钮，抽出背景色，并按照该对话框调整参数，然后单击“确定”。再使用魔棒工具去掉多余的部分。选择图像中白色部分，然后反选，复制到夜幕图像中，如图 5-28 右图所示。

图 5-28　用色彩范围选取人物区域

第 3 步：用“套索工具”选取人物区域

选择“女孩 3”图像，使用多边形套索工具，沿着女孩的边缘依次单击，选中女孩形成封闭区域，最后双击终点，复制粘贴到夜幕图像中。套索工具中的这几个小工具可以帮助更细致地增加选区或减少选区。最后的效果如图 5-29 所示。

图 5-29　图片合并效果图

知识点

套索工具组有“套索工具”“多边形套索工具”和“磁性套索工具”三种，它们可用于创建不规则的选区。

例 5-4　世界大学城空间 Banner 设计。

设计本模块项目案例中的 Banner 图片。

操作提示

第 1 步：打开 Photoshop 软件，选择菜单“文件”→“新建”，出现如图 5-30 所示的“新建”对话框，将文件宽度设置为 1004 像素，高度设置为 275 像素。

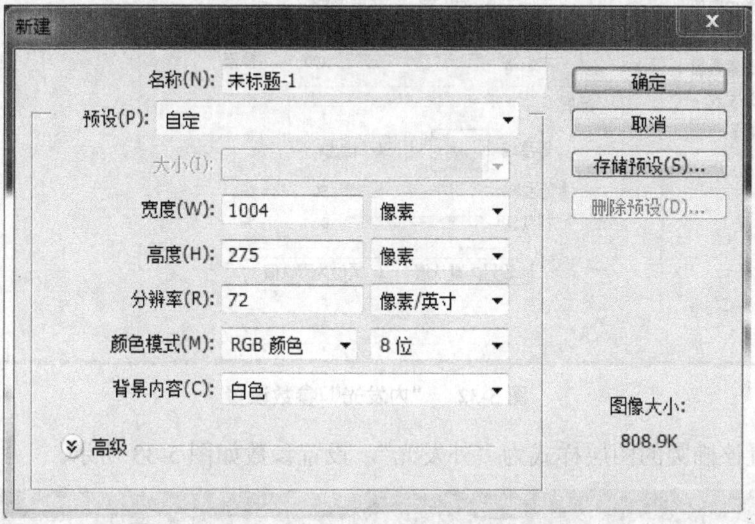

图 5-30　Photoshop“新建”对话框

第 2 步：选择菜单“文件”→“置入”，导入背景，将图片放置合适的位置，右击，选择“栅格化图层”，再选择菜单“图像”→“调整”→“亮度/对比度”，调整图片到合适的亮度，如图 5-31 所示。

图 5-31　背景图片

第 3 步：制作特殊效果线条。

（1）新建图层，使用椭圆工具绘制一个蓝色的椭圆。

（2）单击菜单“编辑”→“自由变换路径”，将椭圆改变方向。

（3）设置该椭圆的图层样式为“内发光”，设置参数如图 5-32 所示。

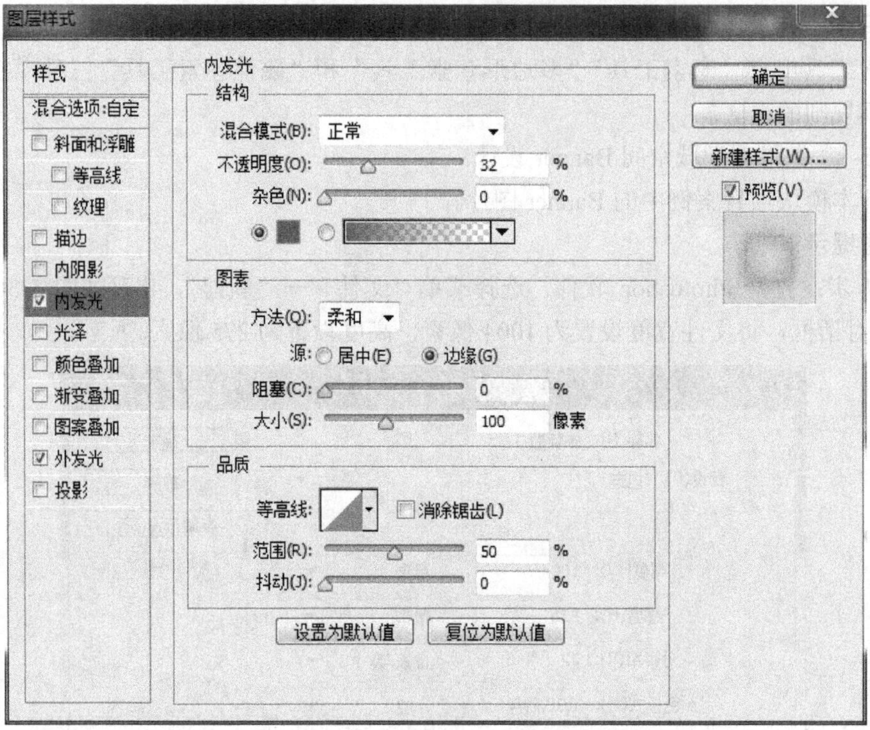

图 5-32　“内发光”参数设置

（4）设置该椭圆的图层样式为“外发光”，设置参数如图 5-33 所示。

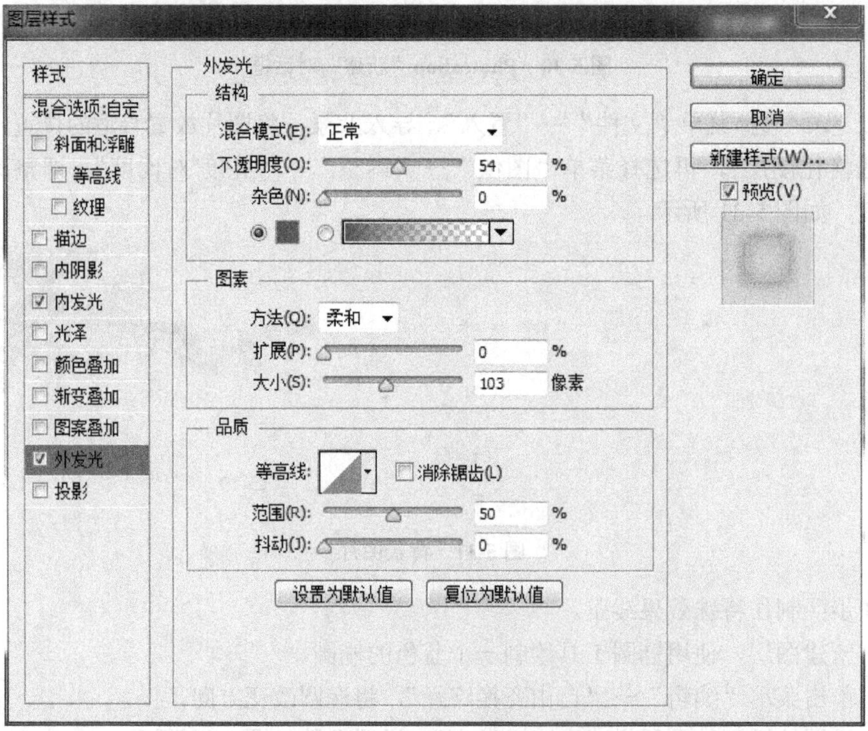

图 5-33　“外发光”参数设置

设置完成后的效果如图 5-34 所示。

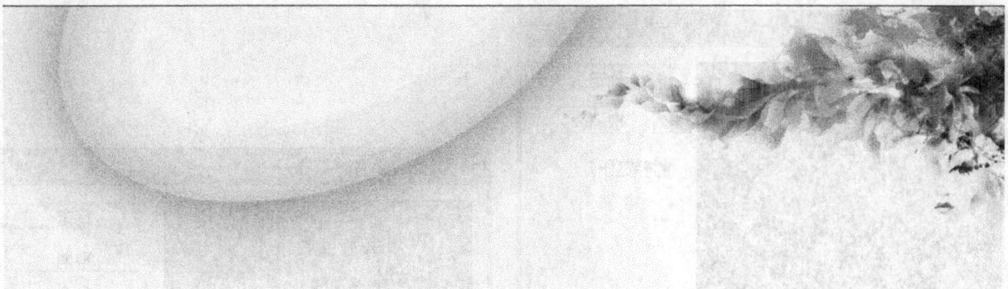

图 5-34　制作特殊效果（1）

（5）复制该椭圆图层，改变椭圆的大小和方向，并降低图层的透明度，设置为 60%，结果如图 5-35 所示。

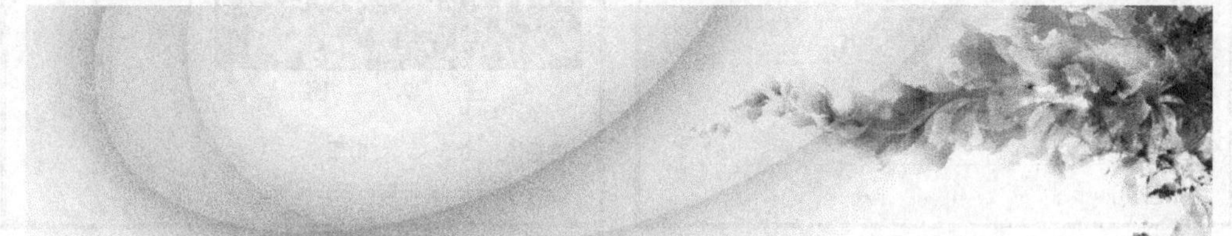

图 5-35　制作特殊效果（2）

（6）合并两个椭圆图层，添加矢量蒙版。

（7）选择蒙版，在蒙版上填充黑白渐变色，使椭圆线条更加自然，如图 5-36 所示。

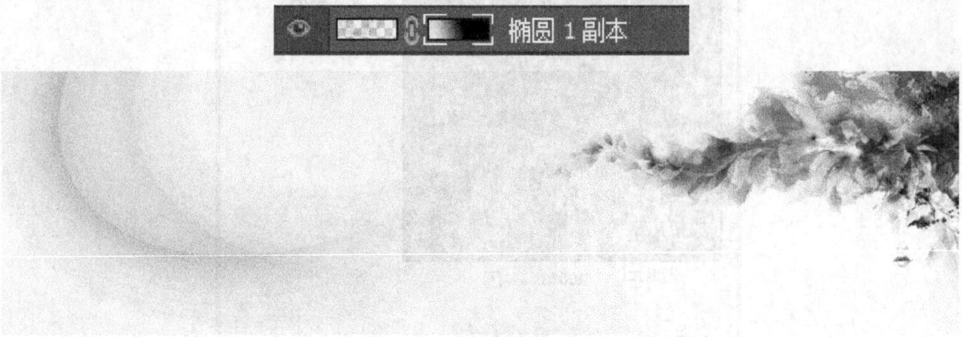

图 5-36　添加矢量蒙版效果

（8）输入文字："网页设计客户端"，设置为华文楷体，48 号字，颜色为#28b5d2，放置到合适的位置。

（9）复制文字图层，设置不透明度为 60%，将该图层向左移动 2 像素。

（10）栅格化文字图层，并合并两个文字图层，放置在合适的位置。

（11）新建一个图层，命名为"雨"，填充为黑色，对"雨"层执行："滤镜"→"杂色"→"添加杂色"，参数如图 5-37 左图所示。

（12）对“雨”层执行：“滤镜”→“模糊”→“高斯模糊”，参数如图 5-37 右图所示。

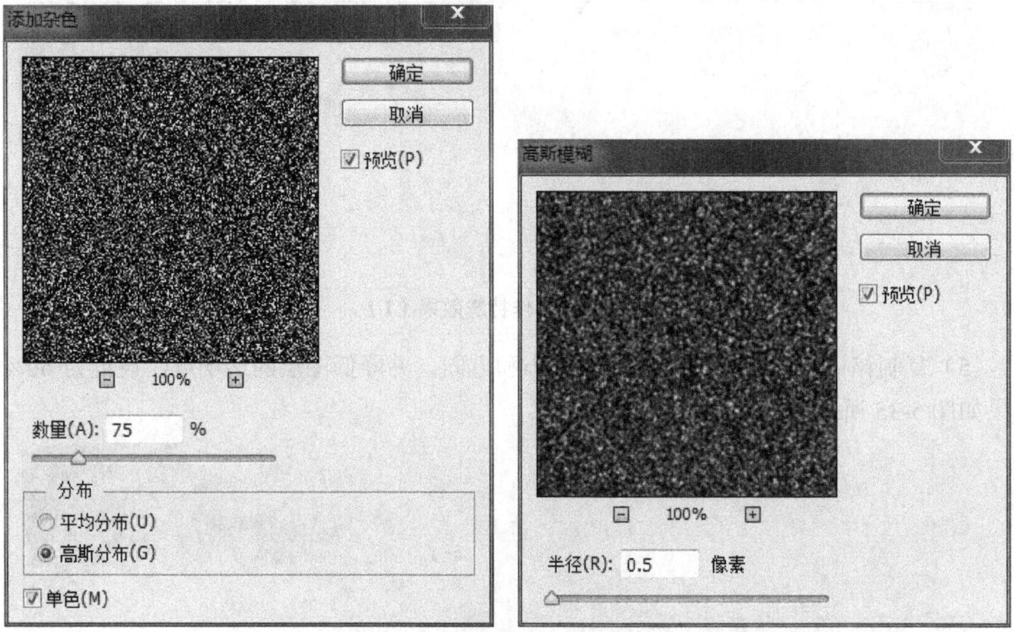

图 5-37　高斯模糊参数设置

（13）对“雨”层执行：“滤镜”→“模糊”→“动感模糊”，参数如图 5-38 所示。

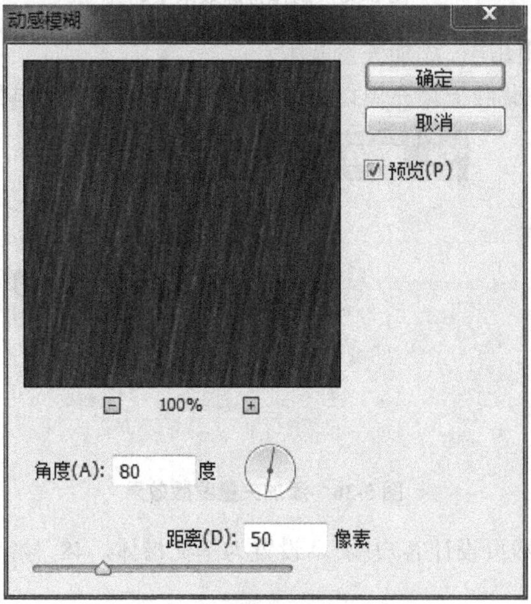

图 5-38　动感模糊参数设置

（14）选择菜单“图层”→“新建调整图层”→“色阶”→“使用前一图层”，创建剪贴蒙版，应用色阶调整到“雨”层，参数如图 5-39 所示。

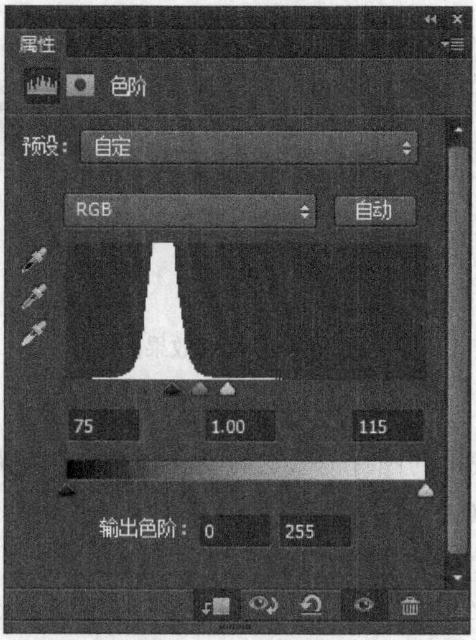

图 5-39　色阶调整

（15）选择“雨”图层，执行：“滤镜”→“扭曲”→“波纹”，参数如图 5-40 所示。

图 5-40　波纹参数设置

（16）对“雨”层执行：“滤镜”→“模糊”→“高斯模糊”，模糊半径为 0.5。

（17）更改“雨”层混合模式为滤色，透明度为 50%，最终效果如图 5-41 所示。

知识点

本例为综合示例，主要使用到了 Photoshop 的以下功能：栅格化图层、调整图片的亮度、自由变换路径、设置图层样式、添加矢量蒙版、添加文字、使用滤镜等。

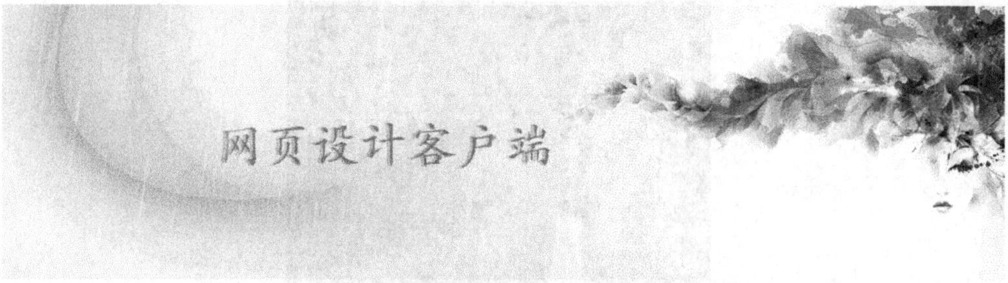

图 5-41　最终效果图

7. 练一练

（1）一般来说网站中使用的图片需要进行优化，其分辨率是（　　）。

A. 72dpi　　B. 300dpi　　C. 150dpi　　D. 500dpi

（2）GIF 格式的图像最多可以显示（　　）种颜色。

A. 128　　B. 256　　C. 64　　D. 512

（3）在 Photoshop 中，通过（　　）移动一条参考线。

A. 选择移动工具拖曳

B. 无论当前使用何种工具，按住 Alt 键的同时单击鼠标

C. 在工具箱中选择任何工具进行拖拉

D. 按住 Shift 键的同时单击鼠标

（4）在 Photoshop 中，下列（　　）选项属于“图层样式”。

A. 叠加　　B. 斜面与浮雕　　C. 透明度　　D. 蒙版

（5）在 Photoshop 中，下面（　　）选项属于规则选择工具。

A. 快选工具　　B. 椭圆形工具

C. 魔术棒工具　　D. 套索工具

【模块 5 自测】

一、选择题

1. Photoshop 中当使用“椭圆工具”时，按住键盘上的（　　）键就可以绘制出正圆形。

A. Tab　　B. Ctrl　　C. Alt　　D. Shift

2. 在 Photoshop 中，下列（　　）工具可以选择连续的相似颜色的区域。

A. 矩形选择工具　　B. 椭圆选择工具

C. 魔术棒工具　　D. 磁性套索工具

3. 在 Photoshop 中，影响色彩明暗度的色彩调整是（　　）。

A. 色阶　　B. 曲线　　C. 饱和度　　D. 反相

4. 在 Photoshop 中，要使图片边缘模糊，可以使用（　　）工具。

A. 渐变　　B. 蒙版　　C. 柔化　　D. 图案

5. 在 Photoshop 中，下面（　　）工具不属于图像修饰工具。

A. 仿制图章　B. 魔棒　C. 锐化　D. 模糊

6. 色彩所呈现的面可称为（　　）。

A. 形象　B. 明度　C. 纯度　D. 色相

7. 色彩联想中的抽象联想，（　　）颜色可让人想到热情、危险、活泼。

A. 红色　B. 橙色　C. 黄色　D. 紫色

8. 色彩的表现常常是通过各种色的（　　）方式来进行的。

A. 补充　B. 覆盖　C. 组合　D. 对比

9. 适用传统产品，民间艺术品等主题，常采用（　　）。

A. 稳重挺拔　B. 秀丽柔美　C. 活泼有趣　D. 苍劲古朴

10. 红色和橙色在色相环中属于（　　）。

A. 近似色　B. 互补色　C. 对比色　D. 同类色

二、填空题

1. 色相环中相类似的颜色是（　　　　）。

2. 冷色来自于（　　）色调。

3. 色彩的三要素是：（　　　　）、（　　　　）、（　　　　）。

4. 在 Photoshop 中，如果想绘制直线的画笔效果，应该按（　　　　）键。

5. 如果拍摄的数码照片曝光过度或不足，可以使用（　　　　）来进行调节。

6. 在 Photoshop 中，给对象填充前景色的快捷键分别是（　　　　）。

7. 红色和黄色相混得出（　　　　）。

8. 构成位图图像的最基本的单位是（　　　　）。

9. 在 Photoshop 中，执行重复自由变换动作应该按（　　　　）键。

10. 图像应用图层蒙版后，要隐藏图层的图像，应该在该蒙版上涂（　　　　）。

三、判断题

1. 构图是画面的组织方式，文字编排作为画面的重要元素也是构图的一部分。（　　）

2. 设计的过程是创造的过程。（　　）

3. 像素是图像的基本组成单元，在 Photoshop 制作选区时可选择半个像素。（　　）

4. 在 Photoshop 中，通道只有黑白两色。（　　）

5. RGB 的三原色是红、黄、蓝。（　　）

6. 对比的目的在于打破单调，造成重点。（　　）

7. 红色和绿色在色环中属于对比色。（　　）

8. 图形设计最终的目的是实现有效信息传播。（　　）

9. CMYK 模式的图像有 3 个颜色通道。（　　）

10. 图像只能剪裁不能改大小。（　　）

四、问答题

1. 什么是 CMYK 模式，它与 RGB 模式有什么区别？

2. 什么是图像的分辨率？

3. 举出 3 种应用最广泛的图片格式，并指出各自的特点。

五、上机操作题

完成自己个性化的大学城空间 Banner 的设计，并上传至大学城空间。

模块 6　新技术介绍

【项目案例】

案例　响应式导航页面设计（使用 HTML5+CSS3 设计）

1. 项目综述

近年来，随着国民收入提高，生活品质不断提升，旅游逐渐成为人们休闲放松，学习提升的重要方式。据国家旅游局官方数据统计，2017 年上半年，国内旅游人数 25.37 亿人次，比上年同期增长 13.5%。2017 年上半年，中国公民出境旅游人数 6203 万人次，比上年同期增长 5.1%。我国正逐渐发展成为一个旅游大国。

随着互联网+与各行各业的深度融合，为适应游客行、吃、住、游、玩一体化的需求，去哪儿、携程、美团等一系列应用应运而生。本案例使用 HTML5+CSS3 技术设计一个旅游网站的导航页面，使页面能自适应不同终端，供初学者学习借鉴。

2. 项目预览

图 6-1 所示为本案例的主页页面，计划开发包括旅游资讯、机票订购、风景欣赏、关于公司等功能。

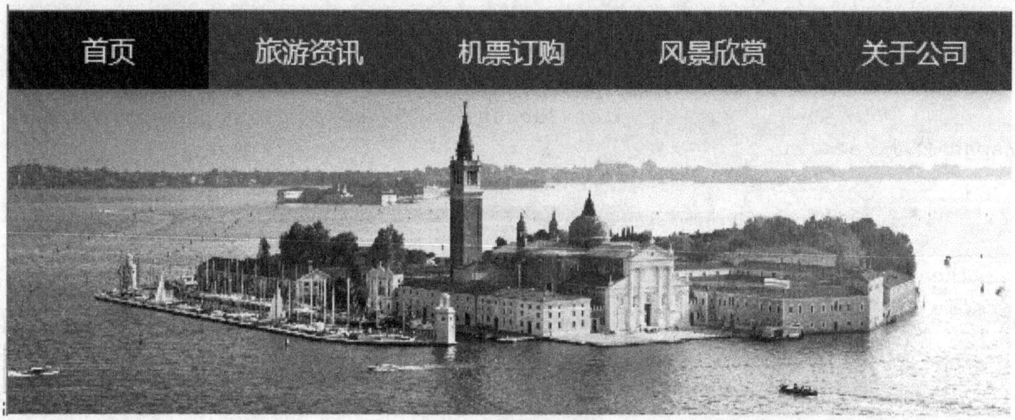

图 6-1　自适应主页

3. 项目源码

本案例已设计主页，使用 HTML5+CSS3 技术设计的自适应页面，其他功能可由学生学习扩展，源码结构如图 6-2 所示。

图 6-2　项目源码结构

首页 index.html 源码如下。

```
<!DOCTYPE html>
<html lang="zh-cn">
<head>
    <meta charset="UTF-8">
    <meta name="viewport" content="width=device-width, initial-scale=1.0, maximum-scale=1.0, user-scalable=no">
    <title>响应式导航页面设计</title>
    <link rel="stylesheet" href="css/style.css">
</head>
<body>
<header id="header">
    <div class="center">
        <h1 class="logo">XX 旅行社</h1>
        <nav class="link">
            <h2 class="none">网站导航</h2>
            <ul>
                <li class="active"><a href="index.html">首页</a></li>
                <li><a href="information.html"><span class="xs-hidden">旅游</span>资讯</a></li>
                <li><a href="ticket.html">机票<span class="xs-hidden">订购</span></a></li>
                <li class="xs-hidden"><a href="scenery.html">风景欣赏</a></li>
                <li><a href="about.html"><span class="xs-hidden">关于</span>公司</a></li>
            </ul>
        </nav>
    </div>
</header>
<div id="adver">
    <img src="img/adver.jpg" alt="">
</div>
</body>
</html>
```

外部样式文件，style.css（CSS3 部分）代码如下。

```
@charset "utf-8";
body,h1,h2,h3,p,ul,ol,form,fieldset,figure {margin: 0;padding: 0;}
div,figure,img {box-sizing: border-box;}
body {
    background-color: #f5f5f5;
```

```
    font-family: "Helvetica Neue", Helvetica, Arial, "Microsoft Yahei
UI", "Microsoft YaHei", SimHei, "\5B8B\4F53", simsun, sans-serif;
  }
  img {display: block;max-width: 100%;}
  ul,ol {list-style: outside none none;}
  a {text-decoration: none;}
  .none {display: none;}
  #header {width: 100%;height: 70px;background-color: #333;
    box-shadow: 0 1px 10px rgba(0, 0, 0, 0.3);
    position: fixed;top: 0;z-index: 9999;}
  #header .center {max-width: 1263px;height: 70px;margin: 0 auto;}
  #header .logo {width: 30%;height: 70px;
    background: url(../img/logo.png) no-repeat left center;
    text-indent: -9999px;float: left;}
  #header .link {width: 55%;height: 70px;line-height: 70px;
    color: #eee;float: right;}
  #header .link li {width: 20%;text-align: center;float: left;}
  #header .link a {color: #eee;display: block;}
  #header .link a:hover,
  #header .active a {background-color: #000;}
  #adver {max-width: 1920px;margin: 0 auto;padding: 70px 0 0 0;}
  /*媒体查询，参考部分 Bootstrap 框架*/
  /*当页面大于 1200px 时，大屏幕，主要是 PC 端*/
  @media (min-width: 1200px) {
  }
  /*在 992 和 1199 像素之间的屏幕里，中等屏幕，分辨率低的 PC*/
  @media (min-width: 992px) and (max-width: 1199px) {
  }
  /*在 768 和 991 像素之间的屏幕里，小屏幕，主要是 PAD*/
  @media (min-width: 768px) and (max-width: 991px) {
  }
  /*在 480 和 767 像素之间的屏幕里，超小屏幕，主要是手机*/
  @media (min-width: 480px) and (max-width: 767px) {
     #header, #header .center, #header .link {height: 45px;}
     #header .logo {display: none;}
     #header .link {width: 100%;line-height: 45px;}
     #adver {padding: 45px 0 0 0;}
  }
  /*在小于 480 像素的屏幕，微小屏幕，更低分辨率的手机*/
  @media (max-width: 479px) {
     #header, #header .center, #header .link {height: 45px;}
     #header .logo, .xs-hidden {display: none;}
     #header .link {width: 100%;line-height: 45px;}
     #header .link li {width: 25%;}
     #adver {padding: 45px 0 0 0;}
  }
```

#【知识点学习】

任务 1　认识 HTML5

1. HTML5 定义

HTML4.01 标准由 W3C（World Wide Web Consortium，万维网联盟）于 1999 年 12 月发布。为了推动 Web 标准化运动的发展，一些公司联合起来，成立了一个叫作 WebHypertext Application Technology Working Group（Web 超文本应用技术工作组-WHATWG）的组织，致力于 Web 表单和应用程序的研究。2006 年与 W3C 合作来创建一个新版本的 HTML，即 HTML5。2013 年 5 月 6 日，HTML 5.1 正式草案公布，该规范定义了第五次重大版本，第一次要修订万维网的核心语言：超文本标记语言（HTML）。在这个版本中，新功能不断推出，以帮助 Web 应用程序的作者，努力提高新标签互操作性。

支持 HTML 5 的浏览器包括 Firefox（火狐浏览器）、IE9 及其更高版本、Chrome（谷歌浏览器）、Safari、Opera 等；国内的遨游浏览器（Maxthon），以及基于 IE 或 Chromium（Chrome 的工程版或称实验版）所推出的 360 浏览器、搜狗浏览器、QQ 浏览器、猎豹浏览器等同样具备支持 HTML5 的能力。

HTML5 是开放 Web 标准的基石，它是一个完整的编程环境，适用于跨平台应用程序、视频和动画、图形、风格、排版和其他数字内容发布工具、广泛的网络功能等。W3C 计划在 2014 年底前发布一个 HTML5 推荐标准，并在 2016 年底前发布 HTML5.1 推荐标准。HTML5 添加了很多新标签及功能，比如：图形的绘制、多媒体内容、更好的页面结构、更好的形式处理，以及几个 API 拖放标签、定位、包括网页应用程序缓存、存储、网络工作者等。表 6-1 列出了 HTML5 中新增的标签及功能描述。

表 6-1　HTML5 新增的标签

序号	标签名称	功能描述
1	<canvas>	标签定义图形，比如图表和其他图像。该标签基于 JavaScript 的绘图 API
2	<audio>	定义音频内容
3	<video>	定义视频（video 或者 movie）
4	<source>	定义多媒体资源<video>和<audio>
5	<embed>	定义嵌入的内容，比如插件
6	<track>	为诸如<video>和<audio>标签之类的媒介规定外部文本轨道
7	<datalist>	定义选项列表。请与 input 标签配合使用该标签，来定义 input 可能的值
8	<keygen>	规定用于表单的密钥对生成器字段
9	<output>	定义不同类型的输出，比如脚本的输出

续表

序号	标签名称	功能描述
10	<article>	定义页面的侧边栏内容
11	<aside>	定义页面内容之外的内容
12	<bdi>	允许设置一段文本，使其脱离其父标签的文本方向设置
13	<command>	定义命令按钮，比如单选按钮、复选框或按钮
14	<details>	用于描述文档或文档某个部分的细节
15	<dialog>	定义对话框，比如提示框
16	<summary>	标签包含 details 标签的标题
17	<figure>	规定独立的流内容（图像、图表、照片、代码等）
18	<figcaption>	定义<figure>标签的标题
19	<footer>	定义 section 或 document 的页脚
20	<header>	定义了文档的头部区域
21	<mark>	定义带有记号的文本
22	<meter>	定义度量衡。仅用于已知最大和最小值的度量
23	<nav>	定义运行中的进度（进程）
24	<progress>	定义任何类型的任务的进度
25	<ruby>	定义 ruby 注释（中文注音或字符）
26	<rt>	定义字符（中文注音或字符）的解释或发音
27	<rp>	在 ruby 注释中使用，定义不支持 ruby 标签的浏览器所显示的内容
28	<section>	定义文档中的节（section、区段）
29	<time>	定义日期或时间
30	<wbr>	规定在文本中的何处适合添加换行符

HTML5 文档示例如下。

```
<!DOCTYPE html>
<html>
<head>
    <title>文档的标题</title>
</head>
<body>
    文档的内容......
</body>
</html>
```

说明：<!DOCTYPE html>为 HMTL5 的文档类型声明，格式比 HTML4.01 版本中要更为简洁。建议在创建 HTML5 网页时添加该标签。

2. 使用 HTML5 视频标签

目前，大多数视频是通过插件（比如 Flash）来显示的，然而，并非所有浏览器都拥有同样的插件。HTML5 规定了一种通过 video 标签来包含视频的标准方法。

video 标签支持三种视频格式：Ogg、MPEG4、WebM。

- Ogg 是带有 Theora 视频编码和 Vorbis 音频编码的 Ogg 文件。
- MPEG4 是带有 H.264 视频编码和 AAC 音频编码的 MPEG 4 文件。
- WebM 是带有 VP8 视频编码和 Vorbis 音频编码的 WebM 文件。

<video> 标签常用属性如表 6-2 所示。

表 6-2　<video>标签常用属性

属性	值	描述
autoplay	autoplay	如果出现该属性，则视频在就绪后马上播放
controls	controls	如果出现该属性，则向用户显示控件，比如播放按钮
height	pixels	设置视频播放器的高度
loop	loop	如果出现该属性，则当媒介文件完成播放后再次开始播放
preload	preload	如果出现该属性，则视频在页面加载时进行加载，并预备播放 如果使用"autoplay"，则忽略该属性
src	url	要播放的视频的 URL
width	pixels	设置视频播放器的宽度

例 6-1　使用 HTML5 的 video 标签在网页中插入视频。

```
<!DOCTYPE html>
<html>
<head>
    <meta http-equiv="Content-Type" content="text/html; charset=utf-8" />
    <title> 使用 HTML5 的 video 元素在网页中插入视频</title>
</head>
<body>
    <video width="320" height="240" controls="controls">
       <source src="video/movie.ogg" type="video/ogg">
       <source src="video/movie.mp4" type="video/mp4">
    Your browser does not support the video tag.
    </video>
</body>
</html>
```

操作提示

（1）在 Dreamwaver 工具中新建 HTML 文档，编辑以上代码，保存为 example6-1.html，在浏览器中浏览，效果如图 6-3 所示。

（2）使用常用的几种浏览器浏览该网页，如 IE、Firefox、Chrome 等。右击视频，可选择“视频另存为”保存到本地。

图 6-3 使用 HTML5 的 video 元素在网页中插入视频

知识点

- 上例中使用一个 Ogg 文件，适用于 Firefox、Opera 以及 Chrome 浏览器。要确保适用于 Safari 浏览器，视频文件必须是 MPEG4 类型。
- video 标签允许多个 source 标签，且可以链接不同的视频文件。

HTML5<video>标签同样拥有方法、属性和事件。其中的方法用于播放、暂停以及加载等。其中的属性（比如时长、音量等）可以被读取或设置。其中的 DOM 事件能够通知您，比方说，<video>标签开始播放、已暂停、已停止等等。表 6-3 列出了大多数浏览器支持的<video>标签的方法、属性和事件。

表 6-3 <video>标签常用方法、属性和事件

方法	属性	事件
play()	currentSrc	play
pause()	currentTime	pause
load()	videoWidth	progress
canPlayType	videoHeight	error
	duration	timeupdate
	ended	ended
	error	abort
	paused	empty
	muted	emptied
	seeking	waiting
	volume	loadedmetadata
	height	
	width	

注意：在所有属性中，只有 videoWidth 和 videoHeight 属性是立即可用的。在视频的元数据已加载后，其他属性才可用。

例 6-2 使用 DOM 控制网页中插入的视频：为视频创建简单的播放/暂停以及调整尺寸控件。

```
<!DOCTYPE html>
<html>
<head>
<meta http-equiv="Content-Type" content="text/html; charset=utf-8" />
<title> 使用 DOM 控制网页中插入的视频</title>
</head>
<body>
  <div style="text-align:center;">
     <button onclick="playPause()">播放/暂停</button>
     <button onclick="makeBig()">大</button>
     <button onclick="makeNormal()">中</button>
     <button onclick="makeSmall()">小</button>
     <br />
     <video id="video1" width="420" style="margin-top:15px;">
        <source src="video/mov_bbb.mp4" type="video/mp4" />
        <source src="video/mov_bbb.ogg" type="video/ogg" />
        Your browser does not support HTML5 video.
     </video>
  </div>
  <script type="text/javascript">
     //为视频创建简单的播放/暂停以及调整尺寸控件
     var myVideo=document.getElementById("video1");
     function playPause(){
         if (myVideo.paused)
             myVideo.play();
         else
             myVideo.pause();
     }
     function makeBig(){
         myVideo.width=560;
     }
     function makeSmall(){
         myVideo.width=320;
     }
     function makeNormal(){
         myVideo.width=420;
     }
  </script>
</body>
</html>
```

操作提示

（1）在 Dreamwaver 工具中新建 HTML 文档，编辑以上代码，保存为 example6-2.html，在浏览器中浏览，效果如图 6-4 所示。

（2）使用常用的几种浏览器浏览该网页。

图 6-4　使用 DOM 控制网页中插入的视频

知识点

● 按钮的 onClick 事件编程，该示例中调用了 video 标签的两个方法：play()和 pause()。

● 使用了 video 标签的两个属性：paused 和 width。

3. 使用 HTML5 音频标签

和视频一样，大多数音频也是通过插件来显示的。HTML5 规定了一种通过 audio 标签来包含音频的标准方法。audio 标签能够播放声音文件或者音频流。

audio 标签支持三种音频格式：Ogg Vorbis、MP3、Wav。

<audio>标签常用属性如表 6-4 所示。

表 6-4　<audio>标签常用属性

属性	值	描述
autoplay	autoplay	如果出现该属性，则音频在就绪后马上播放
controls	controls	如果出现该属性，则向用户显示控件，比如播放按钮
loop	loop	如果出现该属性，则每当音频结束时重新开始播放
preload	preload	如果出现该属性，则音频在页面加载时进行加载，并预备播放 如果使用"autoplay"，则忽略该属性
src	url	要播放的音频的 URL

例 6-3　使用 HTML5 的 audio 标签在网页中插入音频。

```
<!DOCTYPE html>
<html>
<head>
    <meta http-equiv="Content-Type" content="text/html; charset=utf-8" />
    <title> 使用 HTML5 的 audio 元素在网页中插入音频</title>
</head>
```

```
<body>
  <audio controls="controls">
    <source src="audio/song.ogg" type="audio/ogg">
    <source src="audio/song.mp3" type="audio/mpeg">
  Your browser does not support the audio element.
  </audio>
</body>
</html>
```

操作提示

● 在 dreamwaver 工具中新建 HTML 文档，编辑以上代码，保存为 example6-3.html，在浏览器中浏览，效果如图 6-5 所示。

● 使用常用的几种浏览器浏览该网页，如 IE、Firefox、Chrome 等。

图 6-5　使用 HTML5 的 audio 元素在网页中插入音频

知识点

● 例中使用一个 Ogg 文件，适用于 Firefox、Opera 以及 Chrome 浏览器。要确保适用于 Safari 浏览器，音频文件必须是 MP3 或 Wav 类型。

● audio 标签允许多个 source 标签。source 标签可以链接不同的音频文件。

4. 使用 HTML5 画布

HTML5 的 canvas 标签使用 JavaScript 在网页上绘制图像。画布是一个矩形区域，可以控制其每一像素。canvas 拥有多种绘制路径、矩形、圆形、字符以及添加图像的方法。

canvas 标签本身是没有绘图能力的，所有的绘制工作必须在 JavaScript 内部完成。以下示例说明 canvas 标签的应用。

（1）向 HTML5 页面添加 canvas 标签，规定标签的 id、宽度和高度。

```
<canvas id="myCanvas" width="200" height="100"></canvas>
```

（2）使用 id 来寻找 canvas 标签，创建 context 对象，通过 JavaScript 来绘制。

```
<script type="text/javascript">
  var c=document.getElementById("myCanvas");
  var cxt=c.getContext("2d");
  cxt.fillStyle="#FF0000";
  cxt.fillRect(0,0,150,75);
</script>
```

代码说明：getContext("2d")对象是内建的 HTML5 对象，拥有多种绘制路径、矩形、圆形、字符以及添加图像的方法。最后两行代码绘制一个红色的矩形。fillStyle 方法将其染成红色，fillRect 方法规定了形状、位置和尺寸。

例 6-4　使用 HTML5 的 canvas 标签进行绘画。

```
<!DOCTYPE html>
<html>
<head>
    <meta http-equiv="Content-Type" content="text/html; charset=utf-8" />
    <title> 使用 HTML5 的 canvas 元素进行绘画</title>
    <style type="text/css">
    body{font-size:70%;font-family:verdana,helvetica,arial,sans-serif;}
    </style>
    <script type="text/javascript">
    function cnvs_getCoordinates(e){
        x=e.clientX;
        y=e.clientY;
        document.getElementById("xycoordinates").innerHTML="Coordinates:
(" + x + "," + y + ")";
    }
    function cnvs_clearCoordinates(){
        document.getElementById("xycoordinates").innerHTML="";
    }
    </script>
</head>
<body style="margin:0px;">
    <!--理解座标-->
    <p>把鼠标悬停在下面的矩形上可以看到坐标：</p>
    <div id="coordiv" style="float:left;width:199px;height:99px;border:
1px solid #c3c3c3" onmousemove="cnvs_getCoordinates(event)" onmouseout="cnvs
clearCoordinates()"></div>
    <br /><br /><br />
    <div id="xycoordinates"></div>
    <div style="clear:both">
      <p><br/>使用 HTML5 的 canvas 元素进行绘画</p>
      <canvas id="myCanvas" width="200" height="100" style="border:1px
solid #c3c3c3;">
          Your browser does not support the canvas element.
      </canvas>
    </div>
    <script type="text/javascript">
      var c=document.getElementById("myCanvas");
      var cxt=c.getContext("2d");
      cxt.moveTo(10,10);
      cxt.lineTo(150,50);
      cxt.lineTo(10,50);
      cxt.stroke();
    </script>
</body>
</html>
```

操作提示

● 在 Dreamwaver 工具中新建 HTML 文档，编辑以上代码，保存为 example6-4.html，在浏览器中浏览，效果如图 6-6 所示。

● 将鼠标悬停在矩形框上可以在右侧看到坐标，图中下方指定了起始位置和终止位置，绘制了 2 条直线。

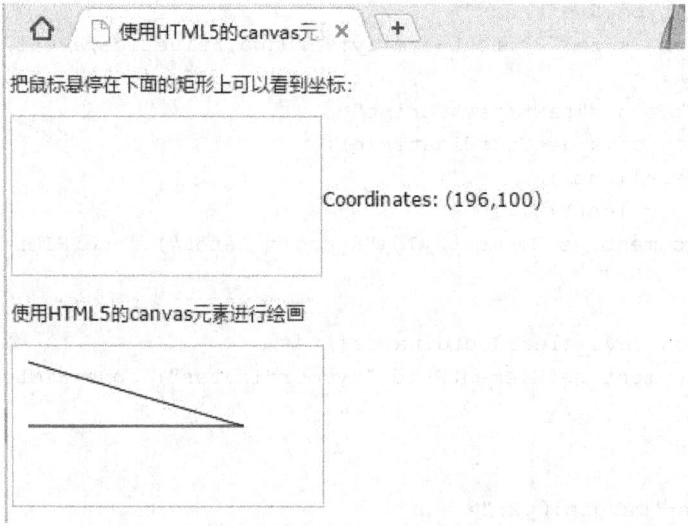

图 6-6　使用 HTML5 的 canvas 元素进行绘画

知识点

● 编写了<div>层的 onmousemove、onmouseout 的事件属性，实现将鼠标放入矩形框中获取鼠标的坐标数据。

● 在要绘画的位置定义<canvas>标签，在<script>标签中编写绘制的代码。

5. 使用 HTML5 表单

1）HTML5 输入类型

HTML5 拥有多个新的表单 input 类型，如下所示。这些新特性提供了更好的输入控制和验证。

（1）email，用于包含 E-mail 地址的输入域，在提交表单时，会自动验证 email 域的值。

（2）url，用于包含 URL 地址的输入域，在提交表单时，会自动验证 url 域的值。

（3）number，用于包含数值的输入域，还能够设定对所接受的数字的限定。

（4）range，用于包含一定范围内数字值的输入域，range 类型显示为滑动条。

（5）Date pickers (date, month, week, time, datetime, datetime-local)，多个可供选取日期和时间的新输入类型。

● date - 选取日、月、年。

● month - 选取月、年。

● week - 选取周和年。

● time - 选取时间（小时和分钟）。

- datetime - 选取时间、日、月、年（UTC 时间）。
- datetime-local - 选取时间、日、月、年（本地时间）。
- search，用于搜索域，比如站点搜索或 Google 搜索，search 域显示为常规的文本域。
- color，用于选取颜色，显示调色板。

2）HTML5 表单标签

HTML5 拥有若干涉及表单的标签和属性。以下介绍新的表单标签。

（1）datalist 标签。datalist 标签规定输入域的选项列表，列表是通过 datalist 内的 option 标签创建的。如需把 datalist 绑定到输入域，请用输入域的 list 属性引用 datalist 的 id，例如：

```
Webpage: <input type="url" list="url_list" name="link" />
<datalist id="url_list">
    <option label="W3School" value="http://www.W3School.com.cn" />
    <option label="Google" value="http://www.google.com" />
    <option label="Microsoft" value="http://www.microsoft.com" />
</datalist>
```

提示：option 标签永远都要设置 value 属性。

（2）keygen 标签。keygen 标签的作用是提供一种验证用户的可靠方法，是密钥对生成器（key-pair generator）。当提交表单时，会生成两个键，一个是私钥，一个公钥。私钥（private key）存储于客户端，公钥（public key）则被发送到服务器。公钥可用于之后验证用户的客户端证书（client certificate）。

目前，浏览器对此标签的糟糕的支持度不足以使其成为一种有用的安全标准。例如：

```
<form action="demo_form.asp" method="get">
    Username: <input type="text" name="usr_name" />
    Encryption: <keygen name="security" />
    <input type="submit" />
</form>
```

（3）output 标签。output 标签用于不同类型的输出，比如计算或脚本输出，例如：

```
<output id="result" onforminput="resCalc()"></output>
```

3）HTML5 表单属性

HTML5 新的 form 属性包括：

- autocomplete
- novalidate

HTML5 新的 input 属性包括：

- autocomplete
- autofocus
- form
- form overrides (formaction, formenctype, formmethod, formnovalidate, formtarget)

- height 和 width
- list
- min, max 和 step
- multiple
- pattern (regexp)
- placeholder
- required

例 6-5　使用 HTML5 表单标签制作 HTML5 验证的网页表单。

```
<!DOCTYPE html>
<html>
<head>
    <meta charset="utf-8">
    <title> 使用 HTML5 表单标签制作 HTML5 验证的网页表单</title>
    <link rel="stylesheet" media="screen" href="css/style.css" >
</head>
<body>
  <div class="title"><a href="http://www.jiawin.com/forms-css3-html5-validation/"> 教程：让你的表单升级到 CSS3 和 HTML5 客户端验证（返回文章）</a></div>
   <form class="contact_form" action="#" method="post" name="contact_form">
      <ul>
          <li>
                <h2>联系我们</h2>
                <span class="required_notification">* 表示必填项</span>
          </li>
          <li>
                <label for="name">姓名:</label>
                <input type="text"  placeholder="Javin" required />
          </li>
          <li>
                <label for="email">电子邮件:</label>
                <input type="email" name="email" placeholder="javin@example.com" required />
                <span class="form_hint">正确格式为：javin@something.com</span>
          </li>
          <li>
                <label for="website">网站:</label>
                <input type="url" name="website" placeholder="http://www.jiawin.com" required pattern="(http|https)://.+"/>
                <span class="form_hint">正确格式为：http://www.jiawin.com</span>
          </li>
          <li>
                <label for="message">留言:</label>
                <textarea name="message" cols="40" rows="6" placeholder="觉唯 - 推崇以用户为中心的设计，专注于用户体验设计" required ></textarea>
          </li>
```

```
            <li>
                <button class="submit" type="submit">Submit Form</button>
            </li>
        </ul>
    </form>
    <script type="text/javascript">
      var  _bdhmProtocol  =  (("https:"  ==  document.location.protocol)  ?  "
https://" : " http://");
      document.write(unescape("%3Cscript  src='"  +  _bdhmProtocol  +  "hm.baidu.
com/h.js%3F3e31620eb0a4e69c61c07f5f76cc46c8'   type='text/javascript'%3E%3C/
script%3E"));
    </script>
  </body>
  </html>
```

操作提示

● 在 Dreamwaver 工具中新建 HTML 文档，编辑以上代码，保存为 example6-5.html，在浏览器中浏览，效果如图 6-7 所示。

● 上面代码没有把样式文件的内容加进来。图 6-7 是设置了样式后的效果，样式文件可以从网上课程资源中获取。

图 6-7　使用 HTML5 表单标签制作 HTML5 验证的网页表单

知识点

● 示例中使用了 HTML5 的 input 新类型，如 E-mail、url 等。HTML5 的 input 类型提供了输入控制和自动验证。

● placeholder 属性是 HTML5 中的新属性，规定用于验证输入字段的模式。

6. 练一练

（1）HTML5 之前的 HTML 版本是（　　）。

A. HTML 4.01　　B. HTML 4　　C. HTML 4.1　　D. HTML 4.9

（2）在 HTML5 中，onblur 和 onfocus 是（　　）。

A. HTML 标签　　B. 样式属性　　C. 事件属性　　D. 标签属性

（3）用于播放 HTML5 视频文件的正确 HTML5 标签是（　　）。

A. <movie>　　B. <media>　　C. <video>　　D. <audio>

（4）在 HTML5 中不再支持<script>标签的（　　）属性。

A. language　　B. href　　C. type　　D. src

（5）在 HTML5 中，contextmenu 和 spellcheck 是（　　）。

A. HTML 属性　　B. HTML 标签　　C. 事件属性　　D. 样式属性

（6）在 HTML5 中，（　　）属性用于规定输入字段是必填的。

A. required　　B. formvalidate　　C. validate　　D. placeholder

任务 2　介绍 XHTML

1. XHTML 简介

1）XHTML 定义

● XHTML 指可扩展超文本标签语言（EXtensible HyperText Markup Language）。

● XHTML 的目标是取代 HTML。

● XHTML 与 HTML 4.01 几乎是相同的，与 HTML 4.01 兼容。

● XHTML 是更严格更纯净的 HTML 版本。

● XHTML 是作为一种 XML 应用被重新定义的 HTML。

● XHTML 是一个 W3C 标准，XHTML 于 2000 年的 1 月 26 日成为 W3C 标准。

2）使用 XHTML 的意义

XHTML 是 HTML 与 XML（扩展标记语言）的结合物，XHTML 包含了所有与 XML 语法结合的 HTML 4.01 标签。XML 是一种标记化语言，其中所有的东西都要被正确标记，以产生形式良好的文档。XML 用来描述数据，而 HTML 则用来显示数据。

今天的市场中存在着不同的浏览器技术，某些浏览器运行在计算机中，某些浏览器则运行在移动电话和手持设备上。而后者没有能力和手段来解释糟糕的标记语言（HTML）。因此，通过把 HTML 和 XML 各自的长处加以结合，就得到了在现在和未来都能派上用场的标记语言——XHTML。

XHTML 可以被所有的支持 XML 的设备读取，同时在其余的浏览器升级至支持 XML 之前，XHTML 使我们有能力编写出拥有良好结构的文档，这些文档可以很好地工作于所有的浏览器，并且可以向后兼容。

3）与 HTML 的不同

最主要的不同如下。

- XHTML 标签必须被正确地嵌套。
- XHTML 标签必须被关闭。
- 标签名必须用小写字母。
- XHTML 文档必须拥有根标签。

因此，应该马上使用小写字母编写 HTML 代码，同时绝不要养成忽略类似</p>标签的坏习惯，为 XHTML 编码做好准备。

4）XHTML 的语法

更多的 XHTML 语法规则如下。

- 属性名称必须小写。
- 属性值必须加引号。
- 属性不能简写。
- 用 id 属性代替 name 属性。
- XHTML DTD 定义了强制使用的 HTML 标签。
- 所有 XHTML 文档必须进行文件类型声明（DOCTYPE declaration）。
- 在 XHTML 文档中必须存在 html、head、body 标签，而 title 标签必须位于在 head 标签中。

2. 如何升级至 XHTML

1）添加文件类型声明

将下面的文件类型声明添加至每页的首行。

```
<!DOCTYPE html PUBLIC "-//W3C//DTD XHTML 1.0 Transitional//EN" "http://
www.w3.org/TR/xhtml1/DTD/xhtml1-transitional.dtd">
```

提示：根据不同的文件类型声明，新式的浏览器对文档的处理方式也是不同的。如果浏览器读到一个文件类型声明，那么它会按照“恰当”的方式来处理文档。如果没有 DOCTYPE，文档也许会以截然不同的方式显示出来。

2）将所有标签和属性名替换为小写

由于 XHTML 对大小写敏感，同时也由于 XHTML 仅接受小写 HTML 标签和属性名，因此可以执行一个简单的查找和替换命令将所有的大写标签和属性名改为小写。

3）给所有属性加上引号

由于 W3C XHTML 1.0 标准中要求所有的属性值都必须加引号，所以，如果以前没有注意到这个细节，需要逐页地对网站进行检查。这是一项费时的工作，所以要记住为属性值加引号。

4）处理空标签

在 XHTML 中不允许使用空标签（Empty tags）。<hr>和
标签应该被替换为<hr />和
。要注意，Netscape 会误读
标签，不过改为
就可以了。

5）验证站点

做完所有这一切以后，使用下面的链接根据官方的 W3C DTD 对所有修改过的页面进行验证：XHTML Validator。接下来，可能还会有少数的错误被发现，逐一对这些错误进行（手工地）修正。经验表明，最容易犯的错误是在列表中漏掉了</li>标签。

由上可见，在编写 HTML 代码的时候，养成良好的编程习惯是多么重要。

3. XHTML 示例

例 6-6　菜鸟恶搞 XHTML 之错误示例。

请说说图 6-8 和图 6-9 中两段代码错在哪里？

```
示例1 身子长在脑袋里
<html>
<head>
<title>我是这个网页的标题</title>
<p>这是我的第一个网页。</p>
</head>
<body>
</body>
</html>
```

图 6-8　错误代码示例 1

```
示例2 脑袋长在脖子下
<html>
<head>
</head>
<body>
<title>我是这个网页的标题</title>
<p>这是我的第一个网页。</p>
</body>
</html>
```

图 6-9　错误代码示例 2

操作提示

将以上两段代码在 Dreamweaver 中实现了，然后在浏览器中观看效果，看看浏览器是否能正确解析。结果是不是很奇怪？浏览器居然能正确解析它们。

知识点

在实际应用的时候请不要犯上面这种低级错误，这会造成严重的后果：搜索引擎可能不收录你的网站；使用手机或者其他移动设备浏览你网站的访客可能会遇到未知错误。

4. 练一练

（1）XHTML 指的是（　　）。

A. EXtra Hyperlinks and Text Markup Language

B. EXtensible HyperText Marking Language

C. EXtreme HyperText Markup Language

D. EXtensible HyperText Markup Language

（2）下列（　　）是格式良好的 XHTML。

A. <p>A <b><i>short</b></i> paragraph</p>

B. <p>A <b><i>short</i></b> paragraph</p>

C. <p>A <b><i>short</i></b> paragraph

D. <p>A <b><i>short</p></i> paragraph</b>

（3）下列 XHTML 中的属性和值，（　　）是正确的。

A. width=80　　B. WIDTH="80"　　C. WIDTH=80　　D. width="80"

（4）在下面的 XHTML 中，（　　）可以正确地标记段落。

A. <P></p>　B. <P></P>　C. <p></p>　D. </p><p>

（5）下面（　　）是 XHTML 文档中必须具备的。

A. doctype, html 和 body　B. doctype, html, head 和 body

C. doctype, html, head, body 和 title　D. doctype, html, head, body 和 table

任务 3　了解 CSS3

1. CSS3 简介

CSS 即层叠样式表（Cascading Style Sheet）。在网页制作时采用层叠样式表技术，可以有效地对页面的布局、字体、颜色、背景和其他效果实现更加精确地控制。只要对相应的代码做一些简单的修改，就可以改变同一页面的不同部分，或者不同页面的网页的外观和格式。CSS3 是 CSS 技术的升级版本，CSS3 语言开发是朝着模块化发展的。以前的规范作为一个模块实在是太庞大而且比较复杂，所以，把它分解为一些小的模块，更多新的模块也被加入进来。CSS3 最重要的模块包括：

- 选择器
- 框模型
- 背景和边框
- 文本效果
- 2D/3D 转换
- 动画
- 多列布局
- 用户界面

CSS3 完全向后兼容，因此不必改变现有的设计。浏览器通常支持 CSS2。W3C 仍然在对 CSS3 规范进行开发。不过，现代浏览器已经实现了相当多的 CSS3 属性。

2. CSS3 边框

通过 CSS3，增加了新的属性能够创建圆角边框，向矩形添加阴影，使用图片来绘制边框。属性如下。

- border-radius，绘制圆角边框。
- box-shadow，绘制边框阴影。
- border-image，绘制图片边框。

1）CSS3 圆角边框

在 CSS2 中添加圆角矩形需要技巧。我们必须为每个圆角使用不同的图片。在 CSS3 中，使用属性 border-radius 即可创建圆角边框。例如，可以使用以下代码向 div 标签添加圆角。

```
div {
  border:2px solid;
  border-radius:25px;
  -moz-border-radius:25px; /* Old Firefox */
}
```

2）CSS3 边框阴影

在 CSS3 中，使用属性 box-shadow 向方框添加阴影。例如：可以使用以下代码向 div 标签添加方框阴影。

```
div {
box-shadow: 10px 10px 5px #888888;
}
```

3）CSS3 边框图片

在 CSS3 中，使用属性 border-image，可以使用图片来创建边框。例如：可以使用以下代码向 div 标签添加图片边框。

```
div {
  border-image:url(border.png) 30 30 round;
  -moz-border-image:url(border.png) 30 30 round; /* 老的 Firefox */
  -webkit-border-image:url(border.png) 30 30 round; /* Safari 和 Chrome */
  -o-border-image:url(border.png) 30 30 round; /* Opera */
}
```

例 6-7　使用 CSS3 设置圆角边框及边框阴影。

```
<!DOCTYPE html>
<html>
<head>
    <meta http-equiv="Content-Type" content="text/html; charset=utf-8" />
    <title> 使用 CSS3 设置圆角边框及边框阴影</title>
    <style>
    #div1 {
         /* 圆角边框 */
         text-align:center;
         border:2px solid #a1a1a1;
         padding:10px 40px;
         background:#dddddd;
         width:200px;
         border-radius:25px;
         -moz-border-radius:25px; /* 老的 Firefox */
    }
    #div2 {
         text-align:center;
         border:2px solid #a1a1a1;
         padding:10px 40px;
         background:#dddddd;
         width:200px;
         border-radius:25px;
         -moz-border-radius:25px; /* 老的 Firefox */
         /* 边框阴影 */
         box-shadow: 10px 10px 5px #888888;
    }
    </style>
</head>
```

```
<body>
    <div id="div1">border-radius 属性允许向元素添加圆角。</div><br /><br /><br />
    <div id="div2">box-shadow 属性用于向方框添加阴影</div><br /><br /><br />
</body>
</html>
```

操作提示

- 在 Dreamwaver 工具中新建 HTML 文档，编辑以上代码，保存为 example6-7.html，在浏览器中浏览，效果如图 6-10 所示。
- 体会 CSS3 的新功能。

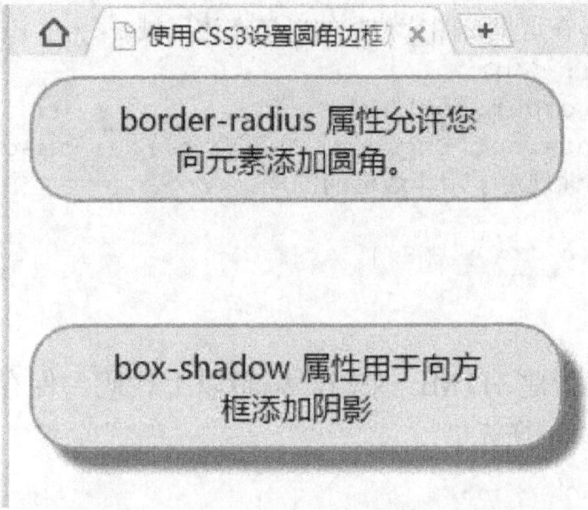

图 6-10　使用 CSS3 设置圆角边框及边框阴影

知识点

- 设置 CSS3 圆角边框。
- 设置 CSS3 边框阴影。

例 6-8　使用 CSS3 设置图片边框。

```
<!DOCTYPE html>
<html>
<head>
    <meta http-equiv="Content-Type" content="text/html; charset=utf-8" />
    <title> 使用 CSS3 设置图片边框 </title>
    <style>
    div {
         border:15px solid transparent;
         width:300px;
         padding:10px 20px;
    }
    #round {
         -moz-border-image:url(images/border.png)30 30 round; /*Old Firefox */
         -webkit-border-image:url(images/border.png) 30 30 round; /* Safari
and Chrome */
         -o-border-image:url(images/border.png) 30 30 round; /* Opera */
         border-image:url(images/border.png) 30 30 round;
    }
    #stretch {
```

```
            -moz-border-image:url(images/border.png) 30 30 stretch; /* Old
Firefox */
            -webkit-border-image:url(images/border.png) 30 30 stretch; /*
Safari and Chrome */
            -o-border-image:url(images/border.png) 30 30 stretch; /* Opera */
            border-image:url(images/border.png) 30 30 stretch;
        }
        </style>
    </head>
    <body>
        <div id="round">在这里，图片铺满整个边框。</div>
        <br>
        <div id="stretch">在这里，图片被拉伸以填充该区域。</div>
        <p>这是我们使用的图片：</p>
        <img src="images/border.png">
        <p><b>注释：</b> Internet Explorer 不支持 border-image 属性。</p>
        <p>border-image 属性规定了用作边框的图片。</p>
    </body>
    </html>
```

操作提示

- 在 Dreamwaver 工具中新建 HTML 文档，编辑以上代码，保存为 example6-8.html，在浏览器中浏览，效果如图 6-11 所示。
- 体会 CSS3 的新功能。

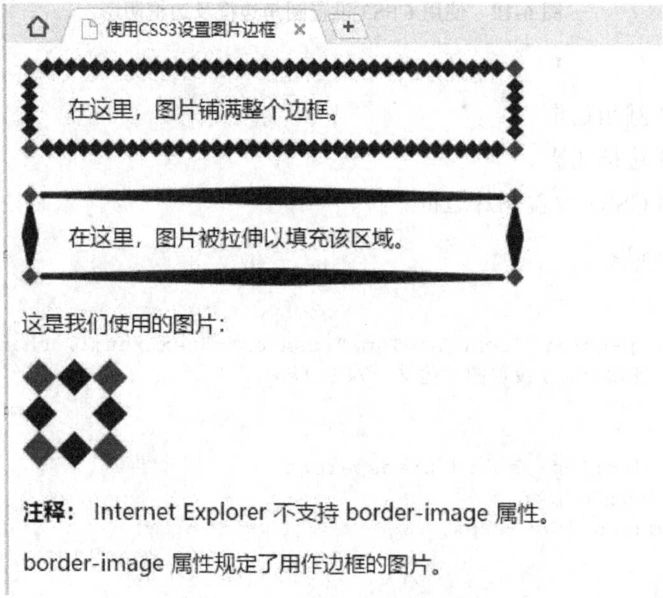

图 6-11　使用 CSS3 设置图片边框

知识点

- 使用图片设置边框。
- 支持不同浏览器设置图片边框。

3. CSS3 2D 转换

通过 CSS3 的转换，能够对标签进行移动、缩放、转动、拉长或拉伸。2D 转换的主要方法如下。

- translate()，移动标签。
- rotate()，标签旋转给定的角度。
- scale()，标签的尺寸会增加或减少。
- skew()，标签翻转给定的角度。
- matrix()，把所有 2D 转换方法组合在一起。

例 6-9　使用 CSS3 的 2D 转换示例：移动、旋转、增加、翻转层标签。

```
<!DOCTYPE html>
<html>
<head>
    <meta http-equiv="Content-Type" content="text/html; charset=utf-8" />
    <title> 使用 CSS3 的 2D 转换示例：移动、旋转、增加、翻转层元素</title>
    <style>
    div {
         width:100px;
         height:75px;
         background-color:yellow;
         border:1px solid black;
    }
    div#div2 {
         transform:translate(50px,50px);
         -ms-transform:translate(50px,50px); /* IE 9 */
         -moz-transform:translate(50px,50px); /* Firefox */
         -webkit-transform:translate(50px,50px); /* Safari and Chrome */
         -o-transform:translate(50px,50px); /* Opera */
    }
    #div3 {
         /* rotate 旋转 */
         margin:0px 200px;
         width:200px;
         height:100px;
         background-color:yellow;
         /* Rotate div */
         transform:rotate(9deg);
         -ms-transform:rotate(9deg); /* Internet Explorer */
         -moz-transform:rotate(9deg); /* Firefox */
         -webkit-transform:rotate(9deg); /* Safari 和 Chrome */
         -o-transform:rotate(9deg); /* Opera */
    }
    div#div4 {
         margin:120px;
         transform:scale(2,4);
         -ms-transform:scale(2,4); /* IE 9 */
         -moz-transform:scale(2,4); /* Firefox */
         -webkit-transform:scale(2,4); /* Safari and Chrome */
         -o-transform:scale(2,4); /* Opera */
```

```
    }
    div#div5 {
        margin:-100px 300px;
        transform:skew(30deg,20deg);
        -ms-transform:skew(30deg,20deg); /* IE 9 */
        -moz-transform:skew(30deg,20deg); /* Firefox */
        -webkit-transform:skew(30deg,20deg); /* Safari and Chrome */
        -o-transform:skew(30deg,20deg); /* Opera */
    }
    </style>
</head>
<body>
    <div>你好。这是一个 div 元素。</div>
    <div id="div2">你好。这是一个 div 元素 移动示例。</div>
    <div id="div3">你好。这是一个 div 元素 旋转示例。</div>
    <div id="div4">你好。这是一个 div 元素 增加示例。</div>
    <div id="div5">你好。这是一个 div 元素 翻转示例。</div>
</body>
</html>
```

操作提示

- 在 Dreamwaver 工具中新建 HTML 文档，编辑以上代码，保存为 example6-9.html，在浏览器中浏览，效果如图 6-12 所示。
- 体会 CSS3 的新功能。

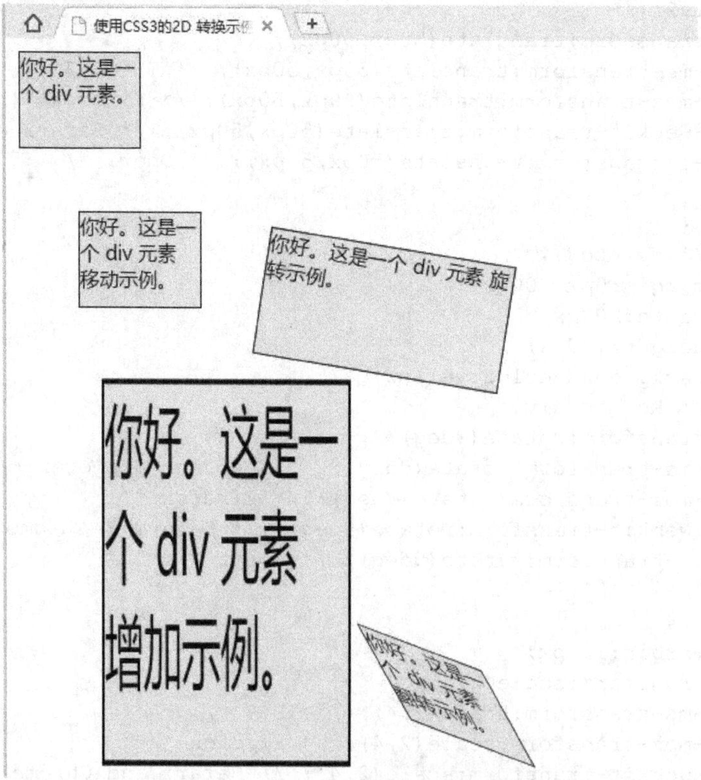

图 6-12　使用 CSS3 的 2D 转换示例：移动、旋转、增加、翻转层元素

知识点

- 使用 CSS3 的 2D 转换示例：移动、旋转、增加、翻转层 div 元素。
- 增添不同浏览器支持。

例 6-10　使用 CSS3 的 2D 转换示例：使用 matrix()方法把所有 2D 转换方法组合在一起。

```
<!DOCTYPE html>
<html>
<head>
    <meta http-equiv="Content-Type" content="text/html; charset=utf-8" />
    <title> 使用 CSS3 的 2D 转换示例：使用 matrix()方法把所有 2D 转换方法组合在一起</title>
    <style>
    div {
         width:100px;
         height:75px;
         background-color:yellow;
         border:1px solid black;
    }
    div#div2 {
         transform:matrix(0.866,0.5,-0.5,0.866,0,0);
         -ms-transform:matrix(0.866,0.5,-0.5,0.866,0,0); /* IE 9 */
         -moz-transform:matrix(0.866,0.5,-0.5,0.866,0,0); /* Firefox */
         -webkit-transform:matrix(0.866,0.5,-0.5,0.866,0,0); /* Safari and Chrome */
         -o-transform:matrix(0.866,0.5,-0.5,0.866,0,0); /* Opera */
    }
    </style>
</head>
<body>
    <div>你好。这是一个 div 元素。</div>
    <div id="div2">你好。这是一个 div 元素。</div>
</body>
</html>
```

操作提示

- 在 Dreamwaver 工具中新建 HTML 文档，编辑以上代码，保存为 example6-10.html，在浏览器中浏览，效果如图 6-13 所示。
- 体会 CSS3 的新功能。

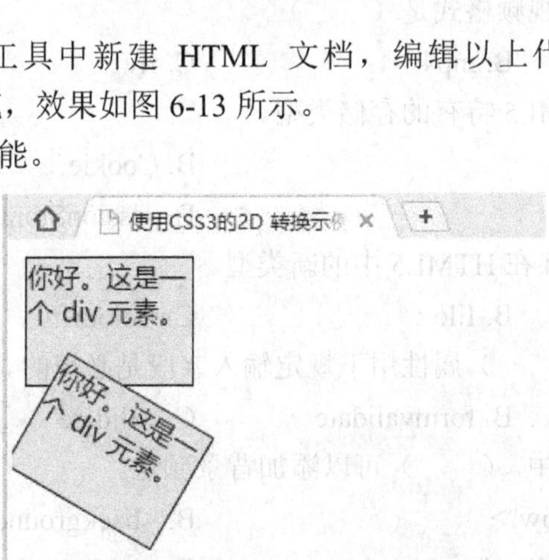

图 6-13　使用 CSS3 的 2D 转换示例

知识点

- 使用 matrix()方法把所有 2D 转换方法组合在一起。
- 添加浏览器支持。

4. 练一练

（1）CSS3 实现圆角属性是（　　）。

A. border-radius　　B. box-shadow

C. border-style　　D. border-image

（2）CSS3 中对文字加渐变特性的属性是（　　）。

A. text-shadow　　B. linear-gradient

C. transform　　D. text- indent

（3）以下（　　）元素是 CSS3 中新引入的伪元素。

A. selection　　B. hover　　C. link　　D. active

（4）HTML5 中可以长期离线存储数据，关闭浏览器后数据不丢失的对象是（　　）。

A. session　　B. cookies　　C. localStorage　　D. sessionStorage

（5）以下（　　）不是 canvas 的方法。

A. getContext()　　B. fill()　　C. stroke()　　D. controller()

【模块 6 自测】

一、单项选择

1. 在 HTML5 中，（　　）可以作为 HTML5 新增的标签。

A. <aside>　　B. <isindex>　　C. <samp>　　D. <s>

2. 在 HTML5 中，（　　）可以用于组合标题元素。

A. <group>　　B. <header>　　C. <headings>　　D. <hgroup>

3. HTML5 不支持的视频格式是（　　）。

A. ogg　　B. mp4　　C. flv　　D. WebM

4.（　　）不是 HTML5 特有的存储类型。

A. localStorage　　B. Cookie

C. Application Cache　　D. sessionStorage

5.（　　）不是 input 在 HTML5 中的新类型。

A. DateTime　　B. file　　C. Colour　　D. Range

6. 在 HTML5 中，（　　）属性用于规定输入字段是必填的。

A. required　　B. formvalidate　　C. validate　　D. placeholder

7. 在下列的 HTML 中，（　　）可以添加背景颜色。

A. <body color="yellow">　　B. <background>yellow</background>

C. <body bgcolor="yellow">　　D. <body background="#fff">

8.（　　）HTML 标签用于定义内部样式表。

A. <style>　B. <script>　C. <css>　D. <link>

9. 下列（　　）选项的 CSS 语法是正确的。

A. body:color=black　B. {body:color=black(body}

C. body {color: black}　D. {body;color:black}

10. 在以下的 CSS 中，可使所有<p>标签变为粗体的正确语法是（　　）。

A. <p style="font-size:bold">　B. <p style="text-size:bold">

C. p {font-weight:bold}　D. p {text-size:bold}

11.（　　）显示没有下画线的超链接。

A. a {text-decoration:none}　B. a {text-decoration:no underline}

C. a {underline:none}　D. a {decoration:no underline}

12.（　　）改变标签的左边距。

A. text-indent:　B. padding-left:

C. margin:　D. margin-left:

13. 插入 javacript 的正确位置是（　　）。

A. <body>部分　B. <head>部分

C. <body>部分和<head>部分均可　D. <title>部分

14. 引用名为"x.js"的外部脚本的正确语法是（　　）。

A. <script src="x.js">　B. <script href="x.js">

C. <script name="x.js">　D. <link href="x.js">

15. javascript 通过（　　）创建函数。

A. function:myFunction()　B. function myFunction()

C. function=myFunction()　D. function= new myFunction()

二、判断题

1. HTML5 是在原有 HTML 上的升级版。（　　）

2. 如需定义标签内容与边框间的空间，可使用 padding 属性，并可使用负值。（　　）

3. Canvas 是 HTML 中可以绘制图形的区域。（　　）

4. SVG 表示可缩放矢量图形。（　　）

5. 指定字体大小的语法是：font:9pt。（　　）

6. 如果想控制 div 的内容溢出并滚动显示，应该设置 text-overflow:auto。（　　）

7. 在一个网页文档内，可以出现多个相同 name 的标签以便同时进行控制。（　　）

8. 用于播放 HTML5 音频文件的正确标签是<media>。（　　）

9. 在新窗口中打开网页文档的属性值是_blank。（　　）

10. 实现网页交互性的核心技术是 HTML5。（　　）

三、简答题（共 4 题，每题 5 分，共 20 分）

1. 使用 Canvas 绘制一个宽 200 像素，高 100 像素的红色矩形块。

2. 简单说明 HTML 页面自适应的原理。
3. 简要说明表格布局与框架布局时的区别。
4. HTML5 产生的原因是什么，请谈谈你的看法。

四、综合题

1. 使用 HTML5 标签中的 DataList 完成以下代码，单击文本框内，弹出下列字符串。

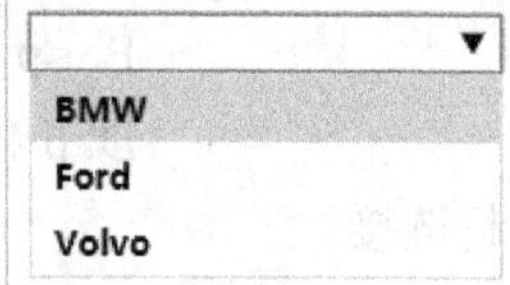

图 6-14

2. 使用 HTML5 完成如图 6-15 所示的界面代码。

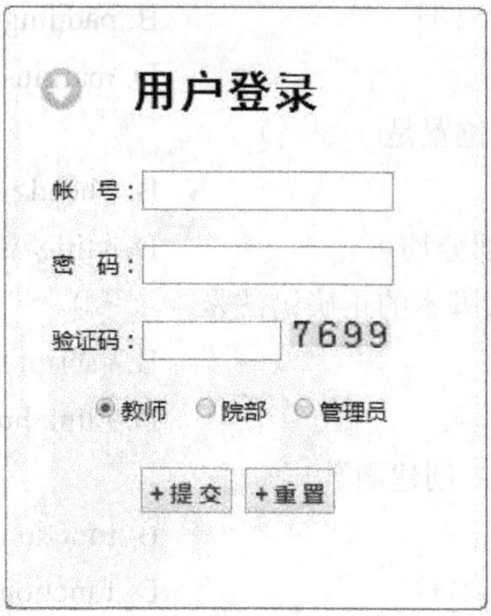

图 6-15

参考文献

[1] 本书编委会. HTML CSS JavaScript 标准教程实例版[M]. 3 版. 北京：电子工业出版社，2011.

[2] 胡晓霞. HTML+CSS+JavaScript 网页设计与制作从入门到精通[M]. 北京：清华大学出版社，2017.

[3] 胡崧，于慧. Dreamweaver CS5 从入门到精通（中文版）[M]. 北京：中国青年出版社，2010.

[4] 李彦广，焦元奇. Photoshop 网页设计从入门到精通[M]. 北京：人民邮电出版社，2015.

[5] 赵鹏. 毫无 PS 痕迹 · 你的第一本 Photoshop 书[M]. 北京：中国水利水电出版社，2015.

[6] 范文东. 色彩搭配原理与技巧[M]. 北京：人民美术出版社，2006.

[7] http://www.w3school.com.cn/